人類は宇宙の どこまで旅できるのか

これからの「遠い恒星への旅」の
科学とテクノロジー

A TRAVELER'S GUIDE TO THE STARS ★ Les Johnson

レス・ジョンソン

吉田三知世 訳

東洋経済新報社

グレゴリー・マトロフ博士、アーティストのC・バングズ、
そして故ロバート・L・フォワード博士に心からの感謝を込めて

目次

第2章 宇宙探査の試みと課題

第3章 星間旅行の難しさと、それでも挑戦すべき理由

第4章 旅行するのは、ロボット？ 人間？ その両方？

第5章 ロケットで行く

序文

太陽以外の恒星への旅

人生は旅である。1冊の本もまた、旅と呼べるのではないだろうか。本書の旅が始まったのは、1999年、アメリカ航空宇宙局（NASA）が新規に立ち上げた星間推進研究に関するプロジェクトのリーダーに指名された私が、星間旅行に関する技術書をむさぼるように読み始めたときのことだ。

実を言えば、そのときの私には、その役目に必要な素地がある程度できていた。それまでの40年ほどのあいだに、太陽と別の恒星との間を飛行する宇宙船の推進に利用できそうなさまざまな技術が、地道な研究を重ねた科学者たちによって提案されていたが、物理学が専門の私には、それらの技術の基礎を理解し、根底にある数学を読み解くことに不安はなかった。中学校に入ってから大学院生時代まで、毎週最低1冊はSFの本（小説または短編集）を読んできたのだから、既存の枠組みにとらわれずに考える心構えなんて、自分にはとっくにできているさ――と、私は高をくくっていた。

星間推進研究プロジェクトの資金は2年ほど続いたが、その後NASAはその資金をほかの目的に回すことに決めた。だが、そのころまでには私は完全に宗旨替えをしていた。このプロジェクトのリーダーだったあいだ、太陽光、レーザー、マイクロ波などを利用する帆をはじめ、核分裂、核融合、さらに反物質を利用した、従来のロケットのイメージからすれば意外な推進法を含む、多種多様な技術に関する実験を監督してきた私は、太陽以外の恒星への旅は本当に可能なのだと信じるようになっていたのだ。必要なシステムをどう設計し、どうやって作ればいいのかまだわからなくても、本書のなかで紹介しているシステムや技術が現実のものになり得ない理由など存在するはずがない。星間推進研究プロジェクトが終わって、NASAにおける私の星間旅行技術に関する研究も終わったが、この種の技術への私の個人的な関わりは終わらなかった。

NASAでの任務とは別に、私と親友たちとで、「テネシーバレー・インターステラー・ワークショップ（TVIW）」という、将来の星間事業の育成を目標とする非営利教育組織を設立した。TVIWは、私たちの予想よりもはるかに順調で、これまでに7つのシンポジウムを主催し、このテーマに興味を持つ優秀な学生たちに数千ドルの奨学金を給付してきたほか、TVIWの監修の下で一流の科学専門誌に掲載された独創的な研究論文も数多い。TVIWはその後インターステラー・リサーチグループへと進化を遂げた。詳細については、そのウェブサイト、www.irg.spaceを参照していただきたい。

本書の目的

ここまでは、本書を世に出す前の私の旅の話になってしまった。では、本書の旅とは？　この本の原点は、「いつの日か人間は、太陽以外の恒星を周回する惑星へと子孫を送り出し、そこに住まわせるに違いない」という私の信念だ。この最初の一歩が実現すれば、地球の生物が地球から宇宙全体へと広がる足がかりとなる。私はこの目標に貢献したいと願っているし、ここ数年、私生活のかなりの部分をそのために費やしてきた。

10年前、私は代理人と一緒に、本書の古いバージョンを何社もの出版社に持ち込んで、出版してもらおうとしたのだが、どこもほとんど興味を示さなかった。当時は、太陽系外惑星発見のニュースが大きく報じられ始める前であり、スペースXやブルーオリジンなどの宇宙開発事業に取り組む民間企業も生まれたばかりで、一般市民が宇宙へ行くなど夢のまた夢だったし、また、100年スターシップやブレイクスルー・イニシアチブなどのプロジェクトについて、科学に関心がある市民たちが知るようになるのもまだまだ先のことだった。

そこで私はその本はあきらめ、代わりに既存の独創的なＳＦの短編をいくつか集め、さらに市民向けのノンフィクション科学エッセーを何本か添えて1冊の本にまとめたものを共同編集し（ニューヨーク・タイムズ紙でベストセラーを取ったＳＦ作家ジャック・マクデヴィットと共に）、ベインブックスというSF専門出版社から『いざ、星間旅行へ――今すぐ宇宙船を創ろう！（Going Interstellar: Build Starships Now!）』（未邦訳）を出版した。この本が好評だったので、やがて星間ミッションをテーマとしたSF短編と科学情報紹介記事とを1冊にまとめた本をふたたびベインブックスから出版することになった。これがロバート・ハンプソンと共同編纂した『ステラリス――恒星の人々（Stellaris: People of the Stars）』（未邦訳）だ。

その後私は、代理人にも内緒のまま、本書の企画書を作ってプリンストン大学出版局に送った。ちょっとした悪ふざけのつもりだった。驚いたことに、すぐに返事があり、興味があるという。プリンストン側の私の担当者になってくれたジェシカ・ヤオと電話で何度も議論した末にできあがったのが、今あなたの前にある、この本である。

本書は、科学者や技術者だけでなく、誰にでも読みやすく、親しみやすく、しかもわかりやすくなるように配慮されている。これをテーマとする専門書は、もう十分たくさん出版されている。そんな本をもう1冊書く必要など私にはなかった。この本はそんなものではなく、ここで論じる星間旅行を、近い将来本当に実現可能にする当事者となる人たちのために書かれている――つまり、資金提供をあちこちお願いして回り、その甲斐あって星間旅行が実際に始まれば、たとえ自分が宇宙船に乗るわけではなくても、自分も乗っていると感じるはずの人たち。そんな人たちのために書いた本なのだ。なぜなら、社会の支援がなければ、人類が太陽以外の恒星に行くことなどできないからだ――そして社会とは、私たち全員のことである。

この旅はまだ始まったばかりだ。序文を終えるにあたり、私が人生のビジョンとして大切にしていることを皆さんにお話ししておきたいと思う。私がそれをビジョンとして心に抱くようになったのは、昨今、大きな組織で流行しているマネジメント・ワークショップという集いの1つに参加したおかげなのである。この幸運に恵まれることがなかったなら、この種のワークショップなど私にとっては苦痛でしかなかった。いつのことだったかは覚えていないが、あるワークショップで、自分のプロフェッショナルとしての生涯の目標が何であるかを1つの文章で明確に述べろという課題が出た。私の目標はじつにシンプルだった。これがきっかけとなり、その後私はこのとき回答とした文章を自分のプロとしての目標を言い表すものと定めて、たびたび口にさせてもらっている。「どこかの太陽系外惑星で暮らしている未来の人間が、彼らが住む新世界が、どのように探査され、その後どのような経緯で人類が定住するようになったかを記した歴史の本を書くときに、私の専門研究が脚注に引用されるようになってほしい」というのがそれだ。

本書は、その脚注として載るための私の旅の最初の一歩である。皆さんが本書を楽しんでくださり、そのなかでいくつか新たな知識を学び取っていただけるよう願っている。

読者の皆さんへ、測定単位に関するお断りを1つ。本書を通して、メートル法とヤードポンド法（元々はイギリスおよび旧大英帝国で使われていたものだが、今では実際に使われているのはアメリカ国内だけになっている）の単位を両方とも使っている。それにはこんな理由がある。NASAで「本業」をやっているとき、私はメートル法で考えている——グラム、キログラム、メートル、ミリメートルなどの単位で。しかし、自宅では、インチ、ポンド、マイルで考え、あれこれと計算をする。特定の場合にどの単位を使うのか、皆さんは私が気まぐれで選んでいるように思われるかもしれないが、私が使った単位は、私の、そしておそらくアメリカの多くの読者が共有する、世界観を反映しているはずだ。

はじめに

星間旅行を巡る課題

人類は、地球上に出現して以来、夜空の星を見つめては大いなる疑問を問いかけてきた。「私は誰なんだろう?」、「私はどうしてここにいるんだろう?」、「むこうには誰がいるんだろう?」などのように。人類が宇宙の探査を続け、太陽系外の恒星に向かう最初の一歩を踏み出す準備をしつつある今、これらの疑問のいくつかに答えられる日も近づいている。星は、ただの夜空に輝く美しい点ではない。遠い彼方の星には新しい世界がある。

1990年代の初頭になるまでは、宇宙に存在すると(科学的に)わかっていた惑星は太陽を周回するものだけだったというのは今では信じがたい。ますます多くの太陽系外惑星が知られるようになり、なかには主星のハビタブルゾーン〔訳注 恒星系で、主星である恒星からの距離が生物にとって適切な領域。生命居住可能領域〕に存在するらしいものも見つかって、人類がそんな系外惑星を訪れて探査する日が来るかもしれないと考える人も増えてきた。宇宙時代の幕開け直後の１９６０年代ごろの楽観的な見方とは裏腹に、この目標に向かう人類の進歩は多くの人の予想よりも常に遅かった。その理由は、努力が足りなかったことだけではない。乗り越えるべき課題がどれも非常に困難なのだ。

最も近い恒星、プロキシマ・ケンタウリは、約４・２光年離れている。つまり、秒速約30万キロメートルで進む光が4年以上かけてやっと辿り着く距離にある。だが、こんなふうに距離を説明されても、ほとんどの人はピンとこないだろう。光の速度を実感できる人などそうはいない。この距離を頭のなかで捉えるのがどんなに難しいかわかっていただくために、もっと近い距離について、それだけ進むのがどれだけ大変かを想像してみよう。１９７７年に打ち上げられたボイジャー1号宇宙船は、これまでに最も遠方まで到達した宇宙船だ。ボイジャー1号は、本書執筆の時点で、約１５６天文単位（ａｕ）の距離——地球と太陽の距離、約1億５０００万キロメートルの１５６倍——にあるが、そこまで行くのに44年以上かかっている。ボイジャーの位置に関する最新情報は、ＮＡＳＡのウェブサイト、https://voyager.jpl.nasa.gov/mission/status/を確認していただきたい。ボイジャーが正しい方向に進んでいたとしたら、プロキシマ・ケンタウリに辿り着くまでに約7万年かかると推定される。本当に実施するのなら、星間旅行の期間は、年単位ではなく、千年単位で測れる長さでなければならないだろう。でないと実施可能とは言えまい。

宇宙船の推進手段の選定以外にも、星間旅行を巡る難しい課題はたくさんある。星間旅行をする宇宙船が、そんな途方もない距離を越えて通信するにはどうすればいいだろう？　どの恒星からも遠く離れて星間空間を進んでいく宇宙船に、どうやって動力を供給すればいいのだろう？　さらに、所要時間を短くするために必要な速度で進むあいだに、星間ダストと衝突して船体が損傷するリスクも大きいはずだ。光速にかなり近い猛烈なスピードで進んでいるときには、小さなダストでも衝突すれば大惨事を引き起こしかねない。

ありがたいことに、これまでとは違う新しい物理学を準備しなくても、自然は人類に超高速星間旅行を実行させてくれるようだ。核融合を使った原子力推進、反物質推進、そしてレーザー推進のいずれの方式に基づいた推進技術も、物理的に可能なようである――とはいえ、必要な規模のシステムの設計は、今の私たちの能力ではとうていできそうにないが。

人類が星間旅行という究極の旅に本当に出発するのなら、まずは太陽系の至るところに人類が居住しなければならない。それが達成できても、星間旅行を実施するにはさらに、新しいさまざまな技術が必要だし、過去の過ちを繰り返さないための探査倫理の枠組みも新たに構築しなければならない。そして、かつてヨーロッパの大聖堂の建築を可能にした、未来を見通す思考力が必要だ。なにしろ、今始まるプロジェクトには、それが何世代も先まで完了しないことを踏まえた大局的な思考が求められるのだから。

なぜ宇宙を探査するのか？

それに加えて、「なぜ?」という疑問がある。「私たちはなぜ遠くの恒星まで旅しなければならないのか?」だ。さらに言えば、それは「そもそも私たちはなぜ宇宙を探査しなければならないのか?」という疑問でもある。宇宙時代が始まってから最初の50年と少しが経過した今、地球近傍と地球軌道に沿った宇宙領域の探査と開発に関しては、説得力のある理由がいくつも存在し、それらの理由はほぼ万人に受け入れられている。気象衛星のおかげで、気象学者たちは数日先、数週間先の天気をかなり正確に予報することができる。さらに、ハリケーンやサイクロンの経路を予測するのにも役立ち、人命を実際に守ってくれている。通信衛星は世界を結び付け、世界各地で何が起こっているのかを瞬時に伝えてくれる。通信衛星がテレビ放送の電波信号や携帯電話の信号を中継してくれるのに加え、通信衛星を多数つないだ大規模ネットワークによる、地球上の至るところでアクセスできるブロードバンド・インターネットの提供が始まっている。スパイ衛星によって、世界各国は互いの軍事活動を監視することができ、奇襲攻撃がほとんど不可能になったおかげで、平和が維持されている——核兵器で武装されたこの世界において、これは戦略的安全の重要な一部である。全地球測位システム（GPS）を構成する衛星は、初めて行く場所でもうまく辿り着かせてくれるし、相互依存的になった世界と世界経済を維持するにはもはや必要不可欠である。今や地球近傍の宇宙は、私たちの日常生活と幸福に不可欠だ。

多くの提唱者たちが、当然の次のステップは、地球と月のあいだの領域、シスルナ空間〔訳注　「cis-lunar 空間」。「こちら側の」を意味するcisと、「月」を意味するlunarisというラテン語から作られた、地球と月の軌道の間の空間を指す言葉〕の開発だと確信している。米国のNASAをはじめ、他の国々も、近い将来人間を月に送ろうと計画している今、シスルナ空間における新たな製品やサービスが登場するに違いないという期待がある。地球軌道で起こったのと同じように。だとすると、やがて議論は太陽系全体へ、そして最終的には太陽以外の恒星へと広がっていくだろう。

私は1人の科学者として、このちっぽけな太陽系の外側も含めて、宇宙を探査することには、経済や有形の利益とは無関係な正当な理由があると信じている。遠い宇宙には何があるのか、そして宇宙はどのように成り立ち機能しているのかをもっとよく知るため、というのがそれだ。21世紀において私たちの生活を成り立たせ続けるために使われているすべての技術は、過去の時代に、さまざまなものに対してこれと同様の根源的な疑問を問いかけた科学者たちから生まれたものである。彼らが問いかけた当時、そのような疑問に明白な経済的利益や用途は必ずしも存在しなかっただろう。「人間の知識を拡張すること」は、それ以外のどんな理由にも引けを取らない真っ当な理由なのだ。

このような考え方には異論があるし、人間が宇宙に進出し、やがて太陽以外の恒星にまで到達することを考えたときに持ち上がる厄介な疑問もあれこれ存在する（これらの異論や問題の多くは、第3章で論じる）。

星間旅行は可能だ——ただ猛烈に困難なだけだ。人類に、この困難を引き受ける覚悟はできているだろうか？

第1章

宇宙はどんなところで、何があるのか？

宇宙は大きい。むやみに大きい。言っても信じられないだろうが、途方もなく、際限もなく、気も遠くなるほど大きい。薬局はものすごく遠くて行く気になれないと言う人もいるかもしれないが、宇宙にくらべたらそんなの屁でもない。

——ダグラス・アダムス『銀河ヒッチハイク・ガイド』
（安原和見訳、河出書房新社）

太陽系外惑星の発見

1990年代の初頭まで、太陽以外の恒星を公転する惑星が存在すると確信していたのは、カーク船長、ピカード、ジェインウェイ、シスコ〔訳注　すべてアメリカのテレビドラマ『スター・トレック』シリーズの登場人物〕といった人々が奇妙な新世界を訪れるのをテレビで毎週見ていたか、あるいは、ルーク・スカイウォーカーとプリンセス・レイア〔訳注　どちらもアメリカのSF映画『スター・ウォーズ』シリーズの登場人物〕がはるか彼方の銀河で紆余曲折の末に混乱を収拾して秩序を取り戻すのを見てわくわくしたSFファンだけだった。これは言い過ぎだが、大きく間違ってはいない。そのころまで、天文学者たちには、太陽以外の恒星の周囲にも惑星が公転しているだろうという確信はある程度あったが、その直接の証拠はまったく存在しなかった――その「ある程度の確信」は、太陽は、天の川銀河や、宇宙に分布している他の多くの銀河に存在する夥しい数の恒星のなかで特にユニークな存在ではないはずだという推測だけに基づいていた＊。

初めて発見された太陽系外惑星は、あるパルサーを公転していることが確認された。だが、パルサーの周囲は生物にはまったく適さないところである。パルサーとは、高速回転する中性子星が、電波、ガンマ線、X線などを一定のパルスで放射しているもので、パルス周期は速いものでは毎秒約1000回にもなる。このパルス周期は非常に規則的で予測できるので、天測航法〔訳注　天体の位置を観測して現在位置を求めて航行する方法〕での利用が検討されているくらいだ。件《くだん》のパルサーでは、このパルスがわずかにずれていたことが判明し、その周囲で惑星が公転しているからこそそんなずれが生じたに違いない

＊　イタリアの哲学者ジョルダーノ・ブルーノ（1548～1600年）は、太陽は数多ある恒星の1つにすぎず、ほかの恒星の周囲にも惑星が存在すると考えた。このほか、いくつもの科学上の主張が異端に当たるとされ、彼はローマで生きたまま火刑に処せられた。

と推論されたのだった。そして、これが太陽系外惑星の存在を示す最初の（間接的な）証拠と考えられるようになったのである[1]。

　やがて光学方式による観測手段の精度が十分高くなると、天文学者たちはすぐに、周回する惑星の影響で恒星がわずかにぐらつくために、恒星の光にドップラー効果が生じるという現象に注目して、系外惑星を複数個発見した[*]。この手法をごく簡単に説明しよう。恒星を公転する惑星が軌道から飛び出さないのは、恒星の重力が惑星を引っ張っているからだが、惑星の重力も恒星を引っ張っている。恒星と惑星では質量があまりに違うので、恒星に及ぶ重力は、惑星に及ぶ重力よりはるかに小さいが、ゼロではない。そのため、その惑星は恒星を引っ張り続け、恒星は惑星のほうにほんの少し動く。その結果、惑星が恒星を公転するあいだ、恒星の位置はぐらぐらとぶれる。恒星は常に光を放射しているため、このぐらつきは恒星の光に生じた小さなドップラー効果として検出される。この測定で得られるのは、その惑星の質量の下限だけなのだが、（木星並みの質量がある）惑星の存在数を探るうえで、これは重要な手がかりとなる。

　２０００年ごろになると、太陽系外惑星を見つけるためにトランジット法が使われるようになった。トランジット法の仕組みを理解するには、日食はなぜ起こるかを思い出すのが一番の近道だ。地球と太陽のあいだを月が通過して、地球から太陽を観測している人の視線を遮るときに日食が起こる（このとき月は地球に影を落とすので、ピンホールカメラなどを使えば、その影、つまり、月に遮られ欠けた太陽の形を見ることができる）。ではここで、今あなたは冥王星の軌道の外側から太陽系を見ているとしよう。あなたが太陽を見つめているときに、８つの惑星のどれか１つが視野を横切るとする。用意周到に十分感度が高い観測装置を使っていれば、その惑星が測定装置と太陽のあいだに入って太陽光を遮るとき、太陽が少し暗くなるのがわかるはずだ。あなたがその位置で十分長いあいだ——たとえば地球の年で数年間——観測し続けるとすると、その同じ惑星が太陽の周囲を複数回公転するのが見え、太陽は、それだけの回数、一定の間隔で暗くなるだろう。さて、あなたがもっと高感度の測定装置を用意し、見る方向を変えて、遠方にある恒星を観察することにしたとしよう。その恒星を公転する惑星が視線を横切った際に、その恒星が暗くなるのが観察できるだろう——これがトランジット法による系外惑星の観察なのである。もちろん、距離が遠いことと、恒星に比べて惑星が非常に小さいことからすれば、このとき光がわずかに暗くなったのを捉えるためには極めて高感度な測定装置が必要となるし、データ処理にも複雑なソフトウェアが不可欠だ。この、ちょっと複雑なトランジット法をわかりやすく表現するなら、「闇夜に、車のヘッドライト（太陽）の光のなかで飛びまわっている蚊（惑星）の大きさを測ろうとしてがんばっているようなもの」だろう。

現在では、太陽系外惑星を発見し、その性質を特定するための方法がほかにもたくさんあるし、系外惑星の発見だけを目的とする宇宙探査ミッションがすでにいくつも始まっている。ＮＡＳＡの太陽系

＊ 観察者から遠ざかっている物体から放射されたり反射されたりした光は、その物体の運動のせいで、少し引き伸ばされ、波長が長くなる。観察者に向かって運動する物体から放射された光は同様の理由で圧縮され、波長が短くなる。引き伸ばしあるいは圧縮がどの程度になるかは、その物体の速度に依存する。これがドップラー効果で、警察が使うスピードガンが、あなたがスピード違反しているかどうか瞬時に判定できるのもこれを利用しているからだ。

外惑星探査ウェブサイト、「Exoplanet Exploration」によると、その結果今では4000以上の太陽系外惑星が確認されており、さらに5000を超える系外惑星候補が第三者の確認を待っている。[2]

そしていよいよ、話は一段と面白くなってくる。これらの太陽系外惑星のうち数十個が地球に近い大きさで、主星のハビタブルゾーン内を公転しているのだ。つまり、それらの惑星は大きさが地球と同程度（海王星程度の大きなものも、火星程度の小さなものも存在する）で、ある恒星の周囲の、温度が高すぎも低すぎもしない適度な範囲にあるため、液体状の水が存在する可能性があり、私たちが知っている生物に不可欠な化学反応が起こり得る領域にあるわけだ。これまでに、このような、大きさと存在場所が適切で生物が居住できる可能性がある系外惑星が約60個特定されている。[3] 私たちはまだ地球に最も近い恒星をいくつか調べただけに過ぎず、天の川銀河だけでも約1000億の恒星が存在する。だとすると、地球と同程度の大きさの惑星でハビタブルゾーンに存在するものが何個存在するかについての最も妥当な推定値は、110億から400億個となるだろう。[4]

宇宙は想像を絶するほど大きい

すごい。こんなにたくさんの潜在的不動産が発見され、位置が特定され、探査されるのを待っているのだ。私たちはいったいいつそこに行けるのだろう？

この疑問に対して、特定の日付や日付の範囲を含む答えはない。少なくとも、今はまだそういう答えは用意されていない。そのような答えをするためには、まずこれらの系外惑星がどれくらい遠いのかを知らなければならないし、そこに辿り着くまでの宇宙空間に何があるのかをもっと詳しく知らなければならない。では、まずは宇宙がいかに広大なのかについて、そして、私たちが持っている「無限」という概念について考えるところから始めよう。

無限というものに触れたければ、[*] 雲一つない晴れた夜に戸外に出て、空の星を見つめればいい。夜空の暗さに目を慣らすため、スマートフォンや電子書籍リーダーなどの小さなハイテク機器は仕舞っておこう。そして、明るい光から離れた場所を見付けよう（たしかにこれは、都会で生活する人には難題だが、それを言い訳にしないように）。そこに着いたら、空を見上げて、小さな光の点をできるだけたくさん見付けよう。光の点のいくつかは、火星や木星など、太陽光を反射している太陽系の惑星だろう。そのほかに、太陽のように自分で光を放射する恒星がいくつか集まっているところもあるだろう。あなたは静かに立つか座るかして、見えている光について考えてみてほしい。今あなたの目にぶつかっている光子と呼ばれる光の粒子は、宇宙のなかを長いあいだ――数百年、数千年、そしてものによっては数百万年――旅してきた末に、あなたの目に辿り着いた。その旅は、あなたに触れて終わったのだ。

真空中では、光は秒速約30万キロメートルで進む。晴れた日に私たちの周りの世界を照らす光は、太陽を出発してからあなたの肌に触れて日焼けを起こし始める前に、秒速30万キロメートルの速さで宇宙

＊　たしかに、じつは宇宙は無限ではない。しかし、あらゆる実用的な目的にとっては（「実用的な」という但し書きに注意）、人間の観測能力や科学知識が今後向上したとしても、その範囲内でほぼ無限と言って差し支えない。

のなかを約8分間進んできたのである。8分間である。今は、「戸外で夜空を見る」という場面を思い描いていただいているので、太陽系最大の惑星である木星から反射してきて、夜空に見えている光について考えてみてほしい。木星は非常に大きい（その赤道上に地球が11個並べられる）ため多くの光を反射するので、たいていの場合夜空で最も明るい天体の1つとして目立つ。しかし、木星は最接近したときでも地球から約5億8800万キロメートル離れており、あなたが目にする木星からの反射光は、太陽から木星まで約41分、そして木星からあなたの目まで33分近くかかって進んできたのである。合計約74分だ！　最も遠い惑星である海王星は、あまりに遠いので、そこから反射してくる光はあなたの目に入るまで約4時間かかる。だが、恒星に比べれば、太陽系の惑星との距離ははるかに短い。

大都市に住んでいる人なら、晴れ渡った夜でさえも、せいぜいこれくらいの天体しか見えないかもしれない。街灯、自動車のライト、そして周辺の住居から漏れる光が混じり合っているし、空気に含まれる湿気もあいまって、このような光害の影響がない、恵まれた郊外に住む人なら見えるものがほぼまったく見えなくなってしまうだろう。文明の光から遠く離れたところでは、普通の視力の人でも夜空に2000個ほどの星が見える。最も近い恒星のうち、南半球に住んでいる人なら簡単に見えるものに、ケンタウルス座アルファ星のAとB〔訳注　ケンタウルス座で最も明るいケンタウルス座アルファ星は三重連星で、A、BおよびCからなり、太陽系に最も近い恒星系。Cの固有名はプロキシマ・ケンタウリだが、地球から肉眼では見えない〕がある。これらの星が放つ光は、4年以上かけて宇宙を旅してようやく地球に辿り着き、人間の目に触れている。4年もだ！　しかも、これらは最も近い恒星だ。このような途方もない距離を論じるのに便利なように、天文学では光が1年で進む距離を「光年」（ly）と名づけ、距離の単位としている。これを使って表すと、ケンタウルス座アルファ星ＡとＢは、私たちから４・35光年離れている。
もしも人間が、自分の目だけを使って恒星を観察しなければならなかったとしたら、ケンタウルス座アルファ星ＡとＢの何倍も離れた天体も見えるとしても、宇宙そのものの全体像という、もっと大きな――と言うより、はるかに大きな全体像を見逃してしまうだろう。最初期の望遠鏡が登場して、惑星からの反射光が観察できるようになり、惑星は地球と同じような巨大な丸い物体で、遠く離れたところで太陽の周りを公転していることがわかった。さらに、これらの望遠鏡のおかげで、裸眼で見るよりもはるかに多くの星や天体が見えるようになった。「星雲」と総称された渦巻型の雲のように見える天体もその１つで、18世紀にシャルル・メシエが丹念に記録して分類した（今では「メシエ天体」と呼ばれている）。[5] 今では銀河だとわかっているのに、20世紀前半にエドウィン・ハッブルが登場するまでは星雲と呼ばれていた天体も少なくなかった。天の川銀河の内部で爆発した恒星も、やはり星雲に分類されていた。実際、初期の望遠鏡の性能には限界があったため、塵やガスのぼんやりした雲のように見えるものはすべて星雲と呼ばれたのである。星雲は至るところにあり、その種類を区別する手立てはほとんどなかった。

１９２０年代の前半、ハッブルはウィルソン山天文台の１００インチフッカー望遠鏡を使って、それまでで最も鮮明なアンドロメダ星雲の写真を撮影し、この星雲が実際には、極めて遠方に存在する、多数の星が集まった、天の川銀河と同様の銀河であることを発見した。[6] 翌年彼は、この新発見の銀河は、天の川銀河内に存在する最も遠方の恒星の、少なくとも10倍の距離にあることを、計算によって特定した。その後も望遠鏡の改良が進み、多くの星雲が実際には遠方の銀河だということが次々と明らかになった。20世紀終盤に登場した宇宙望遠鏡の1つ、ハッブル宇宙望遠鏡にはエドウィン・ハッブルの名が冠されているが、このような宇宙望遠鏡が上空数百キロ以上の高度で地球軌道を周回しているおかげで、宇宙には数十億個の銀河が存在し、それぞれの銀河には数十億個の恒星が存在していることが明らかになっている。さらに、地上にある望遠鏡と宇宙望遠鏡の両方のおかげで、これらの銀河や恒星の多くが「見える」ようになった。

今では、天の川銀河を形作っている数億個の恒星の集団は、直径約10万光年だということがわかっている。言い換えれば、光が天の川銀河の片側から反対側まで移動するのに約10万年かかるということだ。最も近い銀河の1つ、アンドロメダ銀河は、約250万光年離れている。もしもあなたが、よく晴れた湿気のない夜に、街の光が届かないところで星を見つめていたとすると、あなたに見える小さな「星」の1つは、星ではない――それはアンドロメダ銀河だ。「無限に触れる」というテーマから逸れないようにしたいので、アンドロメダ銀河からやってきてあなたの目に触れている光は、宇宙のなかを200万年以上かけて進んできたのだということを考えてみてほしい。その光を見るとき、あなたは本当に「無限」に近いものに触れているのだ。

ケンタウルス座アルファ星AとBが最も近い恒星で、アンドロメダ銀河が最も近い銀河の1つだとしたら、最も遠い天体はどれだろう?　人間の目には、たった2000個ほどの星しか見えないという制約があり、初期の望遠鏡には、惑星のほかは恒星が数個見えるだけという限界があったのと同じように、現在の望遠鏡にも、現在の技術的能力によって決まる限界がある。2015年にハッブル宇宙望遠鏡とスピッツァー赤外線天文衛星によって発見されたEGS8p7は、これまでに観測された最も遠方の銀河の1つで、132億光年の距離にある。[7]

もしもあなたが、私や、ほかの大抵の人々（多分、一部の天文学者は除いて）と同じなら、こういった距離の違いにはほとんど意味はなく、あなたの日常の経験とはまったく無関係だろう。アンドロメダ銀河までの距離は言うに及ばず、太陽までの距離（8光分）、海王星までの距離（4光時間）、そしてケンタウルス座アルファ星AとBまでの距離の違いなど、誰が理解できるというのだろう？　ここで、遊び感覚でちょっと試してみよう。

はじめに、私たち独自のものさしを作ろう。天文学の距離単位、天文単位（au）を出発点にしよう。auは、太陽と地球の距離で定義され、約1億5000万キロメートルである。この単位では、地球は太陽から1auの距離にある。これを視覚化し、距離を実感してもらうために、ごく一般的な教室1つに収まるような、太陽系の縮尺模型を作ろう。1auを1フィート（約30センチ）で表すことにし、この長さに基づいて太陽系とその外側の宇宙の、頭の中に置いておけるような全体像（メンタルモデル）を作り上げよう。* 地球は太陽から1au、つまり1フィートだ。したがって、この縮尺率では、火星は太陽から1・5フィート、海王星は太陽から30フィートの距離にある。ちなみに、火星に向かうロケットはかなり頻繁に打ち上げられており、このモデルでは0・5フィートになる地球・火星間は、約

＊　ここで著者がヤードポンド法の「フィート」という単位を持ち出したのは、著者の靴のサイズがほぼ1フィートで、大変便利だからだ。これまでに多くの教室や講演会場で、著者は実際に歩くことによりこの太陽系縮尺モデルを説明してきた。

7カ月で飛行できる。ボイジャーは約12年かかって海王星に到達した。この縮尺モデルでは、最も近い恒星（ケンタウルス座アルファ星AとB）は、26万8770フィート、すなわち約89キロメートル離れていることになる。これが最も近い恒星なのだ！　ここに登場したさまざまな距離を視覚化しようと試みた最善の結果が図1・1である。太陽系内の重要な天体には名称が記されており、ボイジャー宇宙船のおよその位置と、ケンタウルス座の恒星たちも描かれている。ちょとわかりづらいのだが、図1・1では、非常に長い距離を圧縮して1つの図で表すために、横軸が対数目盛になっている。軸上には6つの目盛があるが、1つ右の目盛に移ると、目盛自体の長さは同じなのに、そこには左の目盛の10倍の距離が圧縮されて表されている。最も左の目盛は10au、次の目盛は100au、3つめは1000au……なのである。右側の目盛ほど強く圧縮されている。

この縮尺モデルでアンドロメダ銀河はどの位置になるかは、読者の皆さんに考えていただくことにしよう……。結論はこうだ。宇宙は大きい。本当に大きい。想像を絶するほど大きい。だとしたら、この距離を越えて、太陽以外の恒星を周回する惑星に行こうなんて、どうして望めるのだろう？

塵や流星物質と衝突する危険

ここでも、大きな視野から説明しよう。星間旅行は臆病者には向いていない。途方もない遠方の系外惑星に行くために虚空を越えて旅するとはどういうことかじっくり考えれば、そこにあるのは距離だけではないと気づくはずだ。あなたが考えておられるのとは違うかもしれないが、宇宙は、あちこちに惑星や恒星がまばらに存在しているだけの真空などではない。星間旅行への出発を真剣に考える前に、地球にいる私たちと、旅の最終目的地とのあいだに何があるのか、見極めなければならない。

そもそも、宇宙は空っぽではなく、ほとんど空っぽであるにすぎない。太陽系では、中心にある太陽が、熱と光の源として系全体に命を吹き込んでいると同時に、重力の中心として、８つの惑星、５つの既知の準惑星（冥王星は、ケレス、ハウメア、マケマケ、エリスと共に準惑星に分類されている）、さらに数十万個の小惑星と彗星の公転を支えている。太陽は、系内で群を抜いて最も大きな天体で、直径の上に地球が１０９個以上並べられるし、内部には地球を１００万個以上詰め込めるだけの大きさがある。太陽系の質量のほとんどすべて――99・８％――が太陽に集中している。木星は最大の惑星だが、その大きさでは内部に１３００個の地球しか詰め込めない。それ以外の惑星には、地球よりも大きいものも、地球より小さいものもある。惑星、準惑星、小惑星、彗星すべての質量を合計すると、太陽系の質量の残りの０・２％のほとんどを説明できるが、すべてではなく、説明できない分が残ってしまう。

この、残ったごくわずかな質量が、星間宇宙船が太陽系を脱出して別の恒星系に入るときと、それより深刻度は低いけれど、星間空間を進むあいだに、問題を起こすかもしれないのだ。その正体は、太陽系が形成された当時に何らかの理由でそれ以上成長できずに残ったり、小惑星、彗星、惑星どうしが衝突した際などに生まれたりした小さな破片、流星物質と塵である。秒速20キロメートルを超える猛スピードで――ものによっては秒速50キロメートルにもなる――飛行しているときには、ありとあらゆる方向に動いているこれらの小さな石や塵の粒子が、危険を及ぼす恐れがある。それは既存の宇宙船にとっ

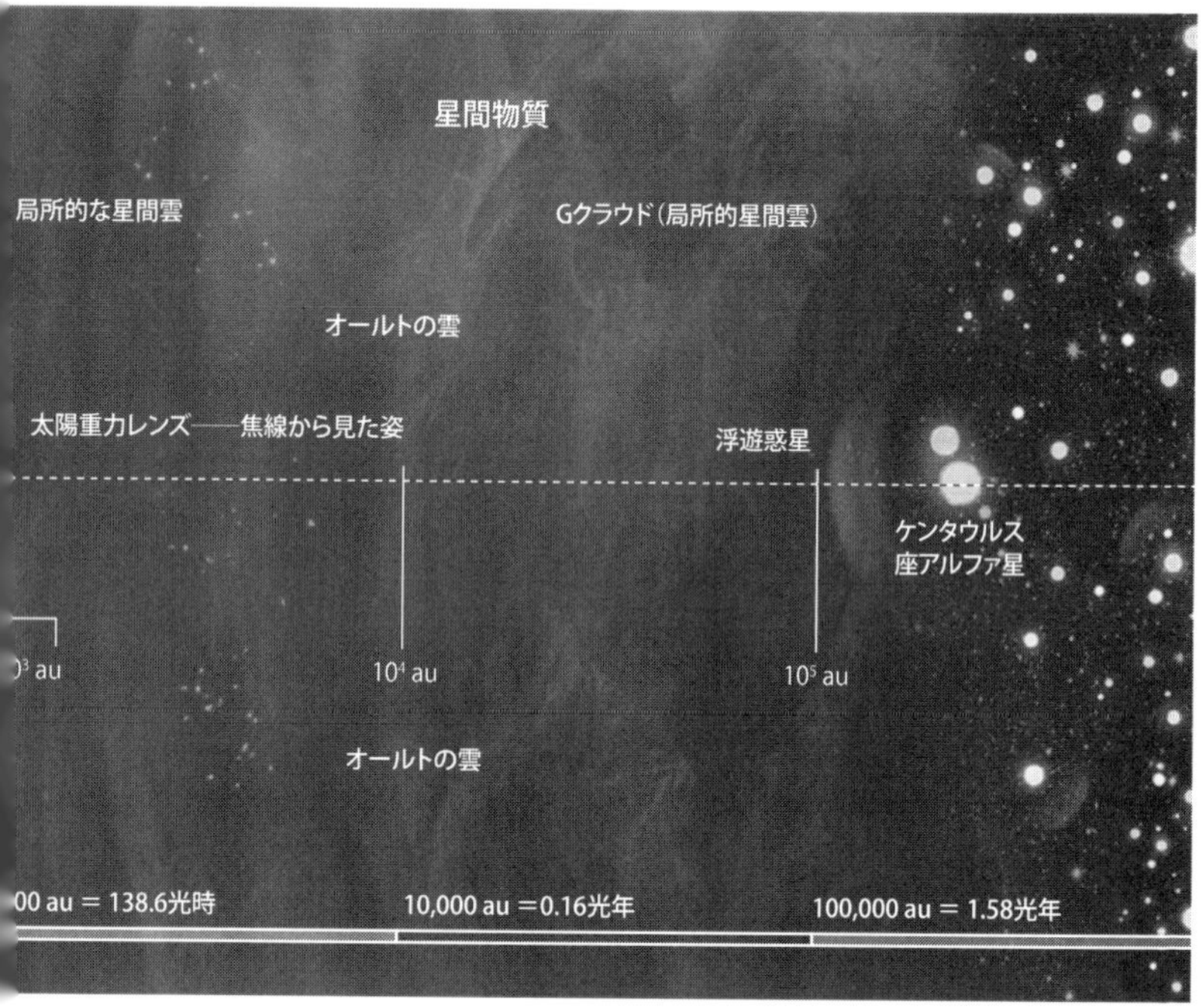

星間物質
局所的な星間雲
Gクラウド（局所的星間雲）
オールトの雲
太陽重力レンズ——焦線から見た姿
浮遊惑星
ケンタウルス
座アルファ星
0³ au
10⁴ au
10⁵ au
オールトの雲
00 au = 138.6光時
10,000 au =0.16光年
100,000 au = 1.58光年

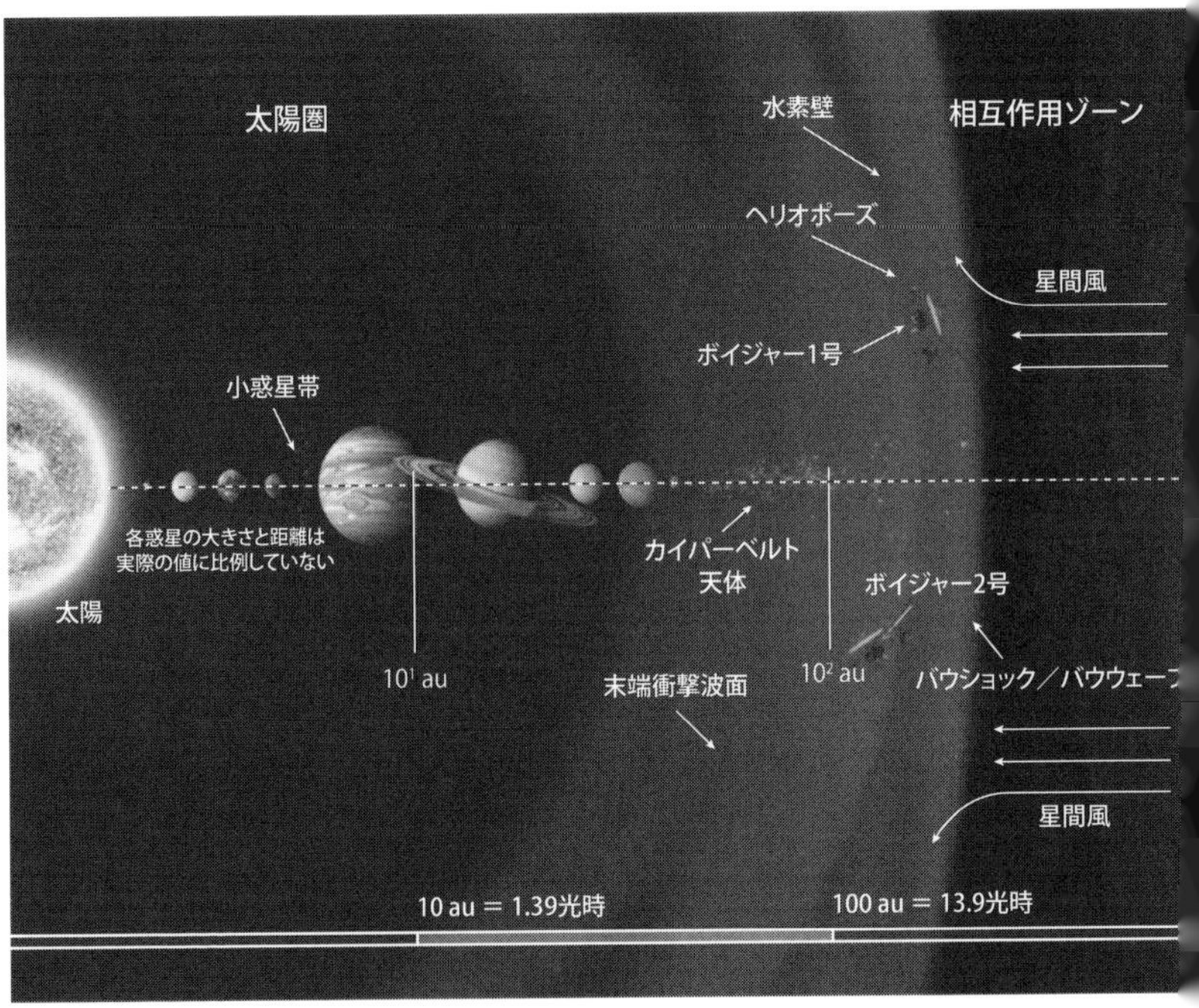

図1・1　広大な星間空間。太陽と、最も近い別の恒星のあいだの星間空間を1つの画像で捉えるのは非常に難しいが、うれしいことに、ケック宇宙研究所の皆さんが独創性を揮って作図してくださった。横軸が6等分されており、左から右へと、太陽からさまざまな天体までの距離が、見開きの2ページで表示されている。6等分された横軸の目盛はそれぞれ、左隣の目盛の10倍の距離を縮めて、同じ1目盛のなかに表す、いわゆる対数目盛になっている。言い換えれば、横軸の2番めの目盛の上に描かれている天体は1番めの目盛の上の天体よりも10倍遠くにある。次の3番めの目盛の上のものは、2番めの目盛の上のものよりもさらに10倍遠く、1番めの目盛の上にあるものより100倍遠い。本図ではこのように、次々と10倍遠くなる物差しがケンタウルス座アルファ星にまで続いており、最後の6番めの目盛の上のものは1番めの目盛の上のものに比べ10万倍遠く離れている。ケック宇宙研究所／チャック・カーター作画。
〔訳注　バウショックは、恒星風が星間ガスや塵に衝突してできる衝撃波。Gクラウドは現在太陽系が属している局所恒星間雲に隣接する星間雲〕

ても、今後太陽系外へと飛び立つはずの宇宙船にとっても同じである。小さな流星物質は質量が10^{-9}から10^{-2}グラムだが、猛烈なスピードで運動しているため、大きな運動エネルギーを持っている。たとえば、0・011グラムという砂粒1個ぐらいの質量の流星物質が秒速20キロメートルで運動しているとき、その運動エネルギーは2200ジュールである。これは、22口径ロングライフル弾〔訳注　世界中で最もよく使われている弾薬〕の13倍以上のエネルギーに相当するが、流星物質は極めて高速で運動しているために、エネルギーがこれほど大きくなるのだ。銃弾も流星物質も何かに衝突すれば相手にダメージを与えるが、それは、銃弾や流星物質が持つ運動のエネルギーが、衝突した点と、そこから物質を貫通していく経路に沿って、熱に変換されるからである。

流星をご覧になったことがあるだろうか？　流星とは、太陽を公転する岩石や金属の小片（流星物質）が高速度で地球の大気圏に突入し、大気に熱を与えながら進むうちに運動エネルギーを失って減速し、やがて燃え上がるもので、明るく輝き、特徴的な光の尾を長く引いているのが肉眼でも見える。その燃えかすは、塵として地上に落ちてくる。信じられないかもしれないが、落ちてくる流星塵と隕石で、地球は毎年2万から4万トンずつ重くなっている（流星物質のうち、燃え尽きずに塊として地上に落下したものは隕石と呼ばれる）[8]。

だが、それでも私たちは、宇宙はほぼ空っぽだと考えている。ちっぽけな地球に毎年何トンもの塵や破片が積もっていくのだと聞くと、おや、太陽系には実はこんなに多くの質量が存在していたのかと思われるだろう。太陽・惑星・準惑星などの目立つ天体は空っぽな空間のなかにあるのではなく、この空間には猛スピードで飛び回る流星物質が満ち溢れている。そしてこの流星物質は、ときどき地球に落下したり、宇宙船に衝突したりする。宇宙船に衝突すれば、さまざまな規模の損傷を与える――表面がほんの少し欠けるだけの場合から、ミッションを終わらせてしまう衝突になる場合まで、損傷の程度は幅広い。別の恒星系への旅を計画するなら、流星物質などの非人工物の宇宙物体と衝突する可能性は必ず考慮に入れなければならない。

さいわい、大きな宇宙物体（惑星、準惑星、小惑星、そして彗星）の位置は、かなり正確にわかっているし、太陽系全体の質量と比べると、どんな速度で飛行しているときでも、このようなものに出くわす確率は極めて低い。しかし、塵や流星物質については、そうではない。これらのものは小さく、非常にまばらにしか存在しないのは確かだが、間違いなく存在しており、今後も宇宙船に危険を及ぼす可能性がある。ありがたいことに、大型の宇宙船でも、深刻な損傷を及ぼすような破片と衝突する可能性は、拍子抜けするほど小さく、これまでに実際に起こったのは、たった一度、マリナー4号のミッション時だけだ。だが、このような衝突の確率は、飛行距離の関数だということは注意してほしい。しかも、先に述べたように、これまでに地球からの宇宙船が到達した距離は、別の恒星系に行くために飛行しなければならない距離に比べ、極めて短いのである。十分な時間があれば、たとえ可能性が低いことでも起こる恐れが出てくるし、何光年にもなる長距離の宇宙飛行のあいだに何か大変なものに衝突する可能性は無視できない。

太陽風や銀河宇宙線（GCR）、星間水素の問題

それに、宇宙の「真空」のなかに何が存在するのかという議論もまだ尽くされていない。

太陽は、重力と光のほかに、大量の水素とヘリウムを毎秒300～800キロメートルの速さで「太陽風」として送り出している。[10] 太陽風が地球の表面に達すると、生物圏とそのなかにいる生物は著しいダメージを受けるが、地球の磁場（地磁気）が太陽風の盾となり、その方向を曲げて、地球の後方へと逸らしてくれている。太陽風のプラズマ流が衝突しているため、地磁気は太陽に面した側が圧縮され、太陽の反対側で引き伸ばされた形に変形している。太陽風の高速粒子は電子機器にも損傷を及ぼし、宇宙船にも機能障害を起こし得る。太陽風が太陽嵐と呼ばれるほど強い時期には特に被害が著しい（太陽嵐とは、太陽からの放射が爆発的に増大する現象。太陽が、まるでげっぷをするように、通常よりも高エネルギー・高密度の放射を地球よりも大きな雲の形で吐き出す。この雲が太陽から離れていく際に地球や宇宙船に多大な影響を及ぼす）。宇宙探査ミッションを計画する人は、放射線の影響を受けにくいように宇宙船を設計するが、完全に防ぐのは不可能だ。宇宙船の電子機器で、ある程度以上の時間太陽放射に曝されたものはほとんどすべて機能しなくなる。

太陽系と星間空間には磁場が満ちている。溶融鉄を主成分とする地球のコアが、既知の物理的プロセスに従って磁場を生み出しており、方位磁針はこれを利用して正確に北を指す。それと同じように、太

陽も極めて強い太陽磁場を生み出している。太陽磁場は太陽から遠く離れたところまでおよび、太陽系のすべての惑星はもちろん、さらにその先まで取り囲んでいる。太陽磁場と太陽風がからみあって相互作用をしている範囲が太陽圏を定義しており、その端はヘリオポーズ（太陽から流れ出る太陽風が、天の川銀河のほかのすべての恒星から太陽に向かって流れ込んでくる恒星風とぶつかり、ちょうど釣り合っている場所）と呼ばれている。ヘリオポーズが太陽系と星間空間の境界を定義しているというのが多くの人の共通認識だ（だが、意見が完全に一致しているわけではない！[11]）。

星間空間に存在する磁場は、銀河宇宙線（ＧＣＲ）の進化の一翼を担っている。ＧＣＲも、星間物質の構成要素の１つで、宇宙を飛び交う高エネルギー荷電粒子である。ＧＣＲの正体は、太陽系外のどこかで恒星が爆発した際に、大量の高エネルギー電離原子が巨大な雲として吐き出されたあと、星間磁場によってさらに加速され、一層高いエネルギーを持つようになったものだという説が最も有力だ。ＧＣＲは量としては多くないが、それでも電子機器を徐々に破壊し、生物にダメージを与える恐れがある（ＧＣＲとそれが星間宇宙船に及ぼす影響については第７章でさらに論じる）。

そして、星間水素がある。先ほど説明したヘリオポーズは、主に水素からなる太陽風が外に向かって流れる圧力が、天の川銀河のほかのすべての恒星からやってくる恒星風が太陽系の内側に向かって流れてくる圧力と釣り合うところだ。だとすると、太陽系を取り巻く星間空間は、太陽以外の恒星やその他の天体が遠い昔に放出した水素で満ちているということになる。その密度は低く、星間空間を平均すると、１立方センチに水素原子が１個しか存在しない[12]。非常に速い速度で飛行する宇宙船から見ると、そのような水素原子は、太陽から外へと流れ出る高エネルギー陽子とほとんど区別できないだろう。低速飛行する宇宙船に多数の高速水素原子（太陽が放射するような）がぶつかるのと、高速飛行する宇宙船が低速水素原子をかき分けて進むのとには、何の違いもない。このように広がった原子の雲は、このあといくつかの章で論じる高度な推進システムの少なくとも1種類が実用可能かどうかに影響する可能性がある。

さて、星間空間に何が存在しているかについて、ある程度理解が深まったが、答えが必要な疑問がたくさんある。第1章を終えるにあたって、その一部を挙げておこう。

・どの系外惑星に行くべきか、どうやって判断すればいいのだろう？　地球に似ている惑星はどれだろう？
・途方もない距離を飛行することになるが、現在の物理学と宇宙論や天文学の知識の範囲内で、ここからその惑星までどうやったら行けるのだろう？
・太陽系の環境については外縁部まで十分理解されているが、ヘリオポーズを越えて、星間空間での長い旅に入ってからはどんな環境になるのだろう？
・この旅は、いつ、どのようにして、実施できるのだろう？

第2章

宇宙探査の試みと課題

走る前に歩き方を学べ。
——出典不明

宇宙探査への長い道のり

この時点で、あなたは「よし、わかった。じゃあ、いつ行けるのかな？　星間ミッションって、私が生きているうちに実現するのかな？」と思っておられるかもしれない。残念ながら、太陽以外の恒星を公転する惑星への旅が実施できるところまでは、まだ到底至っていない。最も近い恒星の惑星ですら、まだ無理だ。

人間が行う宇宙探査のペースは、要するに「一歩ずつ」だ。したがって、星間旅行の検討もゆっくり一歩ずつになるだろう。私たちの祖先がついに思い切ってアフリカ大陸を後にしたとき、彼らは自分たちの足で歩いただろう。やがて、動物、特に馬を家畜化するようになると、未知の世界を探検して回れる範囲が劇的に拡大した。工夫の才に恵まれた古代人が車輪を思いついたとき、探検できる範囲がまたもや大きく広がり、それと同時に、初期文明の建設の要となる物品や資源を運搬する能力も飛躍的に向上した。次々と革新が起こり、車輪が付いた運搬用の道具、すなわち荷車を出発点として、荷馬車や列車が生まれ、ついには近代的な自動車へと進化した。水路での移動も、人間が泳いで行けるごく限られた範囲から、カヌー、人力（オール）駆動の小舟、帆船、そして化石燃料や原子力を動力とする大型船へと、船が進化するにしたがって、ますます遠くに行けるようになった。このような大型船のなかには、近代的なサプライチェーンの一翼を担う、1隻で小規模都市1つに相当するほど大きなものもある。飛行への移行はさらに急速に進んだ。凧は6世紀には発明されていたようだ。その後、小型の気球が使われはじめ、やがて、18世紀から19世紀にかけて、もっと大きな気球が次々と飛ぶようになり、なかには人が乗れるものもあった。そしてついに、百年と少し前、最初の飛行機が飛んだ。その後まもなく、人類はロケットを宇宙に打ち上げ、月に人を運びはじめた。

輸送・移動の歴史はこのように展開してきたが、私たちが将来行う星間旅行も、だいたいこのように展開すると敢えて仮定しよう。さらに、系外惑星に人間を送ることとは、輸送・移動の歴史における「人を月に送ること」に対応すると考えると、私たちはまだ「カヌー」の段階にしか達していないと考えざるを得ない。だが、それでいいではないか。カヌーに乗って、川の流れに対してどんな操作をすれば思い通りに進めるかを学ばなければ、私たちの祖先は次の段階へと跳躍することはできなかっただろう。まだカヌーの段階にいることにどうして私が甘んじているのか、ご理解いただくために、まずは今日に至るまで宇宙探査の分野で私たちが続けてきたさまざまな努力を振り返っていただこう。そしてさらに、太陽系外縁部を越えてその先の星間空間へと、最初の意図的な旅を行う計画が、今どのように立てられているのかを知っていただこう。

20世紀の中ごろから始まった宇宙開発競争

人間を初めて宇宙に送る前に、アメリカとソ連は多くの無人ロケットを打ち上げたが、それは宇宙環境をよりよく知り、人間が作った機械が宇宙でどのように機能するか、さらに、宇宙環境が生物にどのような影響を及ぼすかについて、理解を深めるためだった。

驚かれるかもしれないが、地球の上空のどこから宇宙が始まるかについて、万人が合意する定義は存在しない（何かを決めるとなると、意見が割れるのは人の常だが）。尋ねられたなら、宇宙は地球の大気が終わるところから始まると、直感的に答える人が多いだろう。広く使われている定義の1つに、宇宙は海抜100キロメートル（約62マイル）から始まるというものがあり、この境目をカーマン・ラインと呼ぶ。これは、メートル法では切りのいい数だが、ほぼ完全に恣意的なものだ。NASAは別の定義を使っており、50マイル（もちろんヤードポンド法で。約80キロメートル）を超える高度に達した者を宇宙飛行士と呼んでいる。あなたが本当に「宇宙は大気が終わるところから始まる」という定義にすればいいと思っておられるなら、よく考えてほしい。その定義では、宇宙が始まる高度は常に変化し、最高で約600キロメートルにもなってしまうのだ。これは、昼間と夜間の高度の違いと、上層大気の密度の季節変動が原因である。このあとすぐに何兆、あるいは何十兆キロメートルも宇宙を旅する話になるので、それからすれば、100キロも600キロもほとんど同じだ——しかもとんでもなく短い。

この最初の数百キロメートルを越えるのはとても難しく、20世紀中ごろに近代的なロケットが開発されるまでは果たせなかった。そして、最近のニュースに注目しておられればご存じのように、何十年も経った今でも、この境界を越えるのはやはり困難だ。ロケットが何らかの理由で宇宙のどこかの目的地に到達できなかったというニュースを聞かない年などめったにない。2020年はロケット打ち上げにとって試練の年だった。ヴァージン・オービット社のランチャーワン、中国の衛星打ち上げロケット快舟《かいしゅう》および長征《ちょうせい》、ロケット・ラボ社のエレクトロン、アリアンスペース社のヴェガなど、打ち上げ失敗のニュースが続いた。[1] 宇宙探査の初期には、大型ロケットが次々と開発され、各国、各社とも初めて打ち上げたので、失敗の数も、成功に負けず劣らず多かった。冷戦期の軍拡競争にあおられ、宇宙開発も米ソの競争となり、大半の問題は短期間に克服され、宇宙に重量物を送るためにますます能力の高いロケットが開発されていった。

よく知られている宇宙開発競争は、1957年、ソ連が世界初の人工衛星、スプートニク1号を打ち上げたことが引き金となって始まった。この競争は2つの局面に分けることができる。世界で初めて人間を宇宙へ送るというのが最初の局面、そして、首尾よく宇宙飛行士を月に送るのが2つめの局面だ。しかし、これらの画期的な成果に先立ち、ロケットが何百回も打ち上げられた。何百回もだ。この時期、米ソ両国は人間を宇宙に送ろうと努力していたのと同時に、もう1つの「競争」である軍拡競争の一環として、大陸間弾道ミサイル（ICBM）を開発していたことは見過ごしてはならない。ロケットを防衛のために利用することと、平和的な宇宙探査に利用することは区別したいと私たちは願うが、じつのところ、どちらの目的も、必要な技術は基本的に同じであり、それがどんな最終目的に使われるかについて、技術自体は中立である。ロケット開発者とミサイル開発者は互いに相手から学んだのであり、このように2つのよく似たものが同時に開発されたおかげで、ロケット打ち上げの先駆けとなる飛翔体打ち上げの事例が多数蓄積された。これらの打ち上げの多くは、スプートニク打ち上げ以前に実施されたが、元々地球を周回させるような計画ではなく、地球のある地点から別の地点までの弾道軌道（打ち上げられたものが、地球を周回するには至らず、必ず落ちてくる軌道）を飛ぶものだった。そして飛距離を徐々に伸ばした末に、宇宙船を地球周回軌道にまで送ることができるようになったわけだ。弾道軌道で初めて宇宙に達したロケットは、1942年にドイツのバルト海岸沖のウーゼドム島にあるペーネミュンデの村から打ち上げられたV2であった。[2]

人間を宇宙へと送ることに先行して行われたミッションとしては、初めて地球軌道を離れてその先まで飛行した事例（ソ連のルナ1号、1959年）[3]、エイブルとベイカーという2匹のサルを乗せたロケットを打ち上げ、初めて霊長類を宇宙に送った事例（アメリカのジュピターAM-18ロケット、1959年）[4]、そして、地球の姿を人工衛星から撮影することに初めて成功した事例（アメリカのエクスプローラー6号、1959年）[5]などがある。ついに1961年、ソ連が宇宙飛行士ユーリ・ガガーリンを乗せて地球軌道に打ち上げたボストーク1号が、327キロメートルという遠地点（地球を周回する月や人工衛星が軌道上で地球から最も遠くなる点）に達した[6]。その後、地球軌道に至る飛行が何度も実施され、その多くが、人間を月に送るという次の目標の先駆けとなった。

アメリカで、人間を月に送る前に行われたテスト飛行で最も有名なのは、ジェミニ計画だ。ジェミニ宇宙船は２人乗りで、１９６１年から１９６６年までのあいだに10回の有人飛行を行い、16名の宇宙飛行士を地球低軌道（ＬＥＯ）まで運んだ。ジェミニの宇宙飛行士たちは、ＬＥＯを周回するあいだに、のちにアポロ計画で利用されるさまざまな技術を開発した。宇宙飛行士たちは最長で２週間（月との往復の飛行時間と同程度の期間）宇宙で過ごし、船外活動（ＥＶＡ）を行い、軌道操作、ランデブー、ドッキングの手順が正しく実施できるように訓練を重ねた。次に始まったアポロ計画でも、月着陸を目標とする先行ミッションがいくつも行われ、アポロ８号がついに有人で月を周回し、アポロ10号では乗組員らによって月着陸に必要なすべての手順が確認され、月面からわずか15・６キロメートルまで接近するなどの成果を上げた。１９６９年にニール・アームストロングとバズ・オルドリンが月面歩行を行ったとき、彼らはこれらの試験飛行の恩恵を受けていたのである。

星間探査における５つの「スプートニク的マイルストーン」

星間探査でも、同じような手順で進む可能性が高い。最初の段階に当たる一連の先行ミッションはすでに実施されているが、これらのミッションは、星間探査を目指す道のりで、船の進化において、私たちの祖先がカヌーで川を下り始めた段階に当たると言えるだろう。星間探査の最初の一連のミッションとは、太陽系全般、太陽系の各惑星、そして太陽系の環境を探査し研究するために打ち上げられた、無人宇宙機による探査である。何度も実施されており、一覧表にするのが難しいほどだが、いろいろな国が、太陽系の全惑星、一部の準惑星、太陽、そして多くの小惑星や彗星に対して、近接飛行や周回飛行を成功させている。どのミッションも素晴らしい科学技術の離れ業で、星間探査開発史において、宇宙開発競争初期の弾道ロケットの打ち上げ競争になぞらえられるだろう。だが、これらのミッションは、星間空間探査を実現するための、必要ではあるが不十分な第一段階でしかない。私は思うのだが、未来の歴史家たちは、これらのミッションの5つを、かつて世界を驚かせ、宇宙開発競争が始まる契機となった世界初の人工衛星にちなんで、「スプートニク的マイルストーン」と総称するのではないだろうか。パイオニア10号、パイオニア11号、ボイジャー1号、ボイジャー2号、そしてニュー・ホライズンズの5つだ。

1972年に打ち上げられたパイオニア10号は、初の木星探査機で、木星に接近し、木星のさまざまな観測を実施した。[7] パイオニア10号がスプートニク的マイルストーンの1つに数えられるのは、それが太陽系脱出速度に到達した最初の人工物だからだ。太陽の重力は、地球の重力と同じく、重力源に引き戻されない十分な速度に達した物体なら克服できる。物体が地球の重力から逃れるためには、秒速11・2キロメートルを超えなければならない。だが、この速度は、太陽の重力を逃れるには足りず、地球から宇宙に打ち上げられたほとんどのものは、太陽を公転する軌道に留まることになる。金星、火星、あるいは、太陽系内のほかのどの惑星へのミッションにも太陽系脱出速度は必要ないのだから。太陽系脱出速度（地球から打ち上げる場合の）*は、秒速42・1キロメートルで、パイオニア10号は初めてこれを超えたのである。翌年打ち上げられたパイオニア11号は、初めて土星に近接飛行し、土星の観測を行った。パイオニア11号も太陽系脱出速度に到達し、太陽系には決して戻ってこないだろう。

これまでに実施された星間探査の先行ミッションで最も有名なボイジャー1号と2号の打ち上げは、1977年に、2号が1号より約2週間先に行われた。2機のボイジャーの最重要任務は、星間空間の観測ではなく、巨大ガス惑星である木星と土星の近接飛行だった。ボイジャー2号はさらに進んで、天王星と海王星にも接近し、太陽系で3番目と4番目に大きな惑星の姿を世界で初めて間近に捉えた。

2機のボイジャーが「ゴールデンレコード」を搭載していることからも明らかなように、これらの宇宙船を星間探査に使うことは、開発者たちの頭のなかには開発段階からあったのである。音声と画像が記録されたレコードが両機に搭載されている。これらのレコードの表面に金メッキが施されているので「ゴールデンレコード」の名がある。その内容は、たくさんの科学的情報や、ボイジャーは地球という惑星から送り出されたことを示す図はもちろん、地球や、そのさまざまな生物の画像のほか、55の言語による挨拶の言葉、モーツアルト、チャック・ベリーをはじめとする多種多様な楽曲などである。[8] こんなレコードが搭載されたのは、もしも「そっちにいる誰か」がボイジャーに出くわして、こんなものを作ったのは誰だろうと興味を持ったときのためである。もちろん、「はじめに」でも触れたように、2機のボイジャーはどちらも、少なくとも数万年のあいだは太陽系以外の恒星系に出合うことはないだろう。あまりに飛行速度が遅いのだ。しかも、両機が飛行している方向には、近傍に恒星系はない。だが、たとえボイジャー1号が、地球に最も近い恒星、プロキシマ・ケンタウリに向かって飛んでいたとしても、そこに到達するには7万3000年かかるはずなので、期待しないほうがいい。

もっと最近では、2006年にNASAがニュー・ホライズンズ探査機を打ち上げている。冥王星を近接飛行し、世界初の冥王星の高分解能画像撮影を目的とするミッションだ。ニュー・ホライズンズは、9年かかって冥王星に達したあと、現在は太陽系脱出軌道にあり、太陽系の辺縁部をさらに遠方へと進んでいる。その途中、2019年に、カイパーベルト**という小天体が円盤状に密集した領域に存在するアロコスという小惑星（またの名を［486958］2014MU69〔訳注　486958は小惑星番号、2014MU69は仮符号〕）の近接飛行を冥王星の軌道の外側で行った。本書執筆時において、ニュー・ホライズンズはまだ使用可能で、搭載された原子力電池の寿命が尽きる前に、この探査機にまだ残されている限られた軌道修正能力の範囲内に別のカイパーベルト天体が入ってくれれば、その画像を地球に送ってくれるかもしれない。しかし、2機のボイジャーと同じく、ニュー・ホライズンズ

＊　任意の2個の物体のあいだに働く重力は距離の二乗に反比例する（$1/r^2$に比例する）ので、「地球から打ち上げる場合」という但し書きは不可欠だ。火星の住人なら、火星の重力を脱出するロケットを打ち上げるのはもっと簡単だっただろう。まず、火星は地球より質量が小さいので、ロケットとその搭載物を引っ張る力もより小さい。また、火星は地球よりも太陽から遠いので、火星から打ち上げるほうが、太陽系脱出速度も簡単に超えられるだろう。もちろん、人類が火星を利用するとしたら、苛酷な火星の環境で生き続けなければならないなどのさまざまな問題がある。しかし、このテーマは他の本に譲ろう。

＊＊　天文学者ジェラルド・カイパーにちなんで名づけられたカイパーベルト（ジェラルド・カイパーは多数の業績を残した高名な天文学者だが、カイパーベルトの発見に直接貢献したわけではない）は、太陽系内の、海王星の軌道の外側の領域にあり、そこには彗星、小惑星、そして準惑星などが多数存在している。

探査機も数万年かそれ以上のあいだ、どんな恒星系にも出くわさないだろう。

確かな設計と優れた技術のおかげで、ボイジャーとニュー・ホライズンズは最重要ミッションのために設定された寿命を超えて機能し続け、太陽系の最も外側を調べるという予期せぬ機会を提供してくれている。２０１２年、ボイジャー1号はヘリオポーズ（第1章参照）を通過し、正式に星間空間に入った。ボイジャー2号は、まもなくヘリオポーズに達するだろう。ニュー・ホライズンズも２０３８年ごろに星間空間に入ると考えられる。2機のボイジャーを機能させ続け、地球との交信を続けさせている原子力電池は２０２０年代中ごろに寿命が尽きるはずだ。ニュー・ホライズンズも２０３０年代後半に同じ運命を辿るだろう。最善の場合、この3機は、２００天文単位（ａｕ）離れたところに達するまで限定的な科学的データを地球に送ることができると推測される。

望まれる星間探査を目的としたミッション

パイオニア10号、パイオニア11号、ボイジャー1号、ボイジャー2号、そしてニュー・ホライズンズの5機を総合すれば、星間探査において、宇宙開発競争時代のスプートニクに相当する成果を上げたと言っていいだろう。どれも、星間物質（ＩＳＭ）の観測や将来の星間旅行の先駆けとして設計されたのではない――その点これらは、むしろ第二次世界大戦中に世界で初めて宇宙に到達したドイツのＶ２ロケットと同じだと言うべきかもしれない*。5機のうちどれも、星間物質を観測するために設計されていないということは強調しておきたい。これらの5つのミッションはすべて、惑星、準惑星、そしてカイパーベルト天体の探査のために設計されたのだ。搭載された機器には、写真撮影のための光学カメラも含まれており（これらのカメラも素晴らしい画像を提供してくれた）、さらに、惑星の環境を観測するために特に微調整された機器などもある。近傍の星間空間には、画像を撮影できるような大きな天体は存在せず、その領域での放射線の測定には特別な機器が必要だ。つまり、ボイジャーに搭載された機器を星間空間で使用することによって収集されたデータを見るのは、ひいおばあさんの白黒写真を見るようなものなのである。ひいおばあさんが人間であることはわかるし、服装や、全体的な姿もわかるが、何色の服を着ていたかについては、まったく特定できないだろう。また別のたとえをするなら、画面中央に水平線が写っている白黒写真を見せられ、その広々とした水面だけが空の下に見えている、水の性質（酸性度、塩分濃度、鉱物成分、汚染物質の濃度など）を、この画像を唯一の手がかりとして判別するよう求められたようなものだ。科学チームは、近傍の星間空間の性質を特定するために、使える機器をフル活用して常に最善を尽くしているが、重要な科学的疑問の多くにはまだ答えが出ていない。

これらのミッションで、太陽系外縁部からさらに遠方へと進む探査機が収集したデータと、地上や地球近傍にある望遠鏡や観測機器による星間空間の遠隔観測のデータが示唆する新事実に、世界中の科学

＊　Ｖ２が初めて宇宙の領域まで飛んだのは、第二次世界大戦中、攻撃用の爆弾が搭載できる軍用ロケット（つまりミサイル）の開発を目指して行われた一連のテストでのことだった――重要なのは、Ｖ２はある目的のために設計されたが、その後別の目的のために使用されたということだ。純粋に平和的な科学的ミッションでの探査機の飛行との共通性は、この使用目的において失われる。

者たちが興味をかき立てられ、星間空間の探査だけを目的とする新たなミッションを求める声がますます高まっている。

これまでの私たちの宇宙探査の取り組みは、カヌーで川に入り、カヌーに乗った人間を水流がどこまで運んでくれるのかを見るという作業の現代版に過ぎない。考えてみてほしい。打ち上げ用ロケットは探査機を宇宙に打ち上げて、地球の重力から、そして場合によっては太陽の重力からも逃れられる速度とエネルギーを与えるが、探査機に与えられた推力はやがて停止し、その後の進路において探査機は目的の天体までただ慣性飛行するだけだ。たしかに、探査機の進行方向は独創的な方法で変えることができる。探査機を大型惑星に近接飛行させ、そこで起こる惑星と探査機の相互作用を利用して、探査機の進行方向を変えたり加速したりする、いわゆる「重力アシスト」操作だ（訳注　イタリアの科学者ジュゼッペ・コロンボが1970年に提案した方法で、このおかげでマリナー10号は3回の水星フライバイ（接近通過）を成功させられた）。だが、よく考えるとこれは、流れにカヌーを運ばせて、川の真ん中にある岩を迂回させたり、急流に乗せて少し加速させるのとそれほど違わない。星間探査機によって、太陽圏と、その外側、太陽から1000auの距離の星間空間を探査する初の試みが提案されているが、これもやはり、水流のなかをカヌーでより遠く、より巧みに進む方法を探っているのとあまり変わらないだろう。

太陽から1000au離れた星間空間で星間物質を観測するために特別なミッションを行おうという構想は、新しいものではない。科学者たちは宇宙時代の幕開けから、そのような探査機を打ち上げたいと望んできた。

ボイジャー宇宙船がヘリオポーズを越えて星間空間に入る前に科学者たちが予想していたヘリオポー

ズの形は、ボイジャーが搭載していた限られた観測機器によって発見されたものとは違っていた（ヘリオポーズについては、29ページを参照のこと）。それに関する既存の実験や観測のデータがまだまったく存在しない複雑な物理的相互作用で、しかも非常に遠方で起こっているものを研究するときは、複雑なモデルに頼らざるを得ない。しかも、そのようなモデルの精度を上げるには、そのモデルが予測しようとしているデータそのものを基準として評価し、確認するほかない。今挙げたボイジャーの例のように、この種のモデルはときとして間違っている。*

　このような探査機を打ち上げる理由として最も説得力があるのは、「発見のため」だろう。１９５９年にエクスプローラー1号が地球を周回するまでは、ヴァン・アレン帯〔訳注　地球を取り巻くドーナツ状の放射線帯。地磁気に捉えられた電子と陽子からなる。エクスプローラー1号に搭載されたガイガーカウンターによる測定で発見された〕については、あまり理解されていなかった。** カッシーニ探査機が土星を周回する軌道に入るまで、私たちは土星にメトネという衛星が存在するとは知らなかったし（２００４年にカッシーニの画像解析チームが発見）、土星の北極に六角形に見える嵐が吹き荒れていることも知らなかった[9]〔訳

＊　これは、科学において非常に重要なことである。モデルの良し悪しは、そのモデルが出した予測の良し悪しで決まる。多くの科学者が、特定の状況または特定の場所で自然がどのように振る舞うかを予測するためのものとしてモデルを構築するが、それらのモデルの大半は結局不正確だったことがあとでわかる。あるモデルが正確かどうかを判別する最善の方法は、そのモデルに1つ予測をさせ、その後、その予測が正しいかどうかを判定するために測定または観測を行うことだ。

＊＊　ヴァン・アレン帯を発見したのは、エクスプローラー1号に搭載され、この発見をもたらした観測機器を製作した人物。彼の名はジェームズ・ヴァン・アレン博士である。

注　1981年にボイジャー2号が六角形を発見し、その後2006年にカッシーニが収集したデータから土星大気のジェット気流である可能性が浮上している」。また、ニュー・ホライズンズを送るまでは、冥王星は最高性能の望遠鏡でかろうじて見分けられるだけの準惑星にすぎなかった。今では、冥王星には、ハート形の凍った窒素の氷河が存在し、それは太陽系で最大の氷河だとわかっている[10]。これらの事実は、探査機が実際にその場所に達したからこそ得られたのである。必要な機材が搭載された宇宙船を太陽系の端まで送れば、星間物質のみならず、太陽系そのものについてもさらに多くのことがわかるはずだ。

星間空間に送った探査機から地球を振り返れば、天の川銀河のどこか他の場所にある別の恒星系の異星人のような視点から、太陽系を見ることができるだろう。星間空間に存在するガスや塵と太陽との相互作用や、太陽以外の恒星とガスや塵との相互作用も見えるだろう。太陽を観察し、そのさまざまな特徴を、ほかの恒星と比較し、太陽系や地球や人間が天の川銀河全体のなかでどんな存在なのかについて、理解を深めることができるに違いない。

数十年から数百年かかるミッションにまつわる問題とその解決策

星間探査機には費用がかかるだろうし、そのため、星間探査ミッションは一世代に一度限りになる可能性が高い。税金を使うことになるだろうから、探査機には太陽とその影響に関する研究分野のみならず、さまざまな科学分野の疑問に答えるための機器を搭載しなければならないだろう。太陽圏の外側の星間空間にはいったい何があるのだろう？　とてつもなくたくさんのものがあるのは間違いない。

ニュー・ホライズンズの主要ミッションは準惑星である冥王星とその衛星カロンを観測することだった。冥王星とその衛星への近接飛行が終了したところで、ニュー・ホライズンズはまだ完璧に機能し、推進剤にも余裕があったので、どこか別の場所に送り、別のものを観測させることができた。だが、何を？　この問いの答えは、冥王星が9番目の惑星からただの「準惑星」へと降格したことをまず思い出していただくと納得しやすい。冥王星はなぜ降格になったのだろう？　科学的に最も説得力がある理由ではないが、理由の1つは、太陽系内、主にカイパーベルト内には、冥王星のような小さな天体が何百個も存在している可能性が高かったからだ。ニュー・ホライズンズを背後で支える科学者たちは、冥王星の近傍にはほかにも準惑星がいくつかあり、そこに訪問することもできると確信していた。そのため彼らは、冥王星の近接飛行をしたあとに、ニュー・ホライズンズの自由度が増すような設計にしたのだった。つまり、推進剤を十分な量搭載しておき、近傍の準惑星の1つに向かうための、さほど大きくない航路変更ならできるようにしておいたのである。

ニュー・ホライズンズが打ち上げられたとき、冥王星の次の目的地はどこなのか、彼らもまったくわかっていなかった。（地球から冥王星まで）10年近く飛行するあいだに、科学者たちが世界最高の望遠鏡を何台も使って、次の目標を見つける時間はたっぷりあった。ついにその目標が定まった。ニュー・ホライズンズは、冥王星とカロンを訪れたあと、太陽系外縁天体アロコスへと目標を変更し、2019年1月に近接飛行を行った。アロコスは、ニュー・ホライズンズ打ち上げの8年後の

２０１４年に発見された。カイパーベルトには、探査すべき準惑星がさらに数百個存在すると推測されており、そのため、星間探査機は今後、太陽系外への道程で、科学的観測のために、これらの１つ、あるいは複数個に近接飛行ができるように軌道が選ばれる可能性が高い。

このようなミッションを可能にする技術が、少しずつ科学者たちの野心に追いついてきた。今日に至るまで、２００ａｕを越える遠方まで到達する探査機が、その探査機の設計と製造を担った科学者たちの生涯のうちに目的地に至ることは不可能だった。思い出していただきたい。１９７７年に打ち上げられたボイジャー1号は、ヘリオポーズに到達するのに２０１２年までかかり、現在地の１５６ａｕ[11]の距離まで到達するのに44年かかっている。すると、ボイジャー1号の平均速度は年速約３・５ａｕということだ。ではここで、あなたはそのようなミッションを率いることができるだけの経験と経歴を持った中堅科学者だとしよう。このようなものを提案し、計画し、さらに、資金提供してくれる人を見つけるだけの経験と専門知識を獲得するには、あなたは少なくとも40代半ばになっていなければならないだろう。そして、探査機の製造、テストの実施、打ち上げ準備にさらに5年かかるだろう——あなたは50歳になっているはずだ。そしてようやく打ち上げだ。ボイジャーと同じく1年に３・５ａｕの速度で進み、１００ａｕの地点に達するには28年かかるだろう（そのころあなたは78歳である）。そして５００ａｕの地点に至るには、さらに１１４年かかるので、あなたは１９２歳という老境に達していることになる。運が良ければ、あなたの孫がこの探査機のデータを詳しく検討できるかもしれないが、それはむしろ曽孫の仕事になる可能性のほうが高いだろう。これがいかに大きな難問か、おわかりいただけるだろう。

数十年から数百年かかるミッションにまつわる大問題がもう1つある。それほど長期間まっとうに機能し続ける宇宙船をどうやって設計するかである。ボイジャーは、想定されていた寿命をはるかに超えて稼働し続けている。これは並外れて優れた技術工学と、大きな幸運のおかげだ。信じられないかもしれないが、2機のボイジャーの設計寿命は、木星と土星に近接飛行し、それらを観測するのに十分な、たった5年だったのである。

星間探査機のミッションを実施する方法で、ある程度実行可能性があるものが、私が1999年ごろにこの取り組みに加わって以来今日までのあいだに、相当程度発展してきた。1999年当時、私はNASAのマーシャル宇宙飛行センターで先進宇宙輸送計画（ASTP）の一員として働いており、当時取り組まれていた新しい方式の推進システム、電気力学テザーについて、承認されたばかりの宇宙デモンストレーションの責任者を務めていた。* このデモが承認された際に、ASTPで働く推進技術の専門家として私が採用されたのだ。電気力学テザーが承認されたのは、細長いワイヤーを使って宇宙船を宇宙のなかで動かすことこそ、「先進宇宙輸送」のあるべき姿だと認められたからである。その前の職場では同僚のほとんどが、化学ロケットの製造と開発の向上に取り組む本格的なロケット科学者だった。私はそのグループのなかで、まさしく「変わり者」だったのだ。ごく自然な流れで、ジェット推

* このプロジェクトは「推進用小型使い捨てデプロイヤー・システム」（ProSEDS）と呼ばれ、2003年に打ち上げられる予定だった。残念ながら、コロンビア号の空中分解事故の直接の影響で取りやめになり、その後も打ち上げられることはなかった。

進研究所（ＪＰＬ）が電話を掛けてきて、彼らのチームに加わってロボット式プローブを２５０ａｕの距離まで送る研究に取り組む、先端的な推進法の専門家1名をパサデナまでよこしてほしいと頼んだとき、私に白羽の矢が立った（じつのところ、オフィスにいたほかの誰も行きたくなかったのだ。経験豊富なベテランのロケット科学者である彼らは、ワイヤーを使って宇宙船を送り出すなどばかげていると冷笑した。なにしろ彼らは、化学ロケットの限界をよく知っていたのだから。彼らはその仕事を私に回してくれた。それは大変ありがたかった）。

ＪＰＬで私が加わったチームはメンバー全員が、星間物質を、当時（そして今も）ほとんど唯一可能だった、遠方から調べるという方法ではなく、それが存在している場所でじかに観測したいと熱望していた。惑星探査ミッションとはまったく違い、地球近傍にいながらにして途方もない遠方の星間空間の写真を撮影しても、大した情報は得られない。しかし、太陽の周辺から太陽圏のすぐ外側の星間空間までの範囲で、環境がどのように変化しているのか何とか知ろうとしている科学者たちも、星間空間のさまざまな原子（電荷を持つもの、持たないもの両方）、電子、電場と磁場、塵の濃度とエネルギー、そして、これらのものどうしの相互作用の観測には大きな関心を持っている。

これほどの距離にある遠方の宇宙に存在するものを研究するのがいかに困難か、直感的にわかっていただくには、その付近の推定粒子密度を考えてみるのがいい。1立方センチメートル当たり（どんな原子であろうと）1原子もないのだ。比較のために申し上げると、私たちが呼吸する空気の密度は1立方センチメートル当たり約10^{19}分子だ。[*] 彼らが測定したがっているその付近の磁場の強度は、６マイクロガウスと推定されている。比較材料として、地球の磁場は０・６ガウスもあり、10万倍強い。つまり、彼らが測定したいものは非常に微弱で、まばらにしか存在しないのである。しかし、それほど希薄な存在でも、星間空間というとてつもなく広い空間全体にわたって総合すれば、決して無視できない。惑星間空間の粒子密度と場の強度は、地球とは比べものにならないほど小さいが、それでも星間空間よりはかなり多く、強い。しかし今のところ、太陽圏の外側を観測するには、太陽系内に存在している粒子や磁場を通して見るほかない。これは容易なことではない。必要な観測を行うためには、やはり星間空間まで探査機を送るしかない。

うれしいことに、現在ＮＡＳＡは、まさにこれを実施しようと考えている。すでにジョンズ・ホプキンズ大学の応用物理研究所（ＡＰＬ）が率いるチームを借り切って、「利用可能な（あるいは間もなく利用可能になる）打ち上げ機、キックステージ〔訳注　宇宙機を打ち上げるための多段式ロケットで、宇宙機を予定された軌道に乗せるために加える追加的な推力を与えるための段〕、運用コンセプト、そして信頼性基準を含む、現実的なミッションアーキテクチャのトレードオフ研究」に当たらせている。今後20年以内にミッションを可能にすることが目的だ。[12] ＡＰＬのチームでは、約２００名の科学者と技術者がこれを目指しており、ミッションが本当に実現するためにはどのような研究を行うべきか、そして、有望なアプローチはどのようなものかを特定する作業に取り組んでいる。

＊ 科学的記数法（指数表記）に不慣れな人のためにご説明すると、10^{19}＝10,000,000,000,000,000,000である。したがって、1立方センチメートル当たり、星間空間なら原子は1個あるかないかなのに対し、地上付近の大気中なら約10,000,000,000,000,000,000個原子が存在するというわけだ。

探査機は星間空間に行くために非常に長い距離を飛行しなければならない一方、その飛行時間を短縮せねばならず（打ち上げに携わった科学者たちが生きているうちに探査機が目的地に到着するように）、さらに、星間探査機をできるだけ早く打ち上げるというはっきりした目標もあることから、ＡＰＬのチームは採用する推進法と動力を、今日利用可能なものだけから選ぼうとしている。彼らが公式に掲げた目標は、「年速15～20ａｕの太陽系脱出速度の達成」だ。ボイジャーの年速３・５ａｕとは大違いだ。

長年にわたり、宇宙で使えるさまざまな推進技術が研究されてきたが、どの推進技術にも長所と短所がある。これについては第5章および第6章で詳しく論じよう。ここでは、このミッションの研究に使われた時間のほぼすべてを通して、電気推進、太陽帆、あるいは磁気セイルといった、ＳＦに出てきそうな名前の新しい低推力推進法のどれか1つが、必要とされる速度を実現するだろうと期待されていたとだけ述べておこう。これらの先進技術はどれも、成熟に時間がかかっており、近い将来その推進法を使って星間ミッションが実施できるような状況にはない。おかげで科学者コミュニティーはしびれを切らしている。きっと、他に方法があるに違いない。

星間探査機の推進法として最も有望視されているのは、ＮＡＳＡの新しい超大型打ち上げロケット、スペース・ローンチ・システム（ＳＬＳ）を使って、探査機を太陽近傍に向けて打ち上げ、太陽フライバイを行うことによって加速する方法だ。このとき、探査機の太陽光遮蔽板に隠れるように2機の従来型固体推進剤ロケットを取り付けておく（太陽光遮蔽板は、太陽の極近傍――「５太陽半径」すなわち約３５０万キロメートル以内――をフライバイできるようにするためのもの）。水星の軌道は太陽から約５８００万キロメートルのところにある。この探査機が実際に打ち上げられたなら、太陽に最も接近した宇宙船となるはずだ。軌道上で太陽に最も近い点（近日点）に達した際に、２機の固体推進剤ロケットを点火し、探査機が最善の位置にあるときにタイミングを合わせて一気に加速させれば、探査機は年速15ａｕの速度に到達し、目標速度をほぼ達成して太陽系を脱出できるだろう。[13] 近日点で加速させるこの手法は、オーベルト・マヌーバと呼ばれている。これは、この手法の実現可能性を初めて（数学的に）明らかにしたヘルマン・オーベルトにちなんで名付けられたものである。* 常に星間ミッションに注目している人なら、この手法は、惑星近接飛行時に惑星の重力を利用して宇宙船を加速する標準的な惑星フライバイマヌーバの応用だとわかるだろう。これは、私が星間探査機に初めて関わるようになった１９９０年代に検討されていたものとは哲学的に異なる手法だ。当時は、必要な速度に達するには新たな推進技術が必要だと考えられていた。超大型打ち上げロケットが登場することも、力ずく作戦でどれだけのことが成し遂げられるかも、私たちは予想だにしていなかった。

残念ながら、この最有望作戦を実際に採用することには大きな問題がある。** これは技術的には袋小路なのだ。世界最大のロケットを使い、できる限り太陽に接近して、ロケットモーターに点火して加速す

＊　私がどれほど宇宙オタクかがわかるエピソードを。最近私は、休暇中のドイツ旅行の計画を立てたのだが、ヘルマン・オーベルト宇宙旅行博物館（ドイツのフォイヒトにある）訪問が旅の目的だった。

＊＊　じつのところ、ＳＬＳを使うことにすると、多くの問題が出てくる恐れがある。まず、これはまだ飛んだことのない新しいロケットだ（原書執筆時点において）〔訳注　ＳＬＳを利用したミッションであるアルテミス１号は、ちょうど原書が出版された２０２２年11月に打ち上げられ成功した〕。うまく機能するのだろうか？　星間探査機が打ち上げられるとき、ＳＬＳはまだ利用でき、予算的にも問題なく使えるだろうか？

れば、星間探査機は目標速度に到達できるだろう。だが、到達できたとして、それだけだ。私たちの物理学と工学の知識からすると、これが化学ロケットで達成可能な性能の限界である。探査機がそれより速くなることは不可能だ――つまるところ、それはカヌーに過ぎない。この方法で、星間探査機を打ち上げることは可能かもしれないが、推進という観点から言えば、さらに高速の太陽系脱出速度を要する、より遠方を目指す、より野心的なミッションに使えるような技術ではない。

宇宙望遠鏡がもつ可能性

このような非常に野心的な深宇宙ミッションについて議論する前に、地球軌道やラグランジュ点などの地球近傍に留まって稼働している宇宙望遠鏡を使えば、遠方の星間空間について、かなりの量の先行科学研究や予備調査を行うことができることは言及しておく価値がある。近くの恒星なら肉眼で観察できる。望遠鏡を使えば、もっと遠方の恒星が観測できるし、宇宙望遠鏡ならさらに遠方のものも観測できる。比較的近傍の恒星を周回する惑星なら見分けられる光学的性能のある宇宙望遠鏡を作ることも可能だ。

だが、1つ問題がありそうだ。惑星が周回している恒星は、その惑星から反射される光よりもはるかに明るく、しかも両者は非常に近いので、この明るさの差と、観測対象が地球から遠く離れていることとが相まって、惑星は恒星の光に埋もれて見えないのではないだろうか（車のヘッドライトの強烈な輝きのなかで1匹の蚊を見るのは難しいという第1章の議論を思い出してほしい）。ここで、恒星食の際に恒星の光が暗くなり、系外惑星の存在が推測できるという議論（これも第1章）を思い出そう。じつは、もしかすると、恒星食が起こるからくりを利用して、系外惑星を見分け、その画像を撮影することができるかもしれないのだ。

皆既日食を見たことがある人にとって、それは決して忘れられない経験だろう。月が太陽の正面を横切って日光を完全に遮ると、さっきまで明るい昼間だったのがやにわに夜になり、コオロギが鳴き始め、空気は急速に冷えていく。そして突如、太陽のコロナが現れる。皆既日食のコロナはまるで、月に遮られた太陽の表面から出ている無数の長い飾りリボンのようだが、じつは、それまでは日光の輝きにかき消されていただけで、常に存在しているのだ。だとすると、宇宙望遠鏡を利用して恒星食を人工的に起こし、遠方の恒星の光を遮って、恒星に比べれば薄暗くてしょうがない惑星を、うまく見ることができないだろうか？「掩蔽《えんぺい》板」を使って人工的に恒星食を起こすという方法は、1962年に初めて提案されたが、[14] ウェブスター・キャッシュ〔訳注　コロラド大学ボルダー校の宇宙物理学および惑星科学教授〕やMITの系外惑星研究者のサラ・シーガーらの天文学者の努力のおかげで、今再び注目されている。シーガーとそのチームは、NASAの資金を得て、掩蔽板すなわち「恒星覆い」が付属した宇宙望遠鏡の可能性を検討している。この掩蔽板を宇宙望遠鏡とは別の宇宙船に搭載しておき、本体の宇宙望遠鏡と目標とする恒星とのあいだに配置し、その位置で恒星からの光を遮るようにする。シーガーの研究や、他の類似の研究によると、この方法はうまくいくはずだという。次世代の宇宙望遠鏡は、恒星を覆って系外惑星を観測するための掩蔽板とセットで打ち上げられる可能性が出てきたわけだ。

さらに、掩蔽板を使わずに系外惑星を撮像する先行ミッションも提案されている。太陽重力レンズ（ＳＧＬ）を利用する方法だ。

ＳＧＬミッションの重要性を理解するには、まず私たちが大好きな物理学者、アルベルト・アインシュタインについて、そして、彼の一般相対性理論についてよく理解しなければならない。アインシュタインは特殊相対性理論で、「どの観測者が見ても光速は一定である」という光速不変の原理が、光速に近い速度まで加速された基準系での時間の流れにいかに影響するかを論じた。簡単に言えば、あなたが速度を上げると、あなたより遅い観察者に比べて、あなたの時間はゆっくり過ぎるようになる。一方、一般相対性理論は、宇宙のなかをある速度で運動することと時間の経過との結びつきを、質量の効果と時空そのものの性質を含む新たなレベルへと持って行く。アインシュタインは、空間と時間は密接な関係があり、一体化して「時空」という連続体をなしていると仮定したが、この仮定は、これまでに行われたすべての観測とテストで正しいことが証明されている。空間は、時間が存在しなければ存在し得ないし、空間が生まれる「前」には時間は存在しない*。

宇宙はこのような仕組みになっていると仮定したので、次に、そのなかで質量または物質はどのような役割を演じているかを考えよう。一般相対性理論が予測したとおり、光は重力の影響がないところでは直進するが、物質が存在する場合には、その重力によって時空が湾曲し、光の進路はそれに沿って湾曲する。時空の湾曲は、物体が重いほど大きくなる。これを思い描くとき、私はいつも、マットレスを考えることにしている。マットレスの表面が、質量がまったく存在しない通常の時空の形——すなわち、平らでまっすぐ——だったなら、その上を転がした小さなボールは、マットレスの片側から反対側へと、

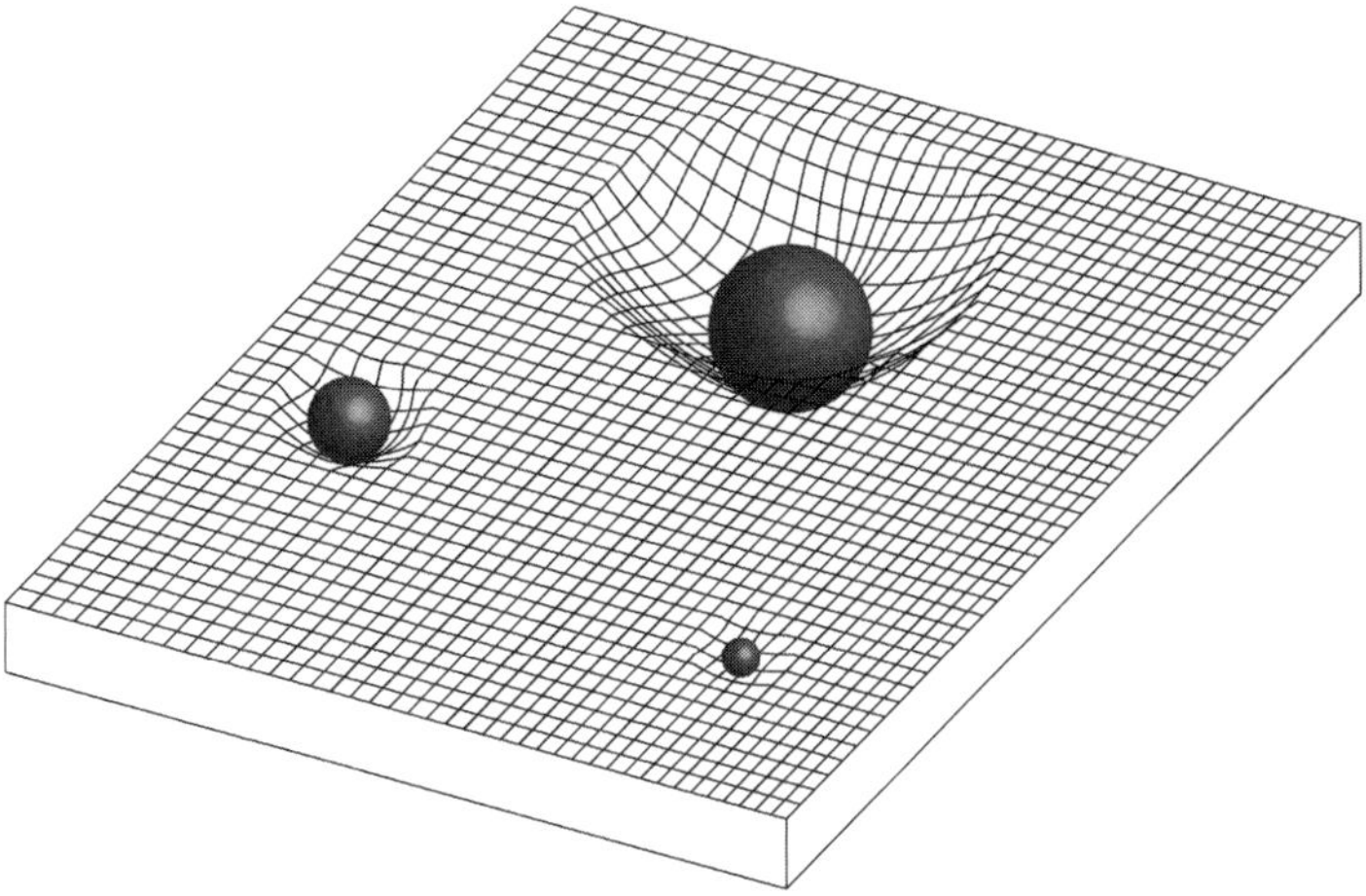

図2・1　時空の湾曲。時空は質量を持った物体の近傍で湾曲する。物体の質量が大きいほど、時空は大きな曲率で湾曲する。たとえば、太陽は地球よりもはるかに大きく時空を湾曲させる。ダニエル・マグリー作画。

直線上を進むだろう。だが、マットレスの上にボウリングの球を置くと、マットレスの表面はへこむ。この場合、小さなボールはマットレスの反対側に達するまでに、ボウリング球の周囲で湾曲した経路を進むだろう。ボウリング球に近づけば近づくほど、マットレスの湾曲は大きくなる（図2・1）。これと同じように、大きな質量を持った物質が存在するために時空が湾曲すると、時空に沿って動くほかない光は、その物質のそばを通る際には、小さなボールがマットレスの表面に沿って湾曲した経路を進んだのと同じように、湾曲した経路を進む。

だが、これを実感が湧くように具体的に表現

＊　ビッグバンの前に何が存在したかについて科学者たちが議論できない理由はここにある。空間も時間もビッグバンで生まれたので、それより「前」に時間が存在したはずがない。時間はまだ存在しなかったのだから！

すると、どういうことなのだろう？　時空が湾曲するからどうだって言うんだろう？

　この疑問に答えるために、私たちに身近な眼鏡やコンタクトレンズなどの光学レンズについてお話ししよう。光はレンズで屈折するので、レンズを通過した光は、実際の出発点よりもレンズに近いところから、あるいは、遠い所からやってきたように見える。このため、レンズを通して見た物体は、実際よりも大きく、あるいは、小さく見える。凸レンズは、焦点を結ぶように光を屈折させる。マットレスの比喩を思い出していただきたい。時空のなかで、重たい物体はまるで凸レンズのように光を曲げるので、これと同じような結果が生じる。重たい物体は、遠方にある物体を拡大し、それらがはっきり見えるようにしてくれる。*天文学者は、アインシュタインの十字架や、アインシュタインリングと呼ばれるものを観測するたびに、一般相対性理論のこの側面を目撃する。これらの現象は、非常に遠方にある天体からやってくる光が、地球に届くまでの経路の、もっと地球寄りに存在する重い物体の重力レンズ効果を受けて、たまたま地球の近傍で焦点を結んでいるだけの話なのだ〔訳注　遠方の天体からやってくる光が、その天体と地球とのあいだにある別の天体の重力がもたらす重力レンズ効果によって、リング状に見えるものがアインシュタインリング。像が4つに分裂し、十字架を描いているように見えるものがアインシュタインの十字架。重力で歪められた時空は、光が極端に増幅された線状のパターン（焦線）を作ることが多く、重力レンズではリングや十字のような線状の像が生じやすい〕。

　太陽は質量が非常に大きいので、時空を大きく曲げ、重力レンズ効果を起こし、その焦線は太陽から550au離れたあたりに形成される（図2・2）。ＮＡＳＡでこの効果を研究している物理学者のスラヴァ・トゥリシェフは、直径1、2メートルの小型望遠鏡を太陽の重力レンズの焦線が形成される付

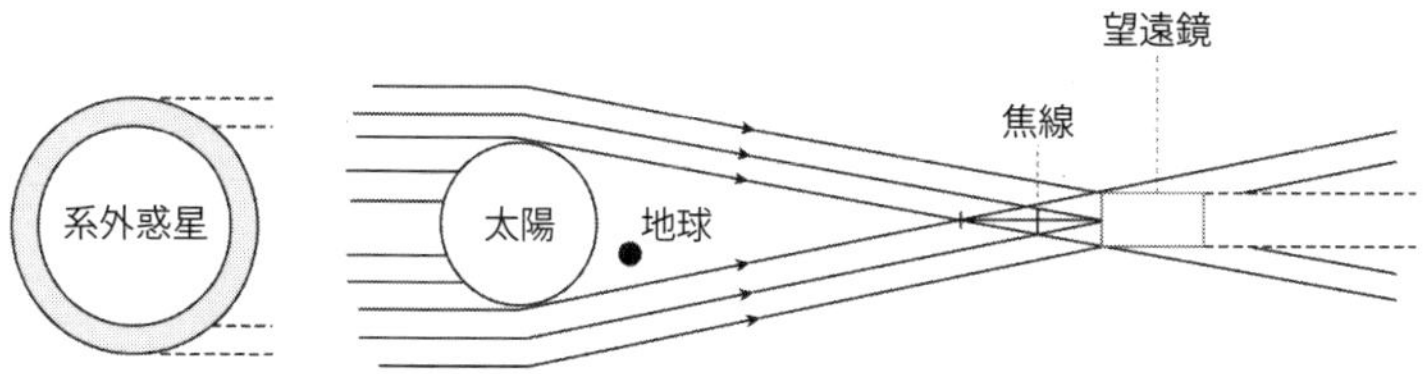

図2・2　太陽重力レンズ。系外惑星で反射された光は、時空内の直線に沿って、何光年もの距離を進んで太陽に到達する。巨大な質量を持つ太陽の近傍では、時空は湾曲している。光は、この湾曲した経路を進んで、やがて収束し、550au付近のところで焦線を形成する。必要な画像処理機能を備えた望遠鏡がそこに設置してあれば、この系外惑星の姿を詳細に見ることができるだろう――私たちと同じような文明がそこにあったなら、それも見付けられる可能性がある。"Image Recovery with the Solar Gravitational Lens" by Viktor T. Toth and Slava Turyshev（*Phys. Rev.* D 103, 124038. June 2021）より。

近に送るミッションを提案している。従来型の光学式望遠鏡では観測できない、生物居住可能性のある系外惑星を撮像しようというのだ[15]。そのような系外惑星がもしも撮像できたなら、適切な画像処理をかけて、まるでその惑星の近傍から観測したかのような画像に変換し、そこに住んでいる誰かが夜間に灯りをつけていないか確かめられるかもしれない！

電源を確保するためのさまざまなアイデア

ほかにも、ぜひとも実施したくなるような科学ミッションが

＊　本書を読んでいる科学者がおられるかもしれないので、その方々のために申し上げておきたいことがある。厳密に言えば、太陽重力レンズは凸レンズのように1つの像を結ぶのではなく、アインシュタインリングと呼ばれるリング状の像を結ぶのだが、これは本書で説明するには複雑すぎる。だが、効果は同じであり、「凸レンズの焦点」は最もわかりやすい比喩である。

何件も提案されている。それらのミッションで、近傍の星間空間について理解が徐々に深まるだろうが、1つミッションが実施されるたびに、もっと遠方へ、もっと高速で探査機を送るべきだという話になるだろう。新しい推進技術がなければ、そのようなミッションを遂行するのは困難（おそらく不可能）で、しかも、必要な新技術はそれだけではない。

たとえば電源。探査機が機内を暖かく保つと同時に機器を稼働させ、データを地球に送信するにはどんな電源が必要だろう？

現在使用可能な無人宇宙船は、太陽に近い内太陽系〔訳注　太陽系第4惑星である火星より内側の惑星と、小惑星帯を含む、太陽系の内側の部分〕での活動を目的としており、大半が太陽光を動力源としている。しかし、将来打ち上げられる星間探査機は、太陽よりもどんどん遠方へと進んでいくにつれて、太陽光は暗くなり、やがて太陽も他の恒星とほとんど区別できなくなる。この段階に入ると、探査機の太陽電池アレイの発電能力は低下し、ついにはまったく発電できなくなる。この問題は、「太陽光の逆2乗の法則」という性質のおかげで、直感的に思えるよりもはるかに深刻である。

この法則は、太陽のみならず、任意の点光源について成り立つ。太陽について簡単に言うと、太陽からの距離が2倍になれば（たとえば、地球の軌道距離とちょうど同じだけの距離にあった物体が、その2倍の距離に離れたなどの場合）、その物体の任意の表面に降り注ぐ太陽光の量は半分になるのではなく、4分の1に減少するのである（$1/2^2=1/4$）。つまり、表面に降り注ぐ光の量は、その物体が太陽に近い地球距離にあったときの量のたった4分の1になるのだ。さらに、太陽と地球の距離の3倍まで遠ざかると、表面に降り注ぐ太陽光の量は9分の1（$1/3^2=1/9$）になる。逆に、太陽と地球の距離の3分の1まで接近すれば、太陽光の量は3倍ではなく、9倍に増える。

太陽からの光が十分強いところでは、大面積の太陽電池アレイを配備して、太陽光で発電するのが最もコスト効率が良く、最も簡単だ。しかし、宇宙船が太陽から遠ざかると、太陽光の強度は急速に低下し、発電量も急速に低下する。ミッションのなかには極めて野心的なものもあり、それらのミッションでは必要な電力量も大きい。たとえば、2011年に打ち上げられた木星探査機ジュノー*は、木星では435ワットしか発電できない（しかし地球軌道でなら、逆2乗の法則によって、その何倍も発電できたはずだ）。

木星以遠へのミッションでは、探査機は放射性同位体熱電気転換器（RTG）と呼ばれるプルトニウム電池を使う。RTGにはいくつかの種類があるが、そのいずれも、さまざまな科学機器を稼働し、深宇宙の低温環境で探査機を程よい温度に保ち、収集したデータを地球に送信するための通信システムを働かせるのに十分な発電能力がある。しかし、冥王星の探査を行ったニュー・ホライズンズのようにRTGを1個しか搭載していないと、約202ワットしか発電できない。これでは、有意義な科学データを地球に送る必要最小限の量でしかない。

太陽電池は太陽に近いところでしか機能しないし、数十年を要する20au以遠へと進むのに必要な電

＊ ジュノーはギリシア神話の最高位の女神ヘーラーのローマ名であり、ジュピター〔訳注　木星の英語名〕はギリシア神話の最高神ゼウスのローマ名である。ジュノー／ヘーラーとジュピター／ゼウスは夫婦である。「ジュピター」を調べるのに「ジュノー」を送ったのは面白い（彼が何か悪さをしていないか確かめに行ったのだろうか?）。

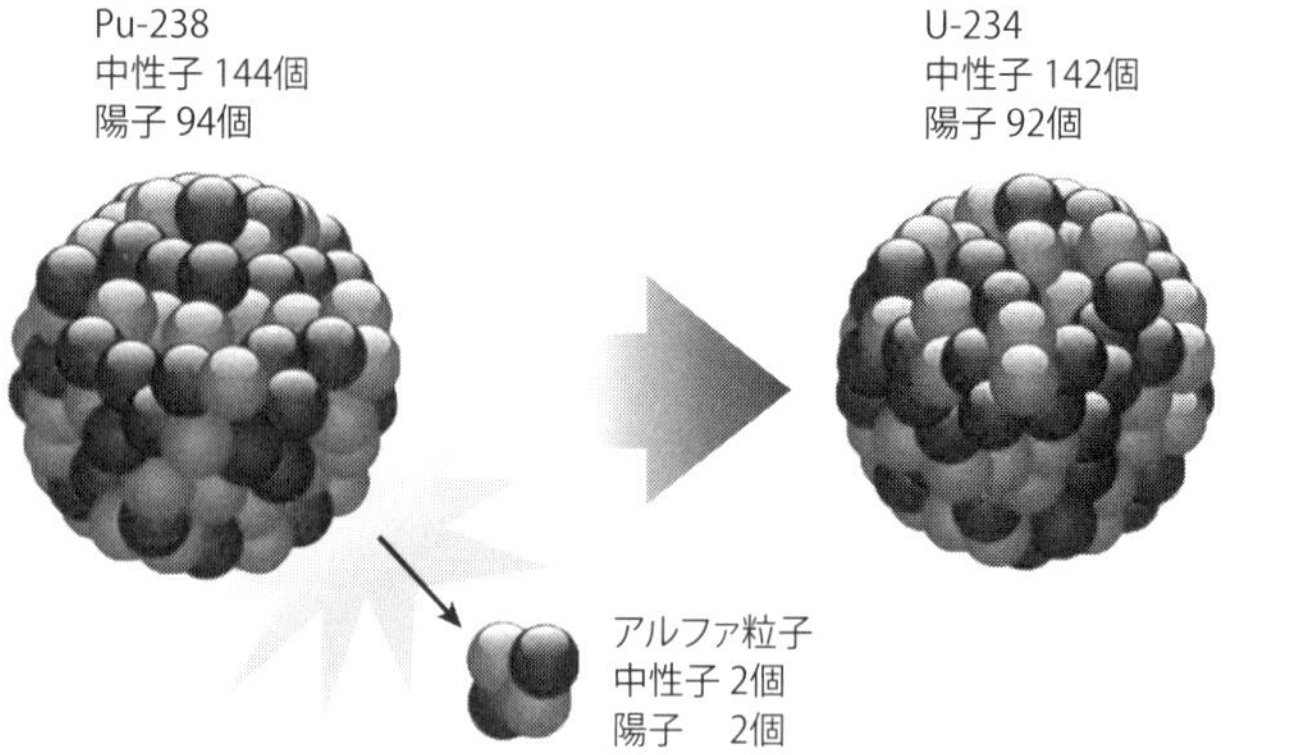

図2・3　プルトニウムの放射性崩壊。プルトニウム238は不安定で、87年の半減期でウラン234へと崩壊する。崩壊する過程でプルトニウムはヘリウム原子（アルファ粒子）を放出するが、アルファ粒子は、放射性元素（プルトニウム）を取り囲んでいる物質と相互作用して、その物質の温度を上げる。こうして生じた熱が、探査機を暖かく保ったり、微量の電力を生み出したりするのに使われる。このようにRTGは、太陽光パネルが使い物にならない太陽から遠く離れたところで探査機の電源になる。

力を蓄えられる電池も存在しない。ＲＴＧは、プルトニウムの放射性崩壊で生じる熱を利用して熱電発電を行う装置である（図２・３）。プルトニウムの崩壊によって生じたα線の運動エネルギーを、プルトニウムを取り囲んでいる吸熱板に吸収させる。吸熱板で発生した熱は熱電対に伝えられ、熱電対がその熱を電気に変換するという仕組みだ。可動部が一切ない熱電対によって発電できるので、ＲＴＧには簡単に壊れたり、機能しなくなるような部分がまったくない。地球から遠く離れた探査機で使うにはもってこいである。ＲＴＧの寿命を制限しているのは、87年というプルトニウムの半減期である*。残念なことに、発電量はプルトニウムの量に依存するので、やはりこれも徐々に低下していく。１９７７年に打ち上げられた2機のボイジャー宇宙船は、２０２５年から２０３０年のあいだに、搭載されたＲＴＧが宇宙船が稼働し続けられる量の電力を生み出すことができなくなり、地球へのデータ送信もできなくなると予想されている。NASAはすでに、次世代の放射性崩壊発電システムを開発しつつある。このシステムは今では放射性同位体発電システム（RPS）と総称されており、さまざまな出力レベルのものや、各種のミッション（たとえば、目的地が遠方の宇宙か身近な火星か、など）の目的に特化した構造のものが実用に近づいている。次世代の発電システムは、最高500ワット程度の電力を供給できると期待されている。[16]

ほかにはどんな選択肢があるのだろう？

NASAはさらに、キロパワーという核分裂に基づく新型の発電システム（原子力発電所の原子炉と同様に機能して発電する）で、RTGの約4倍の発電能力があるものを開発中だが、キロパワーには重大な欠陥がある――寿命が短いのだ。[17] キロパワーの設計寿命は20年にも満たない。新世代の核分裂型原子炉は、100年あるいはそれ以上にわたって機能し発電するよう設計されるだろうが、キロパワー原子炉は、その叩き台となり得るものである。実用化されたなら、核分裂型原子炉は、星間探査機、SGL、そしておそらく太陽以外の恒星を訪問するミッションでも、搭載する電源の選択肢の1つとなるはずである。無人機なら、打ち上げ時と深宇宙飛行時には所要電力が比較的小さいので、25〜50年、

＊ プルトニウムは、アルファ粒子を放出しながら崩壊してウランになる過程で発熱し、この熱を発電に利用することができる。ある物質の半減期とは、その物質の半分が放射性崩壊を起こし異なる核種になるまでにかかる時間のこと。

あるいはそれ以上の旅のあいだ、必要な電力を賄うのに十分な量の核燃料を搭載できる可能性がある。ただ、そう単純には行かないだろう。ＲＴＧのように放射性崩壊によって生じた熱を受動的に（「可動部なしに」の意）電力に変換するものとは違い、核分裂炉では、核反応で生じた熱を利用して作動流体を膨張させ、それが冷却して収縮する際に、導線が磁石に対して運動して発電する構造のものが多い。この方法では、単純な放射性崩壊よりも発電量は大きいが、発電までのステップがはるかに多くなっているし、必要な質量もより大きく、何よりはるかに複雑だ（核分裂→発熱→膨張／ガスが収縮→導線が磁石に対して動く→発電）。それほど多くの可動部がある機械は、使っていくうちに摩耗したり壊れたりする傾向があり、それを半世紀連続稼働できるように設計するのは至難の業だと、たいていの技術者が言うはずだ。しかし、絶対不可能というわけではない。

もう１つの選択肢は、電力をビームとしてワイヤレスで送ることだ〔訳注　電力の無線送電。マイクロ波やレーザーなどによる送電技術が開発段階にある〕。深宇宙を飛行している宇宙船に、レーザーやマイクロ波を利用して電力を送ることができるはずだ。その実行可能性の指標となる最も重要な性能は、ロケットの場合と同じく、効率である。電力を、発電された場所から宇宙船までマイクロ波送電するには、次のようなステップが必要となる。（1）地上または宇宙空間での発電→（2）電力をマイクロ波に変換→（3）マイクロ波伝送→（4）マイクロ波が宇宙空間を伝搬→（5）受信→（6）マイクロ波を変換して電力に戻す。システム全体の効率は、各ステップの効率の積である。システムが実行可能になるためには、各ステップの効率が非常に高くなければならない。さいわい、人間はマイクロ波を作り出し、操作するのが得意だ。

最初は第二次世界大戦中にレーダーとして広く利用され、１９６０年代に魔法のような高速調理機、電子レンジとなって世界中のキッチンの必需品となって以来、人間はマイクロ波をありとあらゆる創意あふれる用途に利用してきた。私たちに最も身近なのは、おそらく最近の携帯電話ネットワーク（世界中の道路沿いに立っている携帯電話の基地局を思い出してほしい）と衛星通信だろう。携帯電話の基地局について言えば、アメリカだけでも数十万局あり、それぞれの基地局で無駄にされている電力をすべて足し合わせると相当な量で、携帯電話大手各社は大金を失っている。効率を上げコストを下げるために技術とシステムを開発する大きな動機があるわけで、その努力は確かに報われている。直前の段落で説明した6つのステップは、1つを除いてどれも、どちらかと言えば効率は高い。唯一の例外は、「マイクロ波が宇宙空間を伝搬」するステップだ。太陽光や太陽風と同様、外に向かって放出され、数百万、あるいは数十億キロメートルも宇宙のなかを飛行するマイクロ波は、やがて発散し、宇宙船に受信できる電力量は低下してしまうので、出来る限り多くのエネルギーを受け取れるように、受信アンテナがどんどん大型化し、おかげで重量も増加し、複雑化も進んでしまう。

マイクロ波のほかに、レーザーによる送電も検討されている。多くの色（周波数）の光が混じった太陽光とは違い、レーザーは周波数が限られている。受信したレーザー光を宇宙船で電力に変換する際に、この違いは非常に有利である。太陽電池は、多くの色を含む光（太陽が放射した光のように）を電力に変換するのは得意だが、それはとりもなおさず、全体としての効率はあまり良くないということだ。具体的には、測定された効率は約40％以下である。つまり、入射した太陽光に含まれていたエネルギーの高々40％しか電力に変換されないということだ。それ以外のエネルギーは主に廃熱として失われてしまう。これに対して、発信されるレーザーと同じ1つの周波数だけで電力変換が最大になるよう設計された太陽電池は、55%を優に超える変換効率が達成できる。ここまで効率が向上すると、もっと小型の受信アレイを使うことができ、宇宙船の軽量化が叶うという実際のメリットが生じる。

レーザービームも宇宙を進むあいだに発散するが、マイクロ波よりもはるかに絞られたビームとして出発するので、損失を低減できるという強みがある——とはいえ、非常に長い距離を進むとなると、やはりかなりの量のエネルギーが発散によって失われる。

通信手段の問題

さて、推進法と動力源にはどんな選択肢があるか確認できたので、次は通信の手段について見てみよう。宇宙のどこかにある目的地に宇宙船を送れたなら、それは間違いなく科学技術の偉業だが、その宇宙船から地球までデータが送れなければ意味がない。今非常に遠くを飛んでいる2機のボイジャー宇宙船から地球に電波信号を送るには、21時間以上かかる。ボイジャーの送信機の出力は23ワットで、携帯電話の平均的な出力が約3ワットなのに比べれば強力だが、私が聞いている地元ラジオ局の送信機が出力10万ワットなのに比べれば、はるかに弱い。ボイジャーからの信号は、地球に届くときには約10^{-18}ワットまで強度が低下している。この信号を受信し、その内容を知るにはどうすればいいのだろう? 星間空間と地球のあいだでの通信がいかに難しいかを理解するために、まずは通信で使われる用語を紹介し、続いて、星間通信が抱えている難問にはどのようなものがあるか挙げていこう。

「ビット」は、データの最小単位で、0か1のいずれかである。ビットは、「そこにいますか?」などの問いかけへの答えなどの単純な情報を伝える、デジタル通信の基本的なデータ単位である。答えが「イエス」なら、「1」を、そして、あなたがそこにはいないか、あるいは答えないなら、「0」を送り返す。この種のデータの大きさは、1秒当たりのビット数(bps)で測定される。だが普通は、8つのビットをまとめて、「バイト」と呼んでいる。つまり1バイトは8ビットである。バイトが生まれたのは、アルファベットの大文字・小文字、数字、記号をすべて区別するために、0と1の組み合わせが256通り可能になる8つのビットを情報の基本単位とする必要があったからだ。音楽はアルファベットよりもかなり複雑だ。私のコンピューターには、ジョニー・キャッシュの「アイ・ウォーク・ザ・ライン」という歌が保存されている。それには3808161 6バイトが必要だ。動画はそれよりもさらにデータ容量が必要で、一般的な高画質映像は3億バイトが必要だ。星間旅行の先行ミッションや、あるいは、本番の星間旅行ミッションとの関連で言うと、「到着しましたよ」という、ほんの数ビットの単純なメッセージを宇宙船から地球に送るのは、天体の高画質な映像や画像を地球に送るよりもはるかに簡単だろうが、それだけでは、苦労してその宇宙船を打ち上げた人たちはまったく満足できないだろう。

「帯域幅」とは、ある通信網で一定の時間内に送信できる情報の最大量のことで、通常はbpsの単位で表される。現代の地上通信網は、数百万人のユーザーを日常的に扱っているが、ユーザーごとに、毎秒数千ビット(毎秒数キロビット、つまりkbps)から、毎秒数百万ビット(Mbps)、数十億ビット（Gbps）までの範囲の異なる速度でデータを送信している。これほどの量のデータを送信するには、大量の電力、数千の基地局（一定の間隔で設置され、信号中継時に信号強度を上げるもの）、そして、地球全体を覆うメタルケーブル（銅等の金属製）と光ファイバーケーブルのネットワークが必要だ。言うまでもなく、このようなインフラは遠方の宇宙には存在しない。

「リンクマージン」は、到達した信号の強度と、受信機が検出するのに必要な最低の信号強度の差で定義される。ある通信システムがどの距離範囲で有効かを、信号強度に基づいて評価する指標である。太陽光、太陽風、レーザー、そしてマイクロ波と同じく、電波の強度は、逆2乗の法則にしたがって距離と共に急激に低下する。ここでも、ボイジャー宇宙船の例が最も参考になる。ボイジャーの微弱な電波信号を受信するために、NASAでは口径70メートルという大型の電波受信用パラボラアンテナの地上ネットワークが使われている。だが、ボイジャーはますます遠方へと飛行を続けているので、その電波信号はやがて地球からは受信できなくなるだろう。

途方もない距離を越えてやってくる信号を増幅して検出できるようにする効果的な方法が3つある。（1）発信時の出力を大きくする。（2）送信用、受信用のアンテナの両方または一方を大型化する。（3）「静か」な電波周波数域――あまり使われておらず、ノイズや干渉がほとんどない周波数域――を使う。この3つである。高出力送信機を使えば、最初から強度が高い信号が送信できる。受信されるまでに弱まるのは避けられないが、最初に強度が高ければ、弱まっても許される余地が大きくなる。もう1つの、大型アンテナを作るというアプローチは、逆2乗の法則にしたがって信号が弱まるのはなぜかを考えれば理に適っている。ビームは進むにつれて広がるので、同じ面積のアンテナに入る信号を集めるとすると、アンテナの位置が送信地点から遠くなればなるほど受信信号は弱くなる。信号を集める面積を広げれば、弱まった信号をたくさん捉えることができる。信号を集める面積を宇宙で広げるには、超大口径（数キロメートルレベル。実現はそれほど難しくないはずだ――これについてはあとで詳しく論じる）のアンテナを宇宙空間にたくさん設置すればいい。

高出力送信機も、巨大アンテナも、宇宙船を一層大型にしなければならないため、採用すれば宇宙船の推進が困難になる。しかし、実施されている先行ミッションでは、核分裂型原子炉の性能が着実に向上しており、核融合エンジンの実用化も近づいているので、星間空間から地球への有効なデータ送信のためのハードウェアをそれだけ遠方に運ぶ強大な推力はやがて供給可能になると期待できる。このような推力の増大と、革新的な新型展開可能軽量アンテナ（打ち上げ時はコンパクトに畳んでおき、宇宙に達したら広げる）の実用化が相まって、人類が星間物質の数百au以上奥まで探査の手を伸ばすことが近い将来夢ではなくなるだろう――それでもまだ、恒星間で信号を送るのに必要な距離にははるかに及ばないが、先行ミッションとしては十分だろう。

地球近傍における人間活動を由来とする電波ノイズは大きな問題で（先ほど述べたようなラジオ局の10万ワットの送信機や、世界中で使われている数十億台の3ワット携帯電話〔訳注　携帯電話の消費電力は充電時で数ワット程度〕のおかげで）、さらに太陽や惑星（特に木星）の磁気圏*によって生じる電波ノイズ

＊ 信じられないかもしれないが、木星からやってきた電波ノイズを地球上で聞くことができる。18ＭＨｚまたは24ＭＨｚに合わせた高感度ラジオを準備し、聞くべきタイミングがわかっていれば理屈の上では可能だ。

が、この問題をますます複雑にしている。そのため、科学者たちは比較的「静か」な周波数帯を使う――「静か」な周波数とは、地上の電波送信器には使われておらず、自然現象にもめったに邪魔されない周波数だ。ボイジャーは、利用可能な周波数が2つあり（2・3GHz［ギガヘルツ］または8・4GHz）、そのいずれかを使って地球にデータを送信する。NASAが構築したディープスペースネットワーク（DSN）は2・1GHzでボイジャーに向かって送信する。

光通信はどうだろう？　多くの都市が、データ転送速度を向上させるために、既存のメタルケーブルでできたインターネットシステムを光ファイバーケーブルに交換しようと躍起になっている。光通信システムでは、電波を使って情報を空中に飛ばすのではなく、より多くの情報を運べるレーザー光を使う。光ファイバーでは毎秒ギガビット（Gbps）やテラビット（1兆ビット、Tbps）のデータを送ることができる。一方、はるかに重いメタルケーブルでは数Mbpsしか送れない。無線送信でも、データ転送速度がこの程度向上するはずなのだが、問題がないわけではなく、いくつか欠点がある。

ひとつには、光通信は惑星の大気中ではうまく機能しない。惑星大気には湿気が含まれており、雲もあり、さらに、光源と受信機の間に無数の塵粒子やエアロゾルが浮かんでいるからだ（室内に窓から日光が差し込んでいるときに空中にたくさんの微粒子が見えるが、その状態に似ている）。深宇宙では、これらの問題はほとんどなくなってしまう。このような理由から、世界各国の宇宙機関は、数百万キロメートルの距離にわたる大量のデータ送信を可能にし、火星などの惑星からほぼリアルタイムの高画質動画ストリーミング（数カ月かけて動画をダウンロードし、そうしてようやく再生する従来のシステムとは段違いの速さで）を近い将来実現させるため、光通信を採用しつつある。

レーザー光通信では、最初から高出力の信号が送信でき、目標に向かって高い指向性でデータを送ることができるが、距離が長くなるにつれてビームは広がり、エネルギー密度は低下し、リンクマージンも低下する。おまけに、指向性の問題がある。レーザー光通信では、「見通し（ＬＯＳ、Line-Of-Sight）」の問題は指向性電波送信機の場合よりも厳しくなる。ビームに少しでもジッター〔訳注　デジタル信号の波形の時間軸方向におけるずれ、すなわちタイミングのずれのこと〕があれば、受信信号に影響が及びかねない。たとえば、日没後に屋外で懐中電灯をつけて、道の反対側にある建物や木を照らし、光線が揺らがないように懐中電灯をしっかり固定して持ってみよう。だが、どうがんばっても、手がかすかに動き、光の点はかなり動き回るだろう。数十億キロ、あるいは数兆キロメートル離れた宇宙船から信号が見えるように地上のレーザービームの位置を合わせ、しかもこれだけの距離があってもジッターが通信に影響しないように、レーザービームをまったく揺らさずに保持するとはどういうことか、想像してみてほしい。地球から送信するビームは、地球の自転と公転、そして銀河中心を中心とした太陽の公転のために常に動いていることも忘れてはならない。これらの動きのすべてを計算し、その総合的な影響を、ビーム送信時の方向調整ではもちろん、信号を受信する際にも、相殺しなければならないのである。

今の議論では、地球にいる人が宇宙船と情報をやりとりする場面しか扱わなかった。しかし、宇宙船の側でも電波アンテナをどの方向に向けるかがわかっていないと、通信は途絶えてしまう。ヘリオポーズ（50～１６０au）をはるかに超えた途方もない遠方とのあいだで光通信が使えるかどうかについては、まだ結論が出ていない。

推進、電源、通信、信頼性あるシステム――先行星間ミッションを成功させるには、そのすべてが不可欠だが、現状ではどれも十分ではない。欠けている部分があるということは、それを埋めるために出資してくれる個人や組織を探さなければならない。ありがたいことに、米国学術研究会議のリポート「太陽および宇宙物理学――技術社会のための科学」、通称「太陽系物理学10年調査」――宇宙科学へのNASAの投資の指針となる科学文書の1つ――は、この方向で前進を続ける理由を与えてくれる。[18]

星間探査用の高機能機器に新技術は必要ではない。なぜなら、最大の技術的課題は推進技術にあるからだ（さらに、低比質量の放射性電源による発電と、信頼性の高い高感度深宇宙Kaバンド通信も必要である〔訳注　低比質量とは単位出力当たりの質量が小さいこと。Kaバンドは、一般的な通信に使われるよりも波長が短い電波帯域で、電波天文学や衛星通信で使われる。指向性が高いアンテナどうしの通信では、波長が短いほうが伝送効率が高い〕）。高性能推進手段の追究は国際協力によって進めることも可能だが、ボイジャー1号（速度は3・6au／年）を優に超える速度でヘリオポーズに到達することを目指すべきである。星間探査での推進法の選択肢には、太陽帆と太陽電気推進の2つがあるが、それぞれに放射性同位元素を利用した原子力発電または原子力電池などによる電力を用いた推進（REP）を組み合わせて使用するのも有力な選択肢だ。本委員会は、弾道学的アプローチも原子力電力によるアプローチも、現時点では有望ではないと判断した。以上を総括してSHP（太陽および太陽圏物理学）委員会は、本10年調査の主要な科学上の目標を達成可能にするには、NASAはSPI〔訳注　Solar Polar Imager。太陽帆を使って太陽から0・5auの位置で周回する宇宙船を送り、太陽の立体画像を撮影するミッション〕や星間探査などの未来のミッションに必要な推進技術の開発を最優先すべきだと考える。

最も基本的な星間空間ミッションでさえ、それを可能にする能力を獲得するには、人類を「カヌー段階」から脱却させ、次のレベルへと進めてくれる技術の進歩が不可欠だ。ある有名な宇宙船の船長（残念ながら架空の人物だが）もこう言っている。「そうしなさい！」〔訳注　『新スター・トレック』の主人公ピカード艦長がよく使う言葉“Make it so!”〕と。

第3章 星間旅行の難しさと、それでも挑戦すべき理由

この100年で、それ以前の1000年よりも多くの変化が起こった。次の100年に起こる変化で、この100年の変化などちっぽけなものになるだろう。[1]

――H・G・ウェルズ、SF作家

充分な推力を得るために どれほどのエネルギーが必要なのか？

さて、ここでちょっと立ち止まって、星間旅行について、どんなことなら現実的な期待が持てるのか考えてみよう。そのなかで、もしもここまでの議論に誤解が見つかったら、それは捨ててしまおう。第1章では、私たちが今後訪問し、探査し、できれば将来の人類の住処にしたいと考えている、太陽系辺

縁部や星間空間に存在するいろいろな天体について論じた。さらに、桁違いに距離が遠いせいで非常に大きな困難が生じることにも触れた。第2章では、深宇宙探査（太陽系の最も内側にある8つの惑星よりも遠方）の探査は、現在どの段階にあるのかを論じ、また、この数年のうちに始まりそうな、近傍の星間空間へのミッションもいくつか紹介した。さらに、現在の技術では、小型無人探査機を太陽以外の恒星に送るだけでも数万年かかるという厳しい事実についても説明した。太陽以外の恒星を訪れるミッションは、臆病者には不向きなのだ。

そのような旅が可能になるために必要な各種の技術を紹介する前に、恒星間の途方もない距離を飛行するのがいかに困難かを、「ミッションを妥当な期間で完了するために必要な速度まで探査機を加速するのにどれだけのエネルギーが必要か」に注目して、改めてお話ししておくことは役に立つだろう。また、「妥当な期間」という言葉にも再定義が必要だ――それは、あなたが考えておられるような長さではないだろう。そしてさらに、ときどき持ち上がる、倫理上の問題にも触れておかねばならない。

ある宇宙船が100％の効率でエネルギー源を推力に変換できたとしても（実際には不可能）、1キログラムのもの――現在打ち上げられている最小の宇宙機の質量と同程度――を光速の10分の1（0・1c、秒速約3万キロメートル）まで加速するには約450兆ジュールのエネルギーが必要である。これほど大きな数が出てくると、人間はぼーっとしてくる。もっと実感が湧くような単位で言うと、どれくらいだろう？　火力発電所で燃やされる石炭の量を考えてみよう。理想的な条件のもとでは（そんなことは実際にはあり得ないが）、1キログラムの石炭は約2300万ジュールのエネルギーを生み出す。すると、私たちが今考えている1キログラムの宇宙船が0・1cに加速するには、約1900万キログラムの石炭を１００％の効率で燃やし、その燃焼で放出されるエネルギーをすべて取り込まなければならないということだ。* ７２０キログラムのボイジャー探査機と同じ大きさの宇宙船を０・１ｃに加速するにはこの７２０倍のエネルギーが必要で、それは1年間の全世界のエネルギー出力の約０・06％に相当する。また、目標の天体に到着する直前に減速する必要があるが、この減速のために要求されるエネルギーは2倍になってしまう。人間を数人乗せて太陽以外の恒星に向かう宇宙船を加速するのに必要なエネルギーを考えると、その数値はさらに気が遠くなるほど大きくなる。人間が搭乗可能な大きさの宇宙船に関するさまざまな研究を評価したある論文は、そのような宇宙船の質量は、約10^7から10^9キログラムだと推定している。質量１０７キログラムの宇宙船が完璧な効率で０・１ｃまで加速するためには、4.5×10^{21}ジュールという唖然とするようなエネルギーが必要になる。**

要求される運動エネルギーのほかに、高速度に達するのを一層困難にしているのは、ある推進システムが推進剤を有効な推力に変換する効率（ほぼ常に、１００％にはほど遠い）と、その推進システムで使用する推進剤に固有なエネルギー密度だ。高エネルギー密度推進剤を高効率で推力に変換するシステム以外は使いものにならない。

エネルギー変換をもっと広い視野で捉えるために、典型的なガソリン車がガソリンを運動に変換する効率を考えてみよう。ガソリン車のエンジンでは、ガソリンが点火されて燃焼し始め、ガスが生じて膨張する。膨張するガスの運動エネルギーはピストンの運動に変換され、それがさらにクランク軸の回転運動に変換される。クランク軸の回転が車輪を回転させることで、回転運動が自動車の直線運動へと変換される。各ステップの効率の悪さを足し合わせると、ガソリンを自動車の運動へと変換する、最終的な全体としての効率は50％以下になってしまう。

でも、ちょっと待って。この例で、私たちはガソリンから話を始めた。ガソリンの原料は石油だが、石油をガソリンにする過程にはさまざまな段階に効率の悪い箇所がある。また、宇宙飛行専用の推進剤について考えるとき、推進剤の製造過程や推進システムの製作過程に存在する非効率性は無関係と見なすのが普通だ。なぜなら、それらが総飛行時間や宇宙船の大きさに影響を及ぼすことはないからである。しかし、一連のコストや、推進剤製造に必要なインフラについての議論となると、それらの非効率性も問題になる。じつのところ、これらの過程にもさまざまな非効率性があり、星間ミッション実施までの道のりを一層困難にしているのだ。

恒星間の途方もない距離を現実的な長さの時間で移動するには、高速飛行が実現できるような推進システムの開発が鍵になる。そもそも、それほどの高速での飛行自体が、大きな問題を孕んでいる。先ほど述べたように、現実的な最小の星間宇宙機は質量が1キログラムで、0・1cで飛行しているときには、450兆ジュールの運動エネルギー（その運動に付随するエネルギー）を持っている。宇宙船の指向性をコントロールする技術や進路指示（ナビゲーション）技術が不十分で、探査機がコースから外れてしまい、ある惑星に想定外の衝突をしたとすると、探査機は衝突した瞬間に爆発して、持っていた

＊　列車の車両は1両で約68トンの石炭が運べるので、この宇宙機を光速の10％まで加速するには、石炭を満載した車両が168両必要である。
＊＊　興味を持たれた方のために、詳しい値を挙げておく。45垓2776京2553兆7362億1619万6250ジュールである。

エネルギーをすべて解放するだろう。その破壊力は広島に投下された原子爆弾7個分（1個当たり15キロトン）に相当する。そしてこれは、平均的なマスクメロン1個分の重さの宇宙船の場合の話だ。0・1cで飛行するボイジャー級の宇宙船なら、7万9000キロトンのエネルギーで衝突することになる――広島型原爆5000個を優に超える！　そして、ここまでの話では、宇宙船は光速の10％の速度でしか飛行していない。超高速星間旅行が実現したとき、それに使われる宇宙船には光速の50％を超える速度で飛行しなければならない。こんな速度になると、マスクメロンぐらいの宇宙機でも広島型原爆220個分のエネルギーになる。太陽系以外の恒星系への初の使節団が、せっかく人類初の異星人との接触を果たすところだったのに（目的地に異星人がいたとしてだが）、着陸で失敗して、奇襲攻撃と誤解されないようにしなければ！

星間旅行にかかる時間

では、星間旅行にどれだけ時間がかかるかという話に移ろう。ただ、この話は、北米や南米の読者のみなさんにはわかりにくいかもしれない。私は自分の経験から、人間は住んでいる国や地域によって、時間の捉え方がまったく異なるという実感を持っている。そうなるのは、ごく単純な理由からだろう。つまり、古い建造物が身近にあり、しかもそれが観光資源ではなく生活に必要なものとして使われている地域ほど、その土地の住民たちは長期的な視野でものごとを捉える傾向が強まるのだ。たしかに、北米大陸にもアメリカ先住民が作った儀式用の埋葬塚がたくさんあり、なかには２０００年以上前の塚もある。しかし、特にアメリカ北部とカナダでは、市民が日常生活のなかで出会う構造物のほとんどが、この50年から１００年のあいだに建造されたもので、非常に古い家屋、ビル、教会にしても、せいぜい17世紀に建てられたものだ。このような「古い」建造物は、保存のために特別扱いされており、普通の建物としては使われていないことが多く、観光スポットになっている。では、ヨーロッパではどうだろうか。

大学時代、私にはイギリス出身の親友がいた。卒業し、職に就いてしばらく経ったころ、彼に会うために、ロンドンにある彼の「フラット」（アパート）まで旅をした。それは素晴らしい旅だったが、あるとき私は彼に、彼が住んでいるフラットはいつ建てられたのかと訊いてみた。彼の答えは？「結構新しいよ。19世紀初頭に建てられたんだ」。「結構新しいだって？？？」そのとき私は、ロンドンとその周辺にある数千のアパートの1つに滞在していたが、そのアパートは、私の国アメリカが建国からまだ25年ぐらいだったころに建てられたのだった。

ヨーロッパのほとんどの地域で、築数百年の建物にまだ人が住んでおり、市民がごく普通に暮らす家として使われているが、住人はそのことを何とも思っていない。私がイタリアとギリシアを訪れた際には、それよりはるかに古い建物に対して、市民がこれと同じような態度を示していた。私は妻と一緒にデルフィ（遺跡は、紀元前８００年ごろ建造されたものの廃墟）、オリンピア（紀元前２０００年のものとされる遺物もある）、パルテノン神殿などを訪れたが、地元の市民は、古代遺跡も、私が感じるよりもかなり新しいものと感じているようだった。つまり、多くのヨーロッパ人は、アメリカ人の私とは相当違った歴史観を持っているのだ。私にとって、200年前に起こったことは古代の歴史だ。だが、彼らにとってはそれは最近の出来事なのである。

そして、美しい大聖堂や教会がたくさんある。神を賛美するための壮麗な建築が多くのヨーロッパの都市に存在しており、今も「長期的視野からの思考」の生きた例となっているが、このような視点は北米や南米の人々にはあまりないのではないだろうか。世界で最も有名な教会の1つ、カンタベリー大聖堂の建設には、開始から完成までに343年かかった。[2] 私の地元の教会は、建築に2年もかからなかったが、その建物管理委員会が、完成まで300年以上かかる新しい礼拝堂を建てるとはとても思えない。アメリカでは、多くの企業の戦略的長期計画が5年先までしかない。太陽以外の恒星への探査を実施するつもりなら、はるかに長期的な見通しが必要だ。ヨーロッパの教会を建設するのに必要だった、長期的な思考が。私たちの宇宙船は深宇宙のなかを進み、途方もない速さで飛行しなければならないのみならず、地球にいる人々からの、何世紀にもわたる長期的な支援を受けなければならないのだ。

ここで、本章の最初の部分で思い描いた最小の宇宙機が、地球を出発し、ケンタウルス座アルファ星A、B、あるいはC(プロキシマ・ケンタウリ)のいずれかを公転する惑星に向かっているところを考えてみよう。この3つの恒星はどれも、ここからの距離はほぼ同じ約4・3光年である。0・1cの速度で進む勇敢な宇宙船は、そこに辿り着くまでに43年以上かかる。「以上」なのは、旅の始めに0・1cまで加速するのにある程度時間がかかり、旅の終わりに減速するのにやはり時間がかかるはずだからで、全体としての旅行時間は少なくとも50年になるだろう。到着後この宇宙機が収集するデータは、光速で地球に送信されるので、地上に設置された電波受信器に達するまでに4・3年かかるだろうから、打ち上げから最初のデータ受信までの合計時間は最短で55年となる——しかも、これは最も近い恒星に行く場合の話だ！　必要なエネルギーを考えると、より大型の、人間の乗組員を運ぶことができる宇宙船は、0・1cよりもかなり遅い速度で飛行せざるを得ないので、旅行時間はもっと長くなる。この宇宙船を作る人、それに乗って旅する宇宙飛行士、そして管制官は、今日のアメリカの教会の建物管理委員会ではなく、ヨーロッパの大聖堂の建設者たちのように考えなければならない。

信じられないかもしれないが、アメリカ政府内には、長期的な視点から問題解決にあたろうとする人々がおり、星間旅行を可能にするような社会を作ることを目指して一時大金がつぎ込まれた。アメリカ国防高等研究計画局（DARPA）のもとで、1つの研究と一連の会議として始まった「100年スターシップ」は、星間旅行を実施するために必要なアイデア、技術、そして社会変化を次の100年のあいだに推し進める民間組織に資金提供することを目標の1つに掲げていた。その組織に選ばれたのが、引退したNASA宇宙飛行士で、内科医でもあり、さらに未来思想家でもあるメイ・ジェミソンが率いるグループで、彼らは50万ドルの契約を獲得した。DARPAの資金を得た彼女の100年スターシップ組織は、宇宙関連コミュニティーに活力を吹き込んだ。そのおかげで、大胆な有人星間旅行の実施が活発に議論されるようになり、かつてはごく少人数の星間旅行提唱者と技術者のグループに過ぎなかったものを、宇宙研究と宇宙についての思考を牽引する中心的集団へと変貌させた。[3]有人星間旅行は、もはや「奇説」ではない。

宇宙探査や星間旅行における倫理的な問題とそれに対する反論

ここまで話してきたが、ちょうど、宇宙探査全般と、特に星間旅行に対して持ち上がりがちな倫理的な問題と批判のいくつかに触れておくべきところにきた。

まず言われるのが、そのお金は、地球上で使ったほうがよくないだろうか？だ。手短に答えよう。そのお金はすべて、地球上で費やされる。計画し、設計し、宇宙船を製造し、飛行中の宇宙船を制御する、設計者、開発者、管理者、技術者となった企業や個人に支払われる。真の疑問は、次のようなものではないだろうか？　そのお金は、市民に食糧、住居、医療を提供し、彼らの生活を改善するために使ったほうがいいのではないか？　これは難しい問題で、より長期的な視点に立たない限り、答えることはできない。

本書執筆中の２０２１年のアメリカ政府の歳出予算は約４兆８２９０億ドルである。ゼロを書き下し、概数として示すと、＄４８２９０００００００００である。そのうち、ＮＡＳＡが獲得するのは約２３３億ドル、つまり総額の約０・５％だ。比較のために申し上げると、アポロ計画の全盛期、ＮＡＳＡは予算の約４％を占めていた。本書を読み進むなかで実感されていると思うが、これほど大きな数字はほとんど意味をなさなくなるので、私が講演で予算の話をするときには、視覚に訴えるように、ちょっと工夫をする。1セント銅貨で10億ドルを表すのだ。すると、アメリカの国家予算は1セント銅貨が４８２９枚積み上げられたもの、つまり約48ドルで表される。ここからＮＡＳＡの予算を除いても、ＮＡＳＡがもらうのは全部で23セントなので、残りの予算を表す銅貨の山に目に見えるほどの変化は生じない。つまり、現在宇宙探査のさまざまなプログラムに使われているお金は、丸め誤差に過ぎないのだ。

　宇宙分野で働いている人々の給料は別として、科学と探査に費やされたお金は、投資に対して即座に金銭的な利益をもたらしはしないが、非常に価値が高い無形の利益をもたらす。宇宙はどのように成り立っているかについて、そして、私たちの周りの世界について、知識を増やしてくれるのだ。現在私たちが当然視している近代技術の恩恵がすべて出揃う前には、すべての技術の基礎として、基礎科学と技術的基礎研究とが必要だった。技術は科学の応用だ。先人たちが科学のための科学を行わなかったなら、電気も、冷蔵技術も、飛行機での旅行も、携帯電話も、コンピュータも、まったく存在しなかっただろう。１００年前に行われた科学への投資が生み出す利益は、今なお生じ続けている。私たちが今日行う投資も、１００年間利益を生まない可能性があるが、その後は利益を生み続けるだろう。

　次の疑問は私たちは地球の生物圏を無茶苦茶にしてしまった。どうしてよそに行って、そこも無茶苦茶にするのか？だ。人間が地球以外のところへ広がっていくことは、宇宙旅行実施の能力がある国に住んでいるか否かにかかわらず、地球にいるほぼすべての人が共有する、当然の文化的前提である。だが、これは今変わりつつあるのかもしれない。２０２０年のインタビューで、ドイツの著名な映画監督ヴェルナー・ヘルツォークは、火星に永続的に移住するという構想は「節度を欠いている」と断じ、人間は宇宙を探査し、宇宙に広がって定住しようとして、「イナゴのようになるべきではない」と述べた。そう考えるのは彼だけではない。人間の生活圏を地球の外に広げるという考え方そのものは、完全に禁止しないとしても、その実施は回避すべきだと主張する意見記事、本、そして白書が、主に宇宙生物学者から次々と発表されている。そのような懸念のなかには筋が通ったものもあるのは確かだ――火星に生物が存在するかどうかを科学者たちが究明する前に、人類が火星環境を著しく汚染してしまったとしたら、それは大惨事だ。しかし、月、小惑星、その他の空気が存在しない天体については、探査し移住してはならないという、説得力のある理由は存在しない。これらの天体には生物はおらず、今後もそれは変わらないだろうから。

今わかっている限りでは、私たちはこの宇宙のなかで意識を持つ生物が暮らす唯一の場所に住んでいる。多くの専門家が、太陽以外の恒星の周辺に、私たちが知っているのとは違う形の生物が存在する可能性が高いと考えているが、そのような生物がいる場所はめったにないだろう。宇宙のほぼ全域で、生物はまったく存在しないだろう。そもそも、宇宙のほとんどの場所が、生物の存続にはまったく適さない環境である。宇宙の自然環境の生物に対する厳しさが、場所によってどのくらい違うかを実感していただくために太陽系についての例をいくつか見てみよう。まずは、比較的生物に優しい月面の環境について考えよう。大気がほとんどない（したがって、呼吸などの基本的な機能が働かなくなる）という事実のほかに、月面には地磁気のような磁場がなく、宇宙からやってくる放射線から守ってくれるバリアがないので、月面に行った人間は地球の表面の約２００倍の量の放射線にさらされてしまう。短期間なら大した危険はないが、滞在時間が長くなり、かなり高レベルの放射線にさらされ続けると、がんのリスクが非常に高まる恐れがある。さらに、月面のどこを滞在拠点にしようが、そこに建てた住居に月の塵が入ってくるのは避けられず、塵を吸ってしまう危険性がある。月の塵は、ありとあらゆる肺の病気や呼吸器系への副次的影響をもたらす恐れがある。私はかつてケンタッキー州東部で暮らしていたが、月の塵が呼吸器系に影響するという話をしたり聞いたりすると、ケンタッキー州東部地域の炭鉱労働者を苦しめた黒肺病のことを思い出してしまう。また、太陽系で最も極端な放射線環境は、おそらく木星の周辺だろう。木星が持つ強大な磁場が太陽風を封じ込めて、さらにエネルギーを与えるので、木星ミッションに向かう宇宙船はすべて、電子機器の故障を防ぎ、乗組員が致死線量の放射線に被曝しないようにするため、完全に放射線から遮蔽されていなければならない。それ以外の惑星、準惑星、小惑星、そして彗星の環境は、月（最善）と木星（最悪）の環境のあいだのどこかに位置する。

太陽系の外、天の川銀河全体を見渡すと、地球とその周辺のすべての生物を壊滅させる可能性を持つ重大な脅威がいくつか浮かび上がってくる。最大のリスクは、恒星が生涯の最後に起こす爆発現象、すなわち超新星だ。超新星という華々しい出来事は、天の川銀河だけでも約50年に1度、宇宙全体ではかなり頻繁に起こっている。さいわい、天の川銀河は途方もなく広いので、近くで超新星爆発が起こる確率は小さく、2億4000万年に1度程度だ。とはいえ、地球から25光年のところで超新星爆発が起こったなら、太陽系に流れ込む放射線で地球のオゾン層の半分以上が破壊されるだろう。そんなことになれば、有害な紫外線が大量に地表に届き、生物圏は劇的に変貌し、大量絶滅が再び起こるのはほぼ間違いない。

私自身を含め、多くの人が生命は善であり、生命が存続し栄えるためにあらゆる努力をすべきだと信じている。地球上の生命の歴史から私たちが学んだことが1つあるとすれば、それは、生物の存在を危うくするような出来事はたくさん起こるということだ。この5億年のあいだに、地球上の多くの種が絶滅する大量絶滅が少なくとも5回起こっていることが明らかになっている。一例を挙げると、約2億5000万年前のペルム紀の大絶滅では、陸上に棲む種の75%と、海中に棲む種の96%が絶滅した。[4]さいわい、その後とてつもなく長い時間が経つうちに、地球上の生物は回復した。星間旅行と系外惑星への移住を提唱する人々の多くは、生命と、知性を持ち道具を使うホモ・サピエンスを保存したいという気持ちが動機になっている。ロシアのロケット科学者コンスタンチン・E・ツィオルコフスキーが述べたように、「地球は人類の揺りかごだが、人はいつまでも揺りかごのなかにいるわけにはいかない」のだ。

また、技術に基づく今の文明の寿命はあとどれくらいかという問題がある。歴史研究家の誰もが指摘するように、人間の文明には寿命がある。文明は生まれ、繁栄し、衰退し、ついには滅びる——多くの場合、あとに長期に及ぶ混乱を残して。私たちは、史上初の世界規模の文明と呼ぶべきもののなかで生きている。そして、新型コロナウイルス感染症の世界的流行で学んだように、この世界文明は複雑で、著しく相互依存している。核戦争、疫病、そして気候変動など、文明を終わらせるかもしれないシナリオはたくさんある。これはもう、「もしも」の話ではない。必ず来るであろう、この文明の滅亡の日、その破片を拾い集めることができるだろうか？　私たちは滅びそうな文明を救おうと無謀な企てを性急に実施したり、逆に手を拱《こまぬ》いているのではなく、地道にこつこつと、着実に、生命と文明が及ぶ範囲を、それらが生まれた揺りかごの外へと広げるために、全力を尽くさねばならない。

最後に、いかに努力しようが人間は完璧ではなく、今後も決して完璧にはならないだろうから、人間の生活は周囲の環境に良くない影響を及ぼし続けるだろう。これは人間だけの話ではない。ビーバーが作ったダムや、イナゴの群れに大打撃を受けた畑を見ればわかるとおりだ。人間と動物の違いは、人間は環境にどの程度までなら影響を及ぼしても許されるかを自ら判断できるということだ。人間がこれまでに地球の生物圏に及ぼした被害の多くは、自らの行為の意味を認識する以前のものであり、今後の影響を最小限に抑えるためにすでに多くの対策が取られている。星間空間の向こうの新しい世界に到着したとき、人類はゼロから始めるのではない。そこに行く人々は、環境を意識した再生可能性重視の生活を新しい世界で始めるために必要なさまざまな動植物に関する豊富な知識と、環境に優しい開拓を行うための効果的なツールをすべて持っているはずだ。

星間空間植民地化を推進する考え方は、「明白なる使命（マニフェスト・デスティニー）」説とあまりに似ており、植民地時代に地球上で起こり、ポスト植民地主義の時代と言われる今もなお続いている不正を今後も維持するだろう〔訳注　マニフェスト・デスティニーは1840年代にアメリカ西部への領土拡大を正当化するために使われた標語〕。この懸念を和らげ、できれば払拭するには、太陽以外の恒星を公転している惑星に開拓地を作ることは、そこに生息するすべての生物を支配することを意味するのではないかというあらゆる憶測をすべて否定するのが一番いいだろう。私は、『スター・トレック』の「最優先指令」のようなものを制定すべきではないかと考えている。「最優先指令」は、星間探査を行う者が、異星人の文明の内部事情や、自然な発展に干渉することを禁じるものだが、〔訳注　最優先指令はSFドラマ『スター・トレック』で地球連合宇宙艦隊が守るべき一般命令・規則の第1条〕私はこれに、「どんなに原始的なものであっても、そこに存在するどの生物にも干渉してはならない」という文言を加えたい。系外惑星に作るのは植民地ではなく開拓地であり、それまでまったく使われていなかった場所だけに作ろう。ここで生命は善であるという私が最重視する哲学的前提に戻って言わせていただくと、生物の存在を地球の外に広げる能力があるのにそうしないのは道義に反する。そのような怠慢は非倫理的で不当である。

第1章で指摘し、本章で再び主張したように、私たちが本気で太陽以外の恒星まで旅したいなら、大きく考えなければならない。（越えるべき）大きな距離、（宇宙船の高速飛行のための）大きなエネルギー、（宇宙船の開発、製造、そしておそらく推進のための）大きなインフラ、（宇宙飛行士と地上の支持者たちが目標に専念すべき、人の一生よりもはるかに長い）大きな時間尺度、（この種の事業に必要な）大きなコスト、そして（自分たちのことのみならず、未来についても考える）大志が不可欠なのだから。

第4章

旅行するのは、ロボット？ 人間？ その両方？

私たちの飛行は、星だけを目指すのではありません。私たち自身の本質を目指すことにもなるはずです。それはケンタウルス座アルファ星やベテルギウスといった行先だけの問題ではなく、長旅をしてそこへ向かう私たちは何者かということだからです。私たちの本質も一緒にそこに行くのです。[1]

――フィリップ・K・ディック

火星に人間を送るべきか？

数年前、私はテキサス州ヒューストンを拠点とする月惑星研究所が主催した火星探査会議に出席した。全体会議の1つで、本章の話題にも密接に関わる、ある根強い人気のテーマが取り上げられた。「火星探査は今までどおりロボットで続けるべきか、それとも、人間を送るべきか、どちらだろう?」というテーマだ。出席者のほぼ全員が宇宙科学者または宇宙技術者という専門性の高い会議だったが、数日間に及ぶ会議で、人間とロボットの両方またはいずれかによる火星探査に利用できる技術やシステムを提案する極めて詳細な論文が発表された。この全体会議の出席者は300名以上に上《のぼ》った。

さて、「ロボットor人間」の討論会場となった部屋では、前方でパネリストたちが議論を交わしていたが、両陣営が自分たちの主張が正しいという証拠を挙げて応酬するうちに、かなり熱を帯びてきて、一体どうして相手のやつらはデータを誤解して、こっちに反論したりできるんだとお互いに訝《いぶか》っているかのようだった。宇宙関連コミュニティーに久しく所属してきた私は、この議論をしょっちゅう耳にし、数えきれないほど記事や論文を読んできたわけで、いささか食傷気味になっていた。

聴衆席の最前列、ステージとパネリストたちの真正面に空席が1つあり、その背には、この座席が4文字の名前を持つある人物のために確保されていることがはっきりと記されていた。その人の名は、「Buzz(バズ)」だった。

パネルディスカッションが始まって20分ほどすると、その座席を確保していた人物が会場にやってきて着席した。その人物はもちろん、バズ・オルドリン、世界で2番目に月面歩行した人間だ。私は、パネリストの討論はろくに聞いていなかったし、彼は有名な人物だったので、ステージでの話そっちのけで、彼の背中を見つめた。そのときそこでそうしていたのは私だけではなかったに違いない。腰かけたオルドリンは討論を聞き始めたが、5分もしないうちに席から立ち上がった。

バズ・オルドリンが話をしようと立ち上がれば、人々の注目が集まらないわけがない。求められたわけでもないのにパネリストたちは話をやめ、全員の視線が、この年老いた月面探検者――この会場でみんなが議論していたことを実際に経験したごく少数の人間の1人――に集まり、彼が何を話そうとしているのか固唾を呑んで待っているのが感じられた。私は録音はしていなかったが、一言も聞き漏らすまいと集中していた。私が記憶している彼の言葉をご紹介しよう。

「私は、1960年代前半に宇宙飛行士プログラムに選ばれて以来、この議論に参加してきました。双方が自説の正しさを主張するのを聞いてきましたが、1つ質問があります。私がお尋ねしたいのは、パネリストのみなさんではなく、聴衆のみなさんです」と言いながら、オルドリンはくるりと向き直り、聴衆席にいる私たちに向き合った。それまで聴衆は、人間かロボットかという議論のそれぞれの立場に真っ二つに分かれていたと言っていいだろう。オルドリンはしばらく口をつぐんだが、聴衆の期待を高め、効果を劇的にするためだったのは間違いない。

「もし可能だとすれば、みなさんのなかで火星への片道旅行に申し込む方は何人おられますか？」

驚いたことに、宇宙旅行のリスクと、極端に厳しい火星の環境について完全に理解しており、地球のあちこちに親友や家族がいるに違いない、この会場を満たしている科学者と技術者の、約70％が手を挙げた。そのなかには、直前まで断固としてロボットのみでの探査を主張していた人たちもいた*。

その瞬間から、議論の方向は「人間かロボットか」という二者択一から「適切な時期に両方」へと変

＊ 私は手を挙げなかった。火星への3年間の往復旅行なら申し込んだかもしれないが、火星に行って、家族、友人、大空、木々、そして地球という素晴らしいものから遠く離れてその後の人生を過ごすのは御免だ。

わった。じつはそれは宇宙探査が始まったとき以来確立してきたパターンなのだが、この傾向は、私たちが太陽系を離れて、その向こうにあるものを探査しはじめてからも、間違いなく続いていくだろう。まず遠隔で観測を行い、次にロボット探査機を送り、その後人間が続く。宇宙に打ち上げられ、やがて戻って来る観測用ロケットが、目的地が比較的安全であることを証明してから、ようやく軌道飛行が試みられる。ユーリ・ガガーリンやワレンチナ・テレシコワが飛行する前に、2機の無人宇宙船、スプートニクとエクスプローラー1号が地球を周回した。ニール・アームストロングとバズ・オルドリンの前に、レインジャー計画の無人月着陸船が月に着陸した。火星への無人ミッションが多数実施されており、ゆっくり前を進みながら、今後の道を人間に示してくれている。星間探査も、やはりこのように進むだろう。最初の数回のミッションでは、無人宇宙船が、到着時の減速で消費される分の推進剤を搭載しない身軽な態勢で、目標とする恒星系を光速の10％の速さで接近通過するだろう。そのうち、無人探査機が人類の移住地候補として有望な惑星の近くで減速し、その惑星を周回し、場合によっては着陸するだろう。着陸した探査機は、収集した科学的情報を地球に送信するに違いない。そのようなミッションが成功してからでなければ、最初の移住者たちが乗った宇宙船をその惑星に向かって打ち上げることはできない。

無人探査に比べ、人間をほかの恒星系に送るのは、はるかに複雑で、より大型の宇宙船が必要になり、コストも大幅に上昇し、期間も長くなり、リスクも大きくなる。しかし、だからと言って人間を太陽系以外の恒星系に送るという考えを捨てる理由にはならない。そんな理由になど決してならない！　これらの事実はむしろ、まず無人探査機を送り、現地で実験を行わせ、その結果を地球に送信させなければならないということを裏付けているのだ。私たちの機械は、年々能力が向上しており、ますます高性能で自律的になっている。このやり方で始めないなんて筋が立たないが、このアプローチにはそれ自体の限界があることも忘れてはならない。

無人探査機の可能性と限界

私たちの火星探査は今、「まずロボット、次に人間」作戦の「ロボット段階」の只中にあって、無人探査機が何機も火星に送られている。1965年、アメリカのマリナー4号宇宙船が火星の接近通過を初めて成功させ、世界初の火星の近接写真を地球に送信したことで、惑星天文学は大きく変貌した。1971年、アメリカのマリナー9号とソ連のマルス2号が相次いで火星周回軌道に入ることに成功した。2週間という僅差でマリナー9号が世界初の成功例となった。マルス2号は、探査機の火星着陸で世界初を目指した。残念ながら、着陸船が降下時に故障し、火星の地面に衝突した。目的は果たせなかったが、初めて火星に到達した人工物となった。ソ連のチームは同年中にマルス3号で再挑戦し、このときは成功を収めたものの、たった14秒後に着陸機の通信システムが故障してしまった。

1976年、NASAは2機のバイキング探査機を火星に送った。火星に到着すると、両機はそれぞれ2つに分離した。着陸船と、宇宙空間に残って火星軌道を周回しながら地球への無線中継機として働く軌道船である。着陸船はさまざまな科学実験を行ったが、なかには火星の土壌に生命の兆候がないか探すための実験もあった。どちらの探査機の着陸船も非常に大型だった。それぞれ572キログラムあり（推進剤を積まない状態で）、両探査機が地球に送ったデータで火星に関する私たちの知識はがらりと変わった。アメリカが次に送った着陸船、マーズ・パスファインダー（着陸機の火星着陸時の重量は264キログラム）が火星を訪れたのはようやく1997年のことだったが、このときその着陸船は、着陸のみならず、搭載していた世界初の火星ローバーを火星表面に降ろすことにも成功した。このローバーは6輪の車輪を持った動く科学実験室で、これによって、着陸地点1箇所だけを拠点としていた従来の探査に比べ、探査可能範囲は半径100メートルまでと格段に広がった。探査範囲を制約するのは、ローバーと着陸機との通信可能性だけである。その後、何機もの軌道船が火星に到達しているが、いずれも稼働寿命は数十年という長さで、日、月、あるいは一桁の年数ではないのである。また、何機もの着陸船とローバーが火星表面で探査を行っており、それらに搭載される科学機器は着実に高度化が進んでおり、今では着陸地点を中心とする半径40から50キロメートルの範囲を探査することができる。表面探査範囲は、最初の無人飛行船やロボットヘリコプター〔訳注　インジェニュイティという小型ロボットヘリコプターがNASAのマーズ2020ミッションで使われている〕の出現で、劇的に拡大しつつある。

太陽系のほぼすべての惑星に対して、これと同じような展開で無人機による惑星探査が進められており、使われるシステムでは性能の向上と小型化が同時に進行している。現在NASAがテストしている新しい宇宙通信システムでは、無人探査機からのほぼリアルタイムの高解像度動画送信が間もなく可能になるはずで、そうなると、地球を拠点とする科学者、探検家、そして冒険家たちが、仮想的にこれらの探査飛行に同行できるようになる。宇宙船が性能を向上させながらますます小型化していき、やがて最適な推進システムを備えて、太陽系に最も近い恒星へと出発する――そんな姿が目に見えるようだ。

とはいえ、解決すべき問題はまだたくさんある。今のところ、無人探査機はまだ完全には自律的になっておらず、飛行中生じた問題を自力で解決できない。マーズ・ローバーの場合、地球局から一度指令を送ったあと、ローバーからそれに対する返信が届くまで待ってから、ようやく次の指令を送るという、まだるっこしい方法でコントロールされている。応答速度は光速で制約されるので、太陽を周回する地球と火星の相対的位置関係によって、通信時間は3分から21分まで変動する。最新のローバーは従来型のものよりもはるかに自律的だが、それでもなお１００％独立した運用に至るにはまだ長い道のりがある。

また、ここでどうしても触れておきたいのだが、人間の「直感」も宇宙探査で大きな役割を果たしている。マルコム・グラッドウェルは著書『第1感――「最初の2秒」の「なんとなく」が正しい』（沢田博／阿部尚美訳、光文社）のなかで、職業的直感というものをうまく説明している。[2]英語版のカバーにあるキャッチコピーが、グラッドウェルが「ひらめく能力」という言葉で何を意味しているかをよく言い表している。「考えてもいないのに考えが落ちてくる、瞬間的にわかってしまう――瞬時のひらめきは、見かけ以上に複雑だ。その謎がここに解き明かされる」。

私が知っている、「直感」がうまく働いた最も印象深い例は、ある専門会議に出席した際に、アポロ計画の宇宙飛行士だったハリソン・シュミットから聞いた話だ。シュミットは１９７２年、アポロ17号の乗組員として月面歩行を行った。彼は地質学者でもあり、月を訪れた唯一のプロの科学者という特別な存在である。宇宙飛行士が着陸船の外で行う月面歩行は、地球の管制センターによって事細かに計画され、それにしたがって管制官が指導していた。管制官は、月から地球に送信された動画を見ると同時に宇宙飛行士の話に耳を傾け、総合的に判断しながら宇宙飛行士の意思決定を計画に沿って導いた。

ご想像のとおり、船外時間は限られており、地球に持ち帰る予定のサンプルをすべて収集するためには1分たりともおろそかにできなかった。アポロ17号の乗組員たちには、その時間的制約はなおさら厳しく、非常に切迫していた。なぜなら、それはアポロ計画最後の月着陸ミッションであり、彼らが収集したものはすべて、かなりの歳月にわたって、月から地球に持ち帰られた最後のものとなるはずだったからだ。月面にいたシュミットに、ある特定の地点でサンプルを見つけ出せという管制センターからの指示が届いた。その地点に歩いて向かう途中、はるかに重要で、面白そうな形の岩が形成されているのに彼は気づいた――「ひらめいた」のだ。そして彼は指示に背き、この岩からサンプルを収集することにした。このサンプルは、現場にいて、その岩から1メートルも離れていないところを歩いていた経験豊かな地質学者の目に留まったからこそ収集できたのであり、同じ現場を離れたところから見ていた管制センターのミッション・チームは気づいてもいなかった。結局このサンプルは、実施されたすべての月面探査ミッションで持ち帰られた多数のサンプルのなかで科学的に最も重要なものの1つとなった。この種の決断に関する限り、「ひらめく」能力を持つ人間の精神は、少なくとも当面のあいだは、どんなコンピュータにも決して負けないだろう。

最後に、宇宙探査と人間の深いかかわりについてもうひとつ言わせていただきたい。探査には経験としての側面がある。たしかに、高画質仮想ツアーでルーブル美術館を巡って、「モナ・リザ」を見ることはできるが、多くの人がお金を使い人混みをかき分けてルーブルまで行き、展示を自分の目で直《じか》に見る。夕日に映えるザ・トゥエルブ・アポストルズ（海岸沿いに並ぶ迫力満点の岩の列）〔訳注　オーストラリアのビクトリア州にある海食柱群。海食柱とは、岩盤が海に浸食されてできた急峻な斜面を持つ柱状の岩〕を見たことは、数年前オーストラリアに旅した妻と私にとって感動的な経験だった。誰か他の人が撮った同じ場所の写真を見たとしても、生《なま》の経験に代えることはできないだろう——まったく別のものだ。これと同じように将来、「君も一緒だったらよかったのに！」と書き添えられた、系外惑星のクールな写真が送られてきても、写真だけでは満足できない人が多いはずだ。たいていの人が、自分もその場所を訪れ、この目で見たいと思うに違いない。

巨大な「ワールドシップ宇宙船」での生活

人間の寿命を延ばす技術にブレイクスルーがない限り、地球から離陸する直前の星間宇宙船に乗る移住者たちは、宇宙船が目的地に着くころにはもう生きていないだろう。星間探査機に乗る人たちは、宇宙の最も危険な環境のなかを、まだ誰も実際に見たことがなく、地球の生物の長期滞在に向くかどうかもわからない目的地に向かって飛行する、人工的に作られた、故障の恐れもある宇宙船の内部での生活に甘んじなければならない。しかし、人間を系外惑星に送るべきだという納得のいく理由がたくさんある。だとすると、技術上の困難がすべて解決し、目的地までの飛行中大勢の旅行者たちが生活する１つの世界となるワールドシップ宇宙船を製造する能力を人類が獲得したとすると、次に考慮しなければならないのは何だろう?

何人送るべきか、誰が行くべきかは、誰かが何らかの方法で決定することになるだろう。遺伝的多様性を十分大きくするため、また、飛行中に起こった予期せぬ大惨事に対処するために、必要な最低の人数について論じる論文がすでに何件も発表されているのには少し驚かされる。論文の著者がどの側面に注目したかによって、答えの人数は大きくばらついている。

集団遺伝学では、現在の遺伝学に基づいて、遺伝によって起こる変化の数学的モデルを作成し、初期個体群の形質に当てはめることによって、未来の多様性を推定する。そのほか、私たちの周囲の世界や歴史を見ることによっても、多くのことが学べる。保護団体や生物学者たちは、野生動物の個体数の調査を基に絶滅の恐れがある種を特定し、それらの種を何年にもわたって継続的に観察し、個体数の変化を見守って彼らの予測が正しいかどうか評価する。人類学では人間の歴史や民族の移動に注目するほか、地理的、遺伝的に孤立して存在することが知られている集団と類似した歴史上の集団を特定することにより、どのような集団が成功するのか、そしてその理由は何かを突き止める。

1機のワールドシップ宇宙船に乗る人数については、数百人から数十万人まで、さまざまな提案が出ているが、多くの研究が、一回の移住ミッションで移住する人間は1万人が妥当だとしている。[3] もちろん、生物科学が進歩したおかげで、最近では、遺伝的多様性を向上させる方法がいくつか提案されている。たとえば、数千体の凍結した人間の胎児を貨物として搭載し、目的地に到着してから懐胎期間を再開して誕生させるという操作を何世代にもわたって繰り返して遺伝的多様性を高めるという方法などがある。*

宇宙船についての伝統的な美意識からすると、ワールドシップ宇宙船も長い円筒形が望ましく、長軸を中心にゆっくり回転させて、乗っている人たちが重力加速度に近い加速度を感じるようにするのがいいだろう。これによって、乗組員は居室の外に出たときに地球と同じような空間の上下を自然に感じるだろう。系外惑星移住用のワールドシップ宇宙船は、つまるところ現在運用可能な宇宙船に見かけも滞在時の印象もさほど変わらないはずで、居住空間も、その他のスペースも極限まで小さく閉鎖的に作られているところで暮らすことになる。閉所恐怖症的になるのを少しでも防ぐ工夫が必要だ。ワールドシップの最終的な大きさは、乗船する人数によって異なるだろうが、現時点では、直径約500〜600メートル、円筒の長さ約3〜5キロメートル程度になると考えられている。

小惑星をくり抜いて居住空間にし、それに推進システムを付け加えて、ゆっくりと太陽系から離脱させ、目的地へと向かわせれば、ワールドシップ宇宙船が簡単に作れるだろうと考える者たちもいる。大半の宇宙線は小惑星を作っている物質で止められてしまい、内部にいる乗組員たちまで届くことはないだろうから、この方法なら、放射線をいかに遮蔽するかという問題も解決できる。

どんな形状であれ、ワールドシップ宇宙船は巨大だろう。1人当たりの居住空間、人々が健康な状態で生き延びるのに必要な物資、放射線や宇宙線から乗組員を守るためのシールド、照明を絶やさないための電力、推進システムおよび必要な推進剤、さらに、すべてを一体に保つために必要な構造を考慮に

＊ すべての選択肢を記録しておくためにはこの方法も排除できないが、著者は宗教的・倫理的観点から、この方法を支持しない。

入れると、圧倒されそうなほど大きくなるはずだという実感が徐々に湧いて来る。圧倒されそうなほど大きくても、ワールドシップを作るのは不可能ではない――困難なだけである。

人間（意識がはっきりした状態で旅をする）を太陽以外の恒星まで運ぶ宇宙船には、必ず備えているべき特性や、備えているのが望ましい特性がたくさんある。たとえば、地球と同じ重力、呼吸できる空気、飲料に適した水、生活・仕事・食事・仲間との付き合い・遊びのそれぞれに適した場所、さらに、旅のあいだ乗組員が生き続けるために必要なすべてのシステムなどだ。これらの必要事項を総合すると、並外れた大きさの宇宙船を製造しなければならないことがわかる。

ここからはワールドシップでの生活について議論したいので、物理学・生物学・工学に基づく諸技術の現実的な未来像から、心理学・社会学・政治科学に基づく社会科学的なワールドシップ船内生活議論に、倫理と哲学を少し加えたものへとシフトしよう。

限られた人数の孤立した集団で、宇宙旅行しながら長期間過ごすという特殊な状況の心理的影響を理解するためには、国際宇宙ステーション（ＩＳＳ）に滞在する（最長1年間連続で）宇宙飛行士たちが活動したこの20年間でＮＡＳＡが収集したデータを参照すればいいじゃないかと思われるかもしれない。ＮＡＳＡはこのほか、3年もかかる火星往復旅行が乗組員に及ぼす心理的影響を推測する研究にも出資している。このデータは、重要なのは間違いないが、乗組員はたった5名というＩＳＳに比べ、大人数が乗り込むワールドシップにはあまり当てはまらないだろう。

この件に関して、海軍を参考にしようとする人が多い。海軍では、ＮＡＳＡのミッションよりもはるかに大勢の人員が、ほぼ自律的に活動する船のなかの密な居住空間に置かれて、連続で何カ月も、ほかの人間から隔離されて過ごす。乗員が６０００人を超えるアメリカ海軍空母なら、乗員が1万人を超えるはずのワールドシップに最も近いと言えるだろう。ワールドシップは海を行くのではないし、隔離は残りの生涯続くが、海軍の多くの若者たちにとっては、連続1年以上世間から離れて海上生活するのは、まるで一生そうしているかのように感じられるかもしれない。このテーマに関する文献が宇宙旅行とは無関係なさまざまな専門誌に掲載されているが、ワールドシップの設計者が設計の過程でそれらのものをよく調べなければならないのは間違いない。

海軍に倣えと言うけれど、船上で暮らす人々の文化とはどのようなものだろう？　ワールドシップが軍が主導する軍隊式規則の下で旅に出るというのは考えづらい。この旅に参加する選び抜かれた人々は、地球の人間の多様性をほぼそのまま反映したさまざまな人々で、全員がその後生涯にわたって厳格な軍紀に苦痛も感じずにしたがうような性格ではあるまい。仮に当初の乗組員がそういう人々だったとしても、その子どもたちは？　船長の娘が次期船長になるように訓練されるのだろうか？　料理長の息子は、成人したらずっと乗組員の食事を準備する運命にあるのだろうか？　おそらく、移住者たちが採用する何らかの教育システムを修了した子ども世代の若者たちがこれらのポストを巡って競争し、その結果適任者が選ばれるのだろう。何らかの階層構造が必要になるのだろうが、どのようなものにすべきだろう？

それがどんな形のものになるとしても、安全を優先したものでなければならない。好むと好まざるとにかかわらず、人間というものは予測がつかないし、乗組員たちが経験するはずの心理的ストレスは相当なものだろうから、一部の人は堪忍袋の緒が切れてしまうだろう。船内文化に対して、倫理的、宗教的、政治的、あるいは哲学的な理由から反発し、船や乗組員たちの健康や安全にとって有害な行動をする人も出てくるだろう。誰かが不満を抱くようになったとしても、地球にいたときとは違い、その人はほかに行くところがないのだということは、忘れてはならない。そして、ワールドシップがいかに頑丈に設計されていたとしても、破壊行為をやると決意した人間の前で無傷でいられるわけがない。悪意を持った1人の人間が、宇宙船全体を破壊することもあり得る。

飛行機での旅行について考えてみよう。始まった当初は、チケットを購入すれば、それで飛行機に乗れた。空港では家族や友人たちが、駐機中の飛行機に向かうあなたに寄り添ってタラップの下までついて来て、見送ってくれたものだ。ところが、1960年代から70年代にかけてハイジャック事件が相次ぎ、空港の保安体制が厳しくなり、金属探知機が導入され、銃などの比較的見つけやすい武器の検査が始まった。しばらくはそれでうまく行っていたが、2001年9月11日、破壊行為を行うと決意した集団が同時多発テロ事件を起こした。今では、航空機に乗るには、何種類もの身元確認を受け、全身を電波でスキャンした上でさらに金属探知機で検査され、場合によっては全身のボディチェックをされてようやく搭乗が許される。粗暴な振る舞いをする乗客や、飛行中に危険の兆候が検知されたために旅客機が臨時着陸したというニュースは毎週のように起こっている。私たちは、それほど遠くない目的地に行くだけでも、数時間にわたるかなりの不自由を受け入れ、個人の自由をあきらめて、同乗者たちの安全を確保する覚悟ができている。しかし、このような犠牲を生涯にわたって続けようという覚悟が、私たちにあるだろうか？　そんな状況は、新しい家に向かう宇宙旅行というより、警察国家での暮らしのような感じがする。[4]

旅のあいだに生まれる子どもたちについてはどうするのだろう？　旅行期間が人間の生涯よりもはるかに長いなら、一生を船内で過ごす世代が何世代も続くことになるだろう。新しい世界の入植者にはなりたくないと思う人たちが出てくる可能性は否定できない。とりわけ、その人たちが、地球の広々とした海、青空、そして緑の大地のことを知ってしまったならば。彼らに両親や祖父母の夢を叶えろと強制するのは倫理にかなっているだろうか？*

星間飛行に出発した勇敢な人々の子孫がプロキシマ・ケンタウリBに到着したところ、その土には、この系外惑星の固有種らしい見慣れぬ微生物が生息しており、それ以外の動物は見当たらなかったとしたらどうすればいいだろう？　人間たちは着陸を敢行し、そこに居住地を作り、人間と、その体に棲むバクテリアに加えて、ほかの動植物も意図的に地球から運んできて、この系外惑星に導入するのだろうか？　到着した人間たちが既存の動物がいることを発見した場合にはどうすればいいだろう？　その動物は意識を持っていないが、やがて進化して意識を持つようになる可能性が排除できないとしたら？　その場合、倫理の問題は一層難しくなる。彼らが次に何をするのか、誰が決めるのだろう？　移住者本人たちだろうか？　『スター・トレック』の「最優先指令」のようなものを打ち上げ前から準備してお

＊　私自身としては、飛行する宇宙船のなかで子どもを育てることの倫理性は、白黒はっきり付けられるようなものではないと考える。私はアメリカで生まれ育ったが、私がアメリカで生まれたいと言ったのだろうか？　イギリスや日本ではなくアメリカで暮らしたいと、私が思って選んだのだろうか？　これは的外れな議論であり、今後私たちが人間をワールドシップに乗せて新しい世界へと送り出すことがあるとしたら、その飛行中に生まれた子どもたちについても、このような議論は的外れだろう。

くのがいいかもしれない。しかし、当初からワールドシップに乗っていた人々は「最優先指令」に同意していたとしても、彼らの子孫は、自分たちが生まれる前に定められたことに従うしかないのだろうか？

これらは大きな問題であり、そこにはさらに、答えるのも解決するのも容易ではない多くの課題が伴っている。そしてこれらのすべてが、今私たちが直面しているいくつかの技術的困難を先に解決しておかない限り、意味のないものになってしまう。まず最も重要なのは、推進にまつわる技術的困難だ。カヌーの段階を脱却し、最初の帆船、あるいはエンジン付きのボートや船を作る段階へと進むには、私たちはどうすればいいのだろう？

第5章 ロケットで行く

バンに乗ると、ずっと向こうに、明かりに照らされて光り輝くロケットが見える。まるでオベリスクだ。もちろん現実には、爆発性の燃料が積まれた重さ四五〇万トンの爆弾なのだが。だからこそ、宇宙飛行士を降ろすと、車はいちもくさんに走り去るってわけだ。[1]

――クリス・ハドフィールド『宇宙飛行士が教える地球の歩き方』

（千葉敏生訳、早川書房）

ロケットのしくみ

星間ミッションの開始には、多くの課題がつきまとう。第一に推進だ。有人であれ無人であれ、宇宙船を妥当な時間内に目標の恒星系まで送ることができないかぎり、星間旅行に必要なほかの技術をわざわざ開発する意味などない。そのようなわけで、このあと2つの章を使って、星間推進技術の候補となるものをいくつか議論し、そのなかでうまく行く見込みがあるものとないものそれぞれについて、その理由を説明しよう。まず本章では、ロケット推進を使う宇宙船に注目しよう。

ロケットとは、何らかの推進剤を1つの方向に放出して、それとは逆の方向に進む宇宙船である。スケートボードに乗って静止した状態で、バスケットボールをある方向に投げたなら、あなたはボールを投げたのとは逆の向きに少し進むだろう。このときあなたが進んだのは、ごく簡単なロケット推進のおかげである。もう1つ、多くの人が子どものころにやった覚えがある例を挙げよう。風船を膨らませたあと、その口を結ばずに手を離し、風船を部屋のなかで飛び回らせる（何か壊れやすいものを壊しませんようにと願いながら）遊びだ。このとき、風船から出てくる空気は、単純なロケットの排気であり、風船そのものは推進されるロケットに相当する。物理学ではこれを、「ロケットの系の運動量とエネルギーは保存する」という数学的な法則に要約する。この法則は、運動量もエネルギーも、系に属するすべてのもの（たとえば風船、その内部の空気、風船が飛ぶあいだに風船から放出された空気など）で足し合わせたなら、排気の前後で変わらないという意味である。先に挙げたスケートボードの例では、ボールを投げる前は速度はすべてゼロなので、スケートボードの車輪と地面のあいだの摩擦を無視すれば、運動量保存の法則から、投げたあとのボールの運動量と、「あなた+スケートボード」の運動量は、大きさが等しく、向きが逆である。したがって、「バスケットボールの質量」掛ける「投げたバスケットボールの速度」と、「あなた+スケートボードの質量」掛ける「あなた+スケートボードの速度」は、大きさが等しいはずである。「あなた+スケートボード」はバスケットボールよりもはるかに重いので、

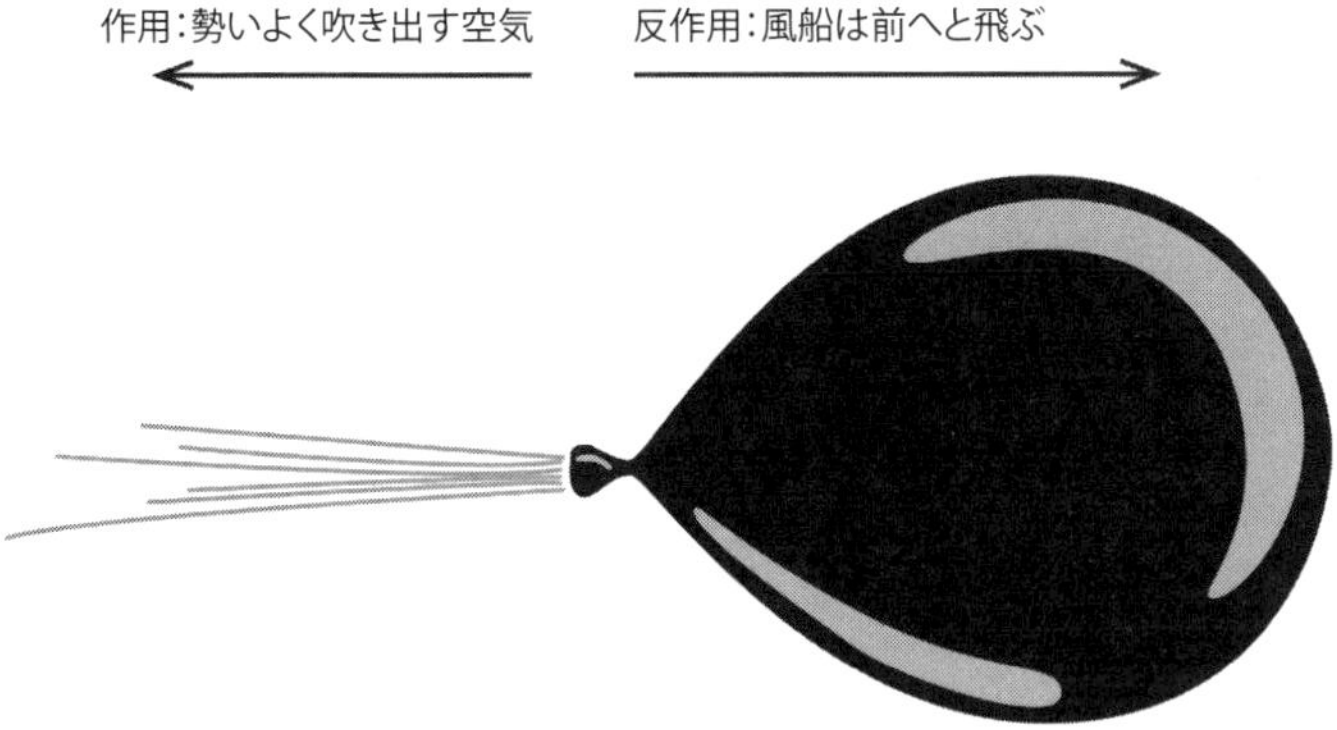

図5・1　単純なロケット。人々が一番初めに出会うロケット推進の1つが、風船を膨らませ、その口を結んでとめずに開いたままで手から離すと、風船はでたらめなアクロバットのように飛び回るのを目撃するという、子どものころに誰もがやる遊びだ。本図は、風船から空気が吹き出す様子を描いている。画面の左に向かって吹き出していく空気（このロケットの排気）が生み出す力は、右へ向かって動いていく風船そのものによって相殺され、運動量は実質的に変化しない（作用と反作用が相殺するので）。ダニエル・マグリー作画。

ボールを投げたあとのあなたの速度はボールよりも遅いだろう。ボールはあなたよりもずっと速い速度で遠ざかっているはずだ。ロケットもこれと同じである。図5・1に、ロケット推進を風船で表現したイラストがあるので参照してほしい。

宇宙船を加速する力は、消費された推進剤の質量と、それがエンジンから放出された際の速度に依存する。さらにもう1つ考慮すべき因子がある。それは、推進剤の消費によるロケットの質量の減少で、この因子のために、宇宙船の運動量の計算には微積分が必要になり、少し難しくなる。これは、「ツィオルコフスキーのロケット方程式」と呼ばれるもののなかにちゃんと表現されており、この方程式は、私たちが今実施しているすべての宇宙探査事業の、ほぼすべての要素を支配している。方程式という言葉を使わせていただいたが、心配はいらない。みなさんを高校の数学の悪夢で悩ませようとしているわけではないので安心を！

$$\Delta V = w \ln m_0/m_T$$　ΔV：ロケットの速度変化

w：推進剤の噴射速度

m_0、m_T：初期質量とT秒後の質量

ロケット方程式で注目すべき重要な点は、到達したい速度が高くなるにつれ、それだけ加速するために必要な推進剤の量は劇的に大きくなるということである。排気速度が非常に速くない限り、速度を急激に上昇させるために必要な推進剤の量は、劇的に増大する。排気速度が高ければ高いほど、同じ量の推進剤で達成できる加速は大きくなる。この点に注目してほしい。ロケット方程式は、推進剤（主にその質量）と排気速度がいかに推力に関係するかを教えてくれているのだ。推力こそが、ロケットをある速度で飛行させるものであり、その速度と宇宙船の質量から、飛行中の宇宙船が持つ運動エネルギーの大きさが明らかになる。* 記憶しておくべき重要な点は、「星間ミッションなどの特定のミッションで飛行時間を最短化するためには、推進系のエネルギーを最も効率よく宇宙船の運動エネルギーに変換する方法で最終速度を実現できるタイプのロケットを、まず見付けなければならない」である。

ロケットの打ち上げに必要な推力

ロケット打ち上げの純然たる威力と荘厳さに畏敬の念を抱かない者がいるだろうか？　私が初めてこの目で実際に見たのは、夜間の打ち上げで、なおさら華々しかった。２００１年12月１日の夜、スペースシャトル・エンデバーがケネディ宇宙センターを出発し、地球低軌道（ＬＥＯ）を周回する10日間のミッションへと向かった。ＮＡＳＡが貢献のあった個人に贈る賞の受賞者（オーナリー）に選ばれていた私はこの打ち上げの際に顕彰され、ＶＩＰ席で関係者らと並んで間近から（安全のためそれ以上は近づけないという距離から）見守ることが許された。私はカメラを持参していたが、主催者側から私たち来賓にカメラは使わないようにとの注意があった。事後に見てもらえる写真や動画が準備できるので、見ることに集中して、このイベントを存分に経験してくださいというわけだ。メインエンジン

＊　運動エネルギーの概念は、私たちの誰もが、そのとき頭のなかで物理学をやっているのだと気づきもしないほど直感的に理解できてしまう。弾丸について考えてみよう。銃から発射された弾丸は、非常に高速で運動しており、何かにぶつかると大きな損傷を与える。ではここで、この同じ弾丸を、銃を使う（カートリッジ内の火薬に点火して、弾丸をロケットにする）のではなく、手で同じ的に向かって投げるところを想像しよう。銃を使うのと手で投げるのとでは、弾丸がぶつかった相手に及ぶ影響はまったく異なる。人間は、点火した銃のカートリッジほど弾丸を速く飛ばすことなど到底できない。したがって、手で投げた弾丸は、その運動に伴うエネルギーを少ししか持っておらず、小さな損傷しか与えられない。

が点火し、つづいて固体ロケットブースターに点火すると、スペースシャトルは徐々に速度を上げながら空を上昇し、大西洋上で弧を描いた。私は泣かずにはおれなかった（そこにいた大勢が涙を流していた。打ち上げを間近で見守るのは感情が揺さぶられる経験である）。

ロケット打ち上げに関連する数値の巨大さには圧倒される。打ち上げ時、スペースシャトル、外部燃料タンク、固体ロケットブースター、そしてすべての推進剤を合わせると総重量は約２０００トンになる。[2] ロケットが発射台から離陸するためには、高い推力が要求される。ロケットの排気が十分大きな推力を生み出さなければならないのだ。先ほどの単純なロケットの話を振り返ってみよう。ロケットをある方向に進ませるには、ロケットの排気がそれとは反対の方向に向かわなければならないのだった。スペースシャトルの場合は、上に向けて飛ばしたいのだから、排気は下向きでなければならない。そして、地球の重力を振り切るためには、ロケットの推力がロケットの重さ（その質量に対して働く地球の重力の大きさ）よりも大きい必要がある。そこでロケット科学者たちは、この「推力／重さ」の比（つまり「推力重量比」）を使って、ロケットや、そのエンジンで推進する打ち上げ機全体の性能を表す。この比が大きいロケットほど地球の重力を振り切る能力が高い。スペースシャトルのメインエンジンの推力重量比は、発射台から離れるのに十分な値ではなかったため、推力を補うために2基の固体ロケットブースターが加えられた。1基の固体ロケットブースターだけで１２５０万ニュートンの推力を生み出せる。これがメインエンジンに加われば、スペースシャトルは離陸し、宇宙へと向かうほかなくなる。打ち上げから2分経ったころに、推進剤を使い切り燃焼を停止した2基の固体ロケットブースターが投棄されると、その後はシャトルのメインエンジンが生み出す推力がシャトルを加速する。時速約

5000キロメートルだった速度は数分のうちに急上昇して時速2万7000キロメートルを超え、シャトルは軌道に入る。

これについて少し時間を割いて考えてみよう。スペースシャトルは、完全に静止した状態から始めて、8分もかからないうちに軌道に到達したのである。

これは見事ではあるが、スペースシャトル、サターンV型ロケット、そしてスペースX社のファルコン9（他にも多数）などで使われたのと同じ方式の化学ロケットは、太陽系以外の恒星系に到達するのに必要な速度まで宇宙船を加速するには、まったく不十分で、太陽系の外に出るための最初の一歩を踏み出すという目標にも、やっと必要を満たすにすぎない。なぜだろう？　化学ロケットは高い推力を達成して重力を断ち切る能力はあるが、最高性能が出ているときでも効率はあまり高くない。それは、ロケットの燃焼室で起こっている、化学結合を作るという過程で引き出せるエネルギーの大きさが限られているからである。たとえば、スペースシャトルのメインエンジンは液体水素と液体酸素を燃やして推力を生み出していた。スペースシャトルの軌道船に取り付けられていた巨大な外部燃料タンクには約145万リットルの液体水素と約54万リットルの液体酸素を入れておくことができた。シャトルは、このタンクの推進剤をすべて使って軌道に入るが、その直前に用済みになった外部タンクを切り離し、タンクは大気圏に突入して焼失した。約200万リットルの推進剤が全部、8分間で消えてしまったのだ。これに加えて、固体ロケットブースターのそれぞれに装填され、打ち上げ時の推力のほとんどを担う約500トンの固体燃料も使い尽くされたことを考えると、このシステムが非効率的だという私の言葉の意味が少しおわかりいただけるだろう。誤解しないでいただきたい。高い推力重量比を持つロケットは、地球の表面から宇宙へ行く手段としては最善のものだ。しかし、一旦宇宙へ出てしまったあとは、何か別のものが必要になる。より一層効率的で、エネルギー密度（宇宙推進システムのエネルギー密度は、一定量の推進剤からどれだけのエネルギーを生み出せるかを示すパラメータで、推進剤1キログラム当たりのエネルギーで定義する）も一段と高く、その先の100万、10億、あるいは1兆キロメートルを進ませてくれるものが。

ロケットエンジンの比推力

宇宙推進の専門家たち*は、ロケットに基づく推進システムの効率を比較する際に「比推力」（I_{sp}）を指標として使う。地上から打ち上げる際のロケットの加速は、推力（ロケットの後方から噴射された推進剤の量と、その推進剤の噴出速度によって決まる）とロケットにかかる重力の比に依存する。推進剤の噴出速度が大きいほど、ロケットの飛行速度も大きくなり、また、より多くの貨物を運ぶことができる（すべての排出ガスのなかに含まれる運動量を足し合わせ、宇宙船がこの排出で得た運動量をそこから引くと、答えはゼロになる。運動量の保存は成り立っており、サー・アイザック・ニュートンのご機嫌も損なわれない）**。化学ロケットと、それ以外の多くのロケットの場合、排気は加熱されることによって加速するが、そのようなものは「化学熱ロケット」と総称される。「熱」という修飾語が付いている理由は、このあと、ほかの種類の熱ロケットを論じ、それらをまったく別種の非熱ロケットと比較する際におわかりいただけるはずだ。ロケットエンジン（宇宙船の推進システム）のI_{sp}は、推力を推進剤の消費率で割ったもので、推進剤1キログラムが1秒間に消費されるときに発生する推力とも表現できる。比推力が高いロケットは、比推力が低いロケットに比べ、推進剤をそれほど多く必要としない。比推力が高いほど、使用された推進剤の量に対して、より大きな推力が得られる。比推力が高い推進システムのほうが、推進剤の質量をより効率的に使用するわけだ。定義どおりに式を操作してみないと腑に落ちないとは思うが、***比推力の単位は「秒」である。

スペースシャトルのメインエンジンのI_{sp}は約366秒で、固体ロケットブースターのI_{sp}はたったの242秒だった。スペースXのファルコン9の推進に使われたマーリン・エンジンは、I_{sp}が282秒

＊　私が彼らを「ロケット科学者」とは呼んでいないことに注意してほしい。この名称で呼ばれている彼らは、大衆文化で認知されるほぼ最高の知的水準という地位にあるが、この言葉には、最先端の宇宙推進分野の科学者はロケットの専門家だという含みがある――だがそれは、人によって正しい場合もあれば、そうでない場合もある。最先端の宇宙推進技術の多くは、推進剤をまったく使うことなく宇宙船を加速することができ、そういう技術によって飛ぶものは、厳密にはロケットではない。したがって、最先端宇宙推進技術者の多くは、厳密に言えばロケット科学者ではない。

＊＊　ニュートンの運動の第2法則、$F=ma$を思い出そう。この法則によれば、質量（m）の物体に力（F）を及ぼすと、その物体は加速度（a）で加速される。ロケットの場合は、ロケットが加速する際に受ける力に相当するのが推力だと考えればいい。

＊＊＊　院生時代に大嫌いになった言葉を敢えて使って言うと、「興味のある読者」のみなさんは、ちょっと式を操作してみれば、I_{sp}がどのように導出されるかがもっとよくわかるだろう。実際の操作は、もちろん「興味のある読者」のみなさんにお任せする。

だった。このような高性能ロケットエンジンは、I_{sp}が数百秒である。たいていのロケットエンジンで、I_{sp}は５００秒未満である（この数値を覚えておいてください）。どうして５００がI_{sp}の上限なのだろう？　簡単に答えれば、その理由は化学にある。推進剤から推力を生み出すためにエネルギーを解放するには、化学結合を作ることが必要だが、化学反応、つまり元素や分子の化学結合を作ったり破壊したりすることから得られるエネルギーは限られているのだ。I_{sp}が６００を超えるようなロケット用化学推進剤が発見されるとは考えにくい。

地球から出発するのではなく、すでに宇宙に到達して、そこで飛行している場合でも、化学ロケットの性能はI_{sp}によって制限される。I_{sp}については、自動車の燃費（キロメートル・パー・リットル）のロケット科学版に相当するものだと考えればいい。ここから先、I_{sp}を性能指数として使い、さまざまな種類のロケット推進の性能比較を行って、それらが星間ミッションに適しているかどうかを判定しよう。

核熱ロケットが使えるのは太陽系の内側まで

ロケットの効率をさらに向上させるにはどうすればいいだろう？　化学ロケットの効率の理論上の最大値に達してしまったら、その後は何か別のエネルギー源を探して、推進剤のエネルギーを高めなければならない。性能も効率も、要はエネルギーとエネルギー密度の問題である。原子力はエネルギー源としてどうだろう？　ウランの核分裂で解放されるエネルギーは、化学反応で可能なレベルをはるかに超えている。だからこそ、第二次世界大戦中も冷戦時代も、敵対する国々は死力を尽くして核兵器開発を行ったのだ。だが、ここで私が説明している核エネルギーは爆弾とは何の関係もなく（これについては、のちにオリオン計画を紹介する際に詳しくご説明する）、世界中の原子力発電所で毎日生まれているエネルギーと同じものだ。*原子力発電所では、原子の化学結合を変えることでエネルギーを生み出すのではなく、原子の中心にある原子核を構成している粒子の結合を変えて核分裂と呼ばれるプロセスを起こし、原子核を破壊してエネルギーを生み出す。核分裂が起こるときに生じる核分裂片は、途方もなく大きな運動エネルギーを持っているが、このエネルギーが、他の粒子との衝突や化学反応を通して熱エネルギーに変換される。この熱を利用して水を加熱〔訳注　原子力発電では、高い圧力の下で沸騰させるので、水蒸気の温度は約280℃になる〕し、水蒸気を発生させ、それによってタービンを回転させて電力を生み出すのである。

原子力ロケットでも核熱ロケット推進という方式を使うものは、水を加熱して電力を生み出す代わりに、推進剤（普通は水素）を原子炉内に流すことによって、3000ケルビン（2726・85℃）にまで加熱する。温度上昇は、系を溶融させない限りどこまでも許される（!!）。その後加熱した水素ガスがエンジンのノズルから排出される際に推力が生じる。この方式のどこがそんなに魅力的なのだろ

---

* トリビアを1つ。2019年、原子力発電が国の総発電量に占める割合は、アメリカでは約20％、フランスでは約75％であった。

う？　それは、このような高温に達するおかげで（他の特徴も多少は貢献しているが）、核熱システムは推進剤を加熱する効率がはるかに高く、７００秒から１１００秒というI_{sp}が実現できるからだ。つまり、効率が化学熱ロケットの2倍から3倍も高いのである。このため、核熱システムは推進剤の重量当たり化学熱ロケットの2倍を超える推進能力をもたらすことができる。

　必要な飛行時間を踏まえたうえで、核熱ロケットの場合の、分裂炉の妥当な質量、必要な推進剤の量、そして核熱ロケットを製造し打ち上げる取り組みのすべての実践的な側面を考慮すると、核熱ロケットは太陽系内での利用に適しているようだ。人間を火星に送るために使うなら、核熱ロケットは合理的な往復飛行時間（2～3年間）が実現でき、同じ旅を化学ロケットで行う場合の約半分の推進剤で済む。核熱ロケットを打ち上げることができたなら、木星とその衛星に往復旅行できるし、無人ミッションなら冥王星や、その少し外側まで達して、ちゃんと帰還できるだろう。しかし、残念だが、核熱ロケットにはこれが限界のようだ。

　要するに、核分裂で発生するエネルギーの量では、I_{sp}が現実的な星間旅行実施に必要な高さに達しないのである[*]。仮に試みたとしても、途方もない量の推進剤を搭載しなければならず、重すぎてロケットが加速できないので、旅が始まらないだろう。つまり、ロケットに搭載できる総重量（推進剤、観測機器、構造物などの重量）には限界があり、推進剤をさらに増やすと総重量が増え、さらにそれを加速するために必要な推進剤も増え、追加の推進剤が必要となり、それがさらに重量を増やし、と、重量は無限に増えていく。これは「ロケット方程式の呪縛」とでも呼べそうな無間地獄的状況だが、I_{sp}の効率がなぜそれほど重要なのかという理由は、I_{sp}が高いほど、必要な推進剤が少なくなり、したがって追加重量も少なくなるからである。

核融合を用いる推進システム

ロケットの駆動に必要なエネルギーを提供できる核過程がもう1つ存在する。太陽がエネルギーを生み出すのと同じ過程、すなわち核融合である。名称からわかるように、概念としては単純だ。つまり、2個以上の原子核が強制的に融合され、新たな1つの元素となる過程でエネルギーが解放されるのである。太陽によって適度な暖かさに保たれ、明るく照らされている地球での暮らしを楽しんでいる私たちは核融合の直接の御利益に日々与っている。というのも、太陽は、その中心にあるコアで起こっている核融合をエネルギー源として熱と光を放射しているのだから。

さんさんと輝く太陽は非常に大きい。だが、非常に大きいというのは、あまりにも控えめな表現だ。太陽の直径には109個以上の地球を並べることができるし、仮に太陽が中空の球だったとすると、その内部には地球が100万個以上入る。太陽は主に水素でできており、太陽の重力は非常に強いので、水素は原子が原子核と電子にばらばらになったプラズマとして太陽のコアに詰め込まれている。このプラズマはかなりの高温高密度で、水素の原子核どうしがひんぱんに衝突して、かなりのものが融合

＊　私の考えでは、数千年以上かかる旅は現実的ではない。

してヘリウムとなり、その過程でエネルギーを放出する。

水素は最も単純な構造をした原子だ。水素の原子核は1個の陽子だけでできており、それを中心として1個の電子が周回している。このような構造の水素が、宇宙の水素の99・9%以上を占めている。* 太陽の核融合で解放されるエネルギーは外向きの圧力を生み出し、これが中心のコアを容赦なく圧縮している重力と釣り合っているおかげで、重力が水素を一方的に圧縮し続けることはない。核融合で解放されたエネルギーはやがて太陽表面に達し、そこから宇宙へと逃れ出し、地球にいる私たちに必要な光と熱を提供してくれる。

核融合で解放されるエネルギーについて、科学史的背景から考えてみよう。そのためには、近代科学史上最も有名な方程式の1つを見なければならない。それは、

$$E = mc^2$$

という質量とエネルギーの等価性を表すアインシュタインの式だ。アインシュタインのおかげで、質量(m)が解放されてエネルギー(E)になるとき、その大きさは質量に光速の2乗を掛けたものになるということを私たちは知っている。太陽のなかで起こっているような核融合反応で得られるエネルギーの量も、この式によって理解できるし、計算することもできる。2個の陽子と2個の中性子を含むヘリウムの原子核の質量は、単独の陽子2個と単独の中性子2個の質量を合計したものの99・3パーセントしかない。この減少した分の質量はどこに行ったのだろう? それは、アインシュタインの公式から

予測されるとおり、エネルギーに変換されたのである。つまり、元の質量の0・7%がエネルギーになったわけだ。比較のために申し上げると、化学ロケットの推進剤を燃焼させることで解放されるエネルギーは、その静止エネルギー（$E=mc^2$で表される、質量mの物質が静止しているときに持っているエネルギー）の約10億分の1でしかない。しかも、その解放の方法も、原子どうしの化学結合を繋ぎ代えて新しい結合（その結果新しい化合物）を形成するだけでしかなく、原子を構成する陽子や中性子はまったく変化しない。静止質量の0・7%を利用することができたなら、太陽以外の恒星まで効率よく旅するために必要な、エネルギー密度の高い熱源を確保できるかもしれない。

残念ながら、自然が太陽のコア（中心核）で自発的に行っていることを実験室のなかで再現するのは容易ではない。なにしろ、太陽の内部で核融合を起こすには、まず1.989×10^{30}キログラムという太陽の質量のうち約33%を占める大量の水素を圧縮して高密度にしなければならないのだから——その後ようやく核融合が始まる。[**] 地球上では、それほど大量の原子を入手することはできないので、太陽の質量がなければ使えない方法とは別の方法がいくつか、目下テストされているところだ。

核融合炉を星間旅行で利用するには、どんな方法があるだろう？　まず、電気推進システム（以下の

＊　ここでご説明したのとは少し異なる構造の水素も存在する。それらは水素の同位体である。重水素は、陽子1個と中性子1個を持つ水素原子。もう1つの同位体である三重水素（トリチウム）は、陽子1個と中性子2個を持ち、不安定ですぐに崩壊する。

＊＊　$1{,}989 \times 10^{30}$kg＝1,989,000,000,000,000,000,000,000,000,000kg。平均的な自動車の重量は2000キログラム未満、あるいは、1トン強。

電気ロケットについての議論を参照のこと）に電力を供給する大型電源として利用できる。もう1つの利用法として、より直接的に、核融合を推力生成メカニズムとして使うこともできそうだ。原子炉の設計を工夫して、核融合の副産物の一部をロケットの一端から排出し、推力を生み出すことができるかもしれない。

本書は核融合電力の開発についての本ではなく、星間旅行についての本なので、次のように述べるにとどめておこう。現在科学者たちは実験室内で核融合反応を起こそうと努力を続けており、ある程度の成功は収められている。いつの日か核融合炉の超小型化が成功して宇宙船への搭載が可能になり、宇宙探査に利用できるようになるだろう。

核融合を使う場合でも、ロケット方程式の呪縛はやはり厄介な問題として持ち上がってくる。だがそれは、最も近い恒星を越えて旅するために必要な推進剤を準備する段階に達してからのことだ。つまり、核融合を動力源とし、それによって推進される宇宙船なら、300年未満の移動時間で探査機をケンタウルス座アルファ星まで運ぶことができるかもしれないのである。そこまでなら、推進剤の総量は妥当な範囲に収まりそうなのだ。化学熱ロケットや分裂炉を使う核熱ロケットに比べると、これはなかなか有望そうだ。だが、残念ながら、最も近い恒星のみならず、その次に近い恒星まで探査したいのなら、移動時間と、それに必要な推進剤は手に負えないほど増大する。

それだけの推進剤を運ばなくても済む、核融合推進システムを作り出せるとしたらどうだろう？　ロケット方程式が課す制約を回避できるようなプロセスを使ったシステムだ。バザード・ラムジェットは、まさにそのようなシステムである。1960年にロバート・バザード博士によって初めて提唱されたもので、概念としては単純である。核融合によって推進されるエンジンを持つ宇宙船を製造し、旅に必要なすべての水素推進剤を搭載する代わりに、旅の途中で星間物質から水素を収集するのだ。第1章と第2章で触れた、星間空間における水素の密度は、1平方センチメートル当たり約1原子だという事実を思い出してほしい。量としては少ないが、十分大きな水素収集用のスクープ〔訳注　星間空間から水素を集め圧縮するための巨大な電磁場のことで、電磁場を発生させるための枠が必要だが、枠は水素以外のものは通過させるザルのようなものが想定される〕を備えた宇宙船を十分高速で飛行させれば、ひょっとしたらうまくいくかもしれない。最初の加速には搭載していた推進剤を使い、次の段階の核融合推進に入ったら、スクープで収集した水素を推進剤として使うのだ。だが、問題がないわけではない。1つめは、星間空間に存在する水素はほとんどが水素1で、恒星内部のような、巨大重力によってガスが順調に圧縮されて核融合が進みやすい環境にない限り、一般的には核融合過程には使いにくいということだ〔訳注　核融合では重水素と三重水素を融合させる反応が最も容易に起こるが、星間空間にはこれらの同位体はあまり存在しない〕。もう1つは、あまりにも大きな収集器が必要になることだ。星間旅行が持つ、ほかのあらゆる側面と同様、水素収集用のスクープは巨大でなければならない。ほんとうに巨大でなければだめだ。数百から数千キロメートルの直径が必要だと考えられる。

2017年に発表された、「タウ・ゼロ――バザード・ラムジェットのコックピットにて」という素晴らしいタイトルの論文で、共著者のブラッターとグレーバーは、まっとうに機能するラムジェットの製作には何が必要かを詳細に論じた。* 彼らは、ある質量を持つ宇宙船を作るとしたらどうなるかを予測し、その宇宙船には地球と同じ大きさの、グラフェンという炭素原子の単層からなるシート状の物質でできたスクープが必要だとした（グラフェンは炭素が取る1つの形で、非常に強い物質である――強度は同じ重さの鋼鉄の300倍だ）[3]。このスクープで収集した水素が、核融合炉に送られ、電力または推力、あるいはその両方を生み出す。残念ながら、星間推進システムの選択肢の大半がそうであるように、悪魔は細部に宿る。燃料を使い果たした船が、水を切って徐々に進みながら、摩擦のせいで最終的には停止してしまうのと同じように、バザード・ラムジェットも宇宙空間を猛スピードで進みながら必要な水素を収集するあいだ、摩擦を受けるだろう。正味の推力を生み出すためには、水素原子収集時に生じる摩擦の影響を打ち消して余りある勢いで推進剤を排気しなければならないが、おかげで、システム全体が達成すべき稼働効率は跳ね上がる。物理学によれば、それは不可能ではないので、この方法は実行可能な選択肢の1つとして生き残っている。

水素のせいで生じる抵抗を克服する必要のない、バザード・ラムジェットの興味深い応用版が1つある。それはバザード・ラムジェットをブレーキとして使うもので、推進剤となる水素を収集する際に生じる摩擦を、核融合エンジンそのものが生み出した「逆推力」にプラスできるようにして、旅の最後に減速する際に使うのである。その分、搭載する推進剤をさらに減らすことができる。減速は加速と同じく困難であり、推進剤の積荷を減らせる可能性のある案はどれも一考に値する。

電磁エネルギーを用いるロケット

さて、ここでまったく異なる方式のものをご紹介しよう。熱ではなく電磁エネルギーを使って推進剤を加速するロケットだ。なにしろ人間は電気を使って自然を操作するのがとても上手い。照明、エアコン、ラジオ、テレビ、そしてコンピュータは、陽子と電子、そしてこれらの粒子に伴う電場と磁場が持つ基本的な性質の上に築かれた創造性に富む応用の、ほんの一部にすぎない。陽子は正の電荷（＋）を持ち、電子はそれと同じ大きさで符号が反対の、負の電荷（－）を持つということを覚えておられるだろう。この「場」は、空間のなかで荷電粒子を取り巻いている領域に存在しており、その場のなかで、荷電粒子は別の荷電粒子に影響を及ぼすことができる。荷電粒子どうしは、「接触」しなくても相互作用をすることができるのである。私たちは、陽子と電子を含む原子でできているにもかかわらず、日常生活において、普段これらの粒子の相互作用を目にしないのは、私たちも、周囲の世界も、ほぼ電気的に中性だからなのだ。つまり、正電荷と負電荷がほぼ同じ数ずつ存在しており、互いに打ち消し合って

＊　この論文は、バザード・ラムジェットの物理学を論じるのみならず、ポール・アンダースンの古典的ＳＦ小説の名作『タウ・ゼロ』（浅倉久志訳、東京創元社）に敬意を表している。この小説は、まさにここで論じているような宇宙船に乗って銀河系（天の川銀河）を横切る旅を記述している。私はこの論文と小説の両方を強くお薦めする。

いるのである。しかし、どちらかが過剰になるような実験を行ったり、そのような状況を作ることはでき、推進の観点からすると、ここから話が面白くなる。荷電粒子には、宇宙推進に役立つ性質が3つある。

1. 反対の電荷は引き付け合い、同じ電荷は反発し合う。電子は他の電子を遠ざけ、正に帯電した原子どうしも同様に振る舞う。逆に、陽子と電子は互いに引き付け合う。
2. 電場のなかに置かれた荷電粒子は力を受けるが、それが引力か斥力かは、場を作っている（単独、あるいは複数の）電荷が正か負かによって、また、粒子の電荷の正負によって決まる。拘束されていない荷電粒子を電場のなかに置くと、場が粒子に及ぼす力のせいでその粒子は運動する。
3. 磁場のなかに置かれた荷電粒子も力を受け、その結果粒子は運動する。物理学者たちは、この現象の背後にある物理学を初めて解明したヘンドリック・ローレンツにちなんでこの力をローレンツ力と呼ぶ。

科学者たちはこれらの事実を利用して、スイスの欧州原子核研究機構（CERN）などの大型粒子加速器を使って、自然の根本的な性質を研究している。加速器では、原子を光速近くまで加速し、互いに衝突させ、衝突で生じるものを観測し、私たちが日々過ごしている世界を作り上げている物質の究極の構造について、理解を深めるための努力が続けられている。同様の技術は、推進剤を極めて高い排気速度まで加速してI_{sp}を高める目的のほか、電気推進ロケット（プラズマ・ロケットと呼ばれることもある。そのエンジンはイオン・エンジン、イオン・スラスタなどと呼ばれる）にも使われている。電気推進ロケットには、多くの種類が存在する。

このタイプのエンジンでは、チェンバー内で、燃料の中性ガス（通常はアルゴン、キセノン、クリプトンなどの重いガス）をプラズマ化してガスの原子の電子をはぎとり、正電荷を持ったイオンにする。そこに電場をかけることによってイオンを加速し、チェンバーの一端から排出する。この際、運動量が保存されるので、ロケットは排気とは逆の向きに推力を得て進む。この点は先に説明した熱ロケットとまったく同じである。正電荷を持ったイオンを排出する際には、それとは逆の電荷を持った電子を排気のなかに噴射し、排気を電気的に中性にする。これは、せっかく排気したものが宇宙船に引き寄せられて戻ってくるのを避けるために必要なステップである（図5・2）。さあ、これで完成だ！　極端な高温にしなくても機能するロケットができたのだ。

イオン・スラスタはI_{sp}が約3000秒にも達する高効率の小型エンジンだ。化学ロケットの約10倍も効率が高いわけである。しかし、1つ欠点がある。イオン・スラスタは、ほかのすべての電気推進システムと同様、推力が極めて低いのだ。つまり、これらのシステムが稼働しはじめても、ロケットの乗組員は加速によって椅子に押し付けられはしないということだ。高推力だが非効率的な化学ロケットで軌道に打ち上げられるときに宇宙飛行士が経験する感覚が味わえないのである。イオン・スラスタは、それとはまったく違い、小さくて優しいが効率のいい推力を与え、宇宙空間では、この優しい推力を、何時間、何日、何週間、あるいは何年も維持することができ、そのあいだ加速が積み重なって、最終的には非常に高い速度になる。推進剤を数秒、数分、あるいは数時間で使い尽くす、高推力だが効率は低

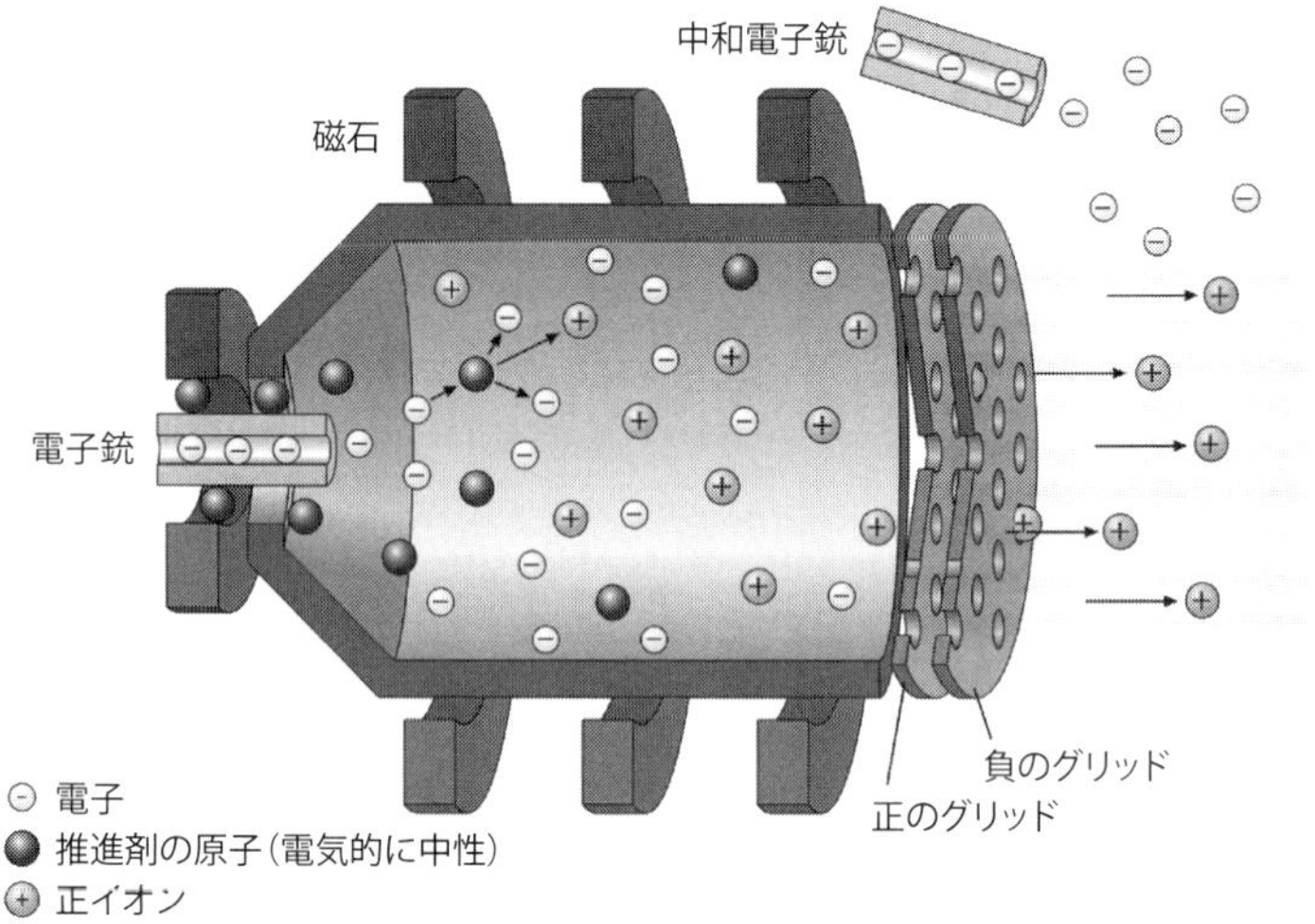

図5・2　イオン（ロケット）推進。電気推進ロケットは他のロケットより複雑そうに見えるし、実際そうかもしれないが、原理的には他のロケットと同じである。一端から放出された排気は、ロケットを排気とは逆の向きに押す正味の力を生み出す。本例では、電荷が中性の気体が満たされたチェンバーのなかに、高エネルギー電子が撃ち込まれる。入射してきた電子は、中性ガスの原子から電子を奪い取り、一部の原子が正電荷を持つようになる。その後、外部から加えられた磁場がこれらの正イオンを加速し（画面の右方向に）、排気として放出する。正イオンが宇宙船から排出し続けるようにするため、排気内にさらに電子が撃ち込まれる。この電子のエネルギー準位が適切であれば、電子は正イオンに取り込まれ、イオンは電気的に中性な原子に戻る。
Oona Räisänen, Wikimedia Commons（CC BY-SA 3.0）.

い熱ロケットよりもはるかに高い速度に達する。もしも宇宙船が最初の加速ですでに重力井戸の外に達したなら、その後は高い推力は必要なく、ただ推力があればいいのだし、効率は高いほどいい。

　太陽光を動力源とするイオン・スラスタはすでに使用されている。代表的な例がNASAが2007年に打ち上げたドーン探査機だ。ドーンは、メインベルト〔訳注　火星と木星の軌道のあいだで小惑星が多数存在する領域。木星軌道に存在するトロヤ群小惑星と区別するためメインベルトと呼ばれる〕に存在する準惑星ケレスと小惑星ベスタを観測するミッションで、ベスタからケレスへの移動にイオン・スラスタを使った――化学ロケットでは、膨大な量の推進剤が必要となり、ほぼ不可能だっただろう。イオン・スラスタはまた、地球を周回する通信衛星の位置を長期間正しく保つための軌道修正という商業的な用途にも使われている。

イオン・スラスタが最も効率的な電気推進システムだというわけではない。そんなことは決してない。先に紹介した荷電粒子の3つの性質をすべて利用すれば、1万秒を超えるI_{sp}を持つ電磁ロケットを製作することができる。その一例が、磁気プラズマ力学（MPD）スラスタという、ちょっと威圧的な名前のスラスタだ。MPDスラスタでは、イオン化された推進剤が磁場のかかったチェンバー内に流入し、そこで磁場によって加速される。加速された推進剤が排気チェンバーの外に送り出されて、推力となる。磁場から加わるローレンツ力による推力と効率は一般的なイオン・スラスタとは異なり、（理論上は）MPDスラスタは優れた推力と最高6000秒のI_{sp}を持ち得る。[4]

電気推進ロケットには他のタイプのものもあり、それぞれがユニークな方法で電場や磁場を方向づけ、推力を得ることを目指している。たとえば、比推力可変型プラズマ推進機（VASIMR）、ホールスラスタ、コロイドスラスタなどがある。それぞれ長所と短所があるが、実際の星間旅行で使用するには、どれも同じ限界がある。電気推進ロケットは、化学ロケットや核熱ロケットの10から100倍も効率が高いにもかかわらず、人類を太陽以外の恒星まで連れていくにはまだ効率が足りないのだ。あのいまいましいロケット方程式が、やはり効いているのである……。

とはいえ、電気推進ロケットは、近傍の星間空間への無人機による先行ミッションには有力な候補である。機能するだけの電力があれば、妥当な量の推進剤で必要な速度に到達するだけの効率があることが多くの研究からわかっている。太陽系を脱出するのに必要な速度に達するためには、太陽から徐々に遠ざかりながら長期間にわたって稼働し続けなければならない。だが、はっきり言って太陽光発電はそれには使えず、専用の電源を搭載するか、あるいはどこかほかの場所から電力をビームとして送ってもらわねばならない。星間宇宙船がどのように電力を獲得するかについては、第7章で詳しくご説明する。

光子ロケットは可能なのか？

自然界の制限速度は光速である。推進剤を光速で排気するロケットがあったとしたらどうなるだろう？　第5章の冒頭、ロケット方程式を紹介したときの話に戻ると、ロケットとしては排気速度が速いほどありがたいのだった。それなら、光速よりもいい速度があるだろうか？　間違いなく光速がベストだ。しかし、問題もある。自然界が光速で進むことを許しているのは、唯一光だけであり、光子は静止質量を持たない。だとすると、古典力学*にしたがえば、光を排出するロケットの運動量はゼロでなければならない（光速も含め、任意の速度にゼロを掛けたものは、やはりゼロである）。これでは納得できないが、どうしてこうなるのだろう？　じつは、ロケットが光速に近い速度で旅を始めると、古典力学では自然の実際の振る舞いが説明できなくなるのだ。光子は、定義からして光速で運動する。この光の運動量を実際に測定した科学者たちは、光子の運動量は小さいがゼロよりは大きいことを発見した。光がゼロでない運動量を持っているのなら、宇宙船を推進するための排気としてロケットで使えるはずである。残念ながら、光子の運動量（量子力学では光子のエネルギーを光速で割ったものになる）は、やはり極めて小さい。しかし、今述べたように、それはゼロではない。照明のスイッチをオンにするだけで宇宙船を加速して、太陽以外の恒星まで行けたなら、なんと粋な宇宙旅行だろう。

単純な光子ロケットとはどのようなものか考えてみよう。それは、搭載されている何らかの発電システムを使ってエネルギーを発生させ、それを効率よく光線に変換し、その光線を使って推力を得るはずだ（ここでも効率の問題が顔を出す。物理学を工学に応用するときには必ずと言っていいほど持ち上がる――１００％の効率を持つものなどほとんど存在しない。実際に使われている大抵のプロセスの効率は、１００％にはほど遠い）。加熱や加速をすべき推進剤は一切不要で、ロケットに搭載された発電機が生み出した光だけで進むものが最良の光子ロケットだろう。素晴らしいではないか？　だが実際には、光子の運動量がもっと大きくなければそれは不可能だ。生み出されたエネルギーが１００％近い効率で光子に変換されると仮定しても、１ニュートンの推力を生み出すのに３００メガワット（ＭＷ）の電力が必要だ。[5] 比較のために申し上げると、世界各地の平均的な石炭火力発電所が生み出す電力は、約５００ＭＷで、これを宇宙船に搭載できる大きさに小型化すると、得られる推力はたった２ニュートン弱でしかない。10トンを優に超える宇宙船を飛ばしたいのに、１ニュートンの推力しか生み出せないならまったく使い物にならない。** 私たちの宇宙船は想像し得る最高の効率を持つ核分裂（それでも効

＊　「古典力学」は、巨視的レベル（量子力学が必要になる原子や分子の尺度ではなく）において、光速よりも格段に低い速度しか扱わない（相対性理論は必要のない）範囲で、世界を記述するもの。

率は100％にほど遠い）を電源として利用すると仮定して計算しても、重さ10トンの宇宙船を0・1cまで加速するには、天文学的な重さの核燃料が必要になることがわかる。

もはや古臭い核分裂炉よりももっと効率的な発電システムを使えばいいのでは？　核融合はどうだ？核融合は同じ質量の核燃料から核分裂の約4倍ものエネルギーを解放する。[6] これがありがたいのは確かだが、燃料の質量が天文学的な数値の4分の1に減っても、宇宙船ではやはり考えられない重さでしかない。これは10トンの宇宙船を加速するための計算だったことを思いだそう。もしかしたら、別の方法があるかもしれない。少し前に、星間空間から水素を収集し、それを核融合反応に使い、さらにロケット排気にもするという、バザード・ラムジェットを紹介した。収集した水素を光子ロケットの核融合にのみ使い、推力は光子放射によって生み出すというのはどうだろう？　ここでもブラッターとグレーバーの論文を参照すると、この方式はもしかするとうまくいくかもしれないのだ。もちろん、単原子の層でできた地球サイズの水素スクープを装備しなければならないし、ほかのさまざまな副次的影響にも考慮が必要だが、計算によれば、うまくいくかもしれないのである。もしもうまくいかない場合、必要な燃料に少量とはいえ追加分が出るわけで、そうすると、宇宙船全体の質量がそれだけ増し、それだけ問題もさらに難しくなる。なぜなら、追加分の燃料の質量を加速するために、さらに追加の燃料が必要になるからで、質量の増加はどこまでもきりがなくなってしまうのである。

反物質を電源として用いる

選択肢はもう1つある。もしも自然が、100％の（理論的）効率で核燃料の質量をすべてエネルギーに変換する方法を提供してくれたらどうなるだろう？　そうなったら私たちは、そのエネルギーをどのように使うか――光子ロケットの駆動、何らかの種類の反応質量〔訳注　システムが加速を生み出すために動作する質量〕を使うもっと従来型のロケット（化学ロケットや電気駆動ロケット）、あるいは複合アプローチなど――ということだけを問題にすればいい。ありがたいことに、自然は実際にそのような選択肢を提供してくれるのだ――それが反物質だ。

本書でここまで議論してきた、宇宙船を駆動するエネルギーを生み出す反応は、化学と原子核物理学の領域にあった。化学ロケットと電気駆動ロケットの場合は、主に原子や分子に付随する、あるいは原子や分子のあいだに存在する、電子の配置を変えることに関係している。核分裂および核融合ロケットは、陽子、中性子、そして原子核のあいだで起こる相互作用を通してエネルギーを生み出す。そして光子ロケットは、やはり電子の操作を通して光を放射する。そして物理学はさらにもう1つ興味深いかたちの物質を提供する。これもまた原子レベルの大きさの粒子で、この粒子は、あらゆる反応のなかでエ

＊＊　ちなみに、スペースシャトルのメインエンジンは約2、0、0万ニュートンの推力を生み出した。

ネルギーが最大レベルの反応を起こす。それは、反物質と呼ばれる物質の形態で、その名称は、まるでSFからそのまま出てきたような印象を与えるが、少なくとも理論的には、反物質を利用すれば質量からエネルギーへほぼ100%の変換を起こすことができる。これを宇宙船の推進に利用しようというのである。

反物質は、宇宙をテーマにした映画やSF小説で、制作者や著者が博学そうに見えるように挿入される、魔法めいた言葉である。しかし、反物質は現実のもので、自然は毎日のように、ごく微量ではあるが、世界中で反物質を生み出している。

反物質とは何だろう？　さらに、宇宙船を推進するためにはこれをどうやって使えばいいのだろう？これらの疑問に答えるためには、少し本題から逸れて、素粒子物理学に触れなければならない。

素粒子物理学は、宇宙に存在するすべてのものを作り上げている、検出可能な最小の粒子と、それらの基本的な相互作用を研究する物理学の1部門だ。私たちが触れることのできるすべてのものが陽子、中性子、そして電子でできているように、陽子、中性子、電子などの素粒子は、なお一層小さなものからできている。一例として陽子を見てみよう。陽子は3つのクォークからできている——2つの「アップ」クォーク（アップクォークは、電子の3分の2の正電荷を持つ）と1つの「ダウン」クォーク（ダウンクォークは電子の3分の1の負電荷を持つ）がグルーオンによって結び付けられている。物質を構成する素粒子の顔ぶれとしては、ミュー粒子、ニュートリノ、そして中間子があるが、それだけではない。ともあれ、それらがさまざまな組み合わせで結びつき、私たちの物質世界を作っている。原子より小さな粒子がたくさん発見され始めたころ、あまりに多くの粒子が発見されたので、科学者たちはその

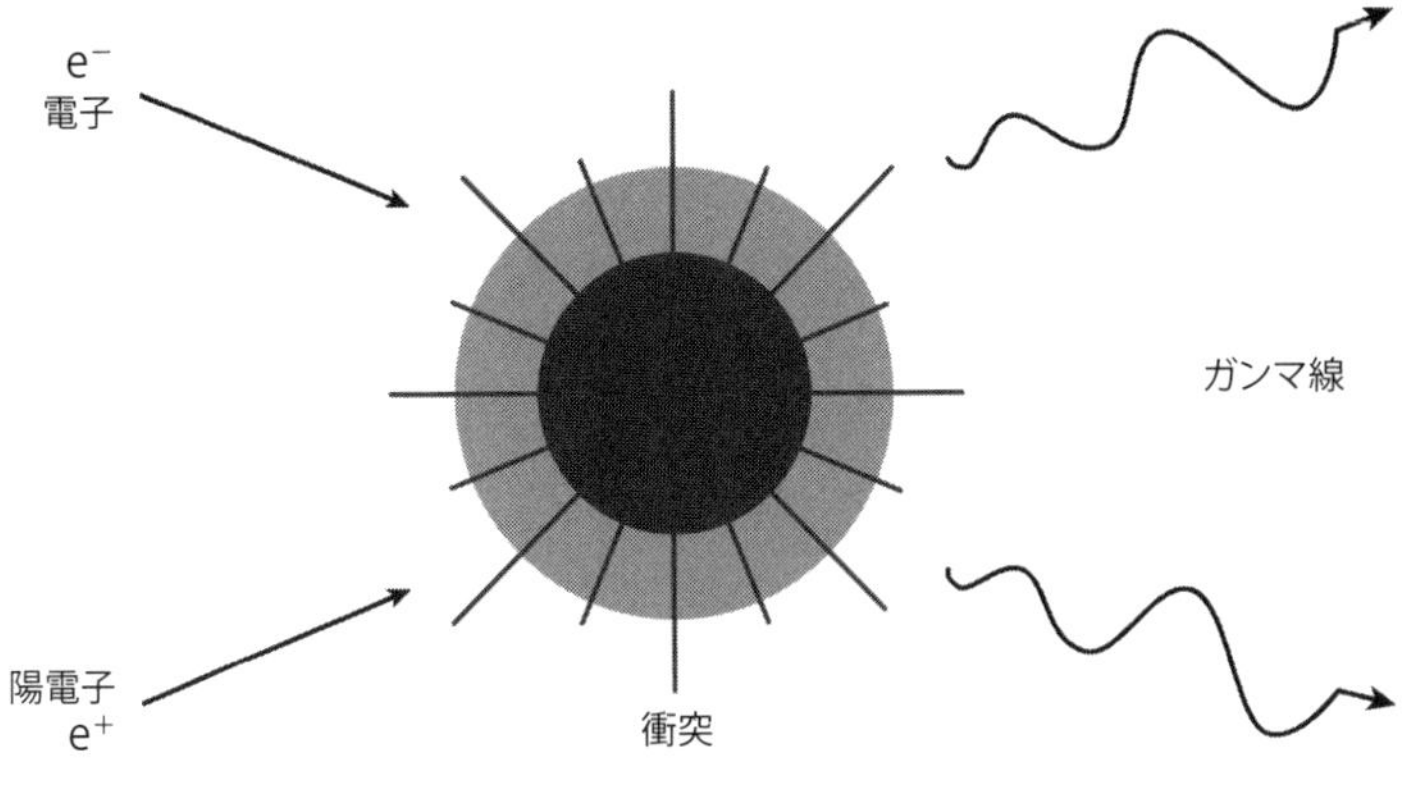

図5・3　反物質の消滅。電子と陽電子が衝突すると、両者の静止エネルギーがすべてガンマ線の形のエネルギーに変換される。ダニエル・マグリー作画。

状況を「粒子動物園」と呼んだ。

さて、素粒子のレベルから原子のレベルへと視線を戻すと、自然界には、質量は陽子と同じだが、電荷は符号が逆（＋ではなく－）で大きさは同じの「反陽子」が存在し、さらに、負ではなくて正の電荷を持った電子、すなわち「陽電子」が存在する。これらの「反粒子」は、反クォークなどの、より小さな粒子からできているが、これについてはここではあまり深く立ち入らないことにしよう。反物質が電源として使えそうだというが、反物質にどんな特別な性質があるからそんな可能性が出てくるのだろう？　図5・3に示されているように、電子と陽電子が衝突するとき、両者は対消滅し、質量のなかに封じ込められていたエネルギーはすべて、エネルギーに変換される（$E = mc^2$を覚えておられるだろうか？　対消滅の場合、すべての質量が瞬時にエネルギーに変換される）。陽子と反陽子の場合も同じだが、電子よりも質量が大きい分、より多くのエネルギーが解放される。陽子（反陽子）は電子（陽電子）の約1836倍以上の質量がある。

このとき解放されるエネルギーの量がどの程度の大きさなのか、みなさんに実感が湧くように、ほかのエネルギーと比較してみよう。物質－反物質の対消滅では、反物質と物質の質量の和がすべてエネルギーに変換される。1粒約1グラムのレーズンについて考えてみよう。それを縦に半分に裂き、一方は通常の物質で、残りの半分は反物質でできているとしよう。2つのレーズンの断片を一体化させると、9×10^{13}ジュールのエネルギーが解放される〔訳注　1グラムのレーズンの静止エネルギーを$E=mc^2$の方程式により求めた値〕。1キロトンのTNTは約4×10^{12}ジュールを解放する。つまり、私たちの仮想的な物質－反物質レーズンを一体化させることで、約22・5キロトンのTNTに相当するエネルギーを解放する爆発が起こるということだ。これは、第二次世界大戦中に日本の長崎に投下された原子爆弾とほぼ同じエネルギーである。このエネルギーがどの程度のものなのかを理解するために、戦争で使われた兵器の威力と比較しなければならないのは残念だが。

反物質を使えば、装置としてのロケットはよりシンプルにもなるのだろうか？　残念ながら、この方式はそれほど単純ではない。反物質を非常に魅力的にしているものは、それを難しくもする。反物質を安全に収集するか、あるいは生み出して、さらに必要になるまで保管するにはどうすればいいだろう？

反粒子は、地球大気に入った宇宙線が大気中の原子と相互作用する際に、私たちの周囲でしょっちゅう生み出されている。高いエネルギーを持つ宇宙線は、大気中の原子を打ち砕いて、構成要素の原子以下の粒子にまで分解してしまう。こうして出現した二次粒子は、やがて再結合して別の原子になるが、陽電子も二次粒子として生成する。宇宙線には、反粒子そのものも含まれるが、それらの反粒子は宇宙のどこかで起こった高エネルギー事象で生成され、最終的に地球大気に到達したのである。反粒子は、もっと身近なところでも生成されている。たとえばあなたの家のキッチンなどで。カリウム摂取のためにバナナを食べる人がいるが、カリウムには、圧倒的多数を占めるもののほかに、ごく微量（約0・001％）のカリウム40という同位体が存在する。これは、自然界に存在する同位体で、75分に1個程度の陽電子を放出しながら自然崩壊する。だが、心配はいらない。陽電子は即座に通常の電子と出会い、対消滅を起こす。すなわち、わずかなエネルギーを解放しながら、誰に気づかれることもなく瞬時に熱に変換される。

反物質は、ヨーロッパにあるCERNのような高エネルギー粒子加速器の内部で人工的にも生み出されている。陽子どうしが光速に近い速度で衝突すると、2個の陽子はそれぞれを構成する原子以下の粒子に分解され、その過程で反物質が生成されることもある。反物質はほかのさまざまな過程でも生じるが、どれも高エネルギー衝突、または、その他の通常の反物質でない物質どうしの相互作用で後続の過程で反物質が生まれる場合のいずれかが関わっている。ご想像いただけると思うが、生成した反物質を必要になるまで保管しておくのはかなり難しい。なにしろ、宇宙の大部分は通常の物質でできているが、反粒子が通常の粒子に出会ったなら、両者は即座に対消滅を起こすのだから。幸い、陽電子と反陽子は電荷を帯びているので、電場や磁場によって操作できる。電気推進ロケットで電子とイオンを利用するときとほぼ同様である。おかげで、電荷を持った反粒子を真空中に作った磁気トラップに導き、そのなかに閉じ込めて、通常の物質と出会って対消滅するのを防いで長期間保存することが可能だ。もちろんこれには、反物質保存用チェンバー内を完全な真空状態にする技術がなければならない。真空中に少しでも原子が残っていたら、反物質にとっては対消滅の原因となり、早すぎるタイミングで物質－反物質反応が起こってしまい、必要なときに使える反物質の供給量が減ってしまうことになる。完全な真空を作り出すのは今後も困難だろうし、現時点では、おそろしく大きなポンプと、真空チェンバー内の残留ガスを「極低温面に凝結させて捕捉する」ための極低温、そして凍結した原子をチェンバーから除去する手段とが必要である。

陽電子と反陽子を操作して、両者を結合して反水素を作ることはすでに成功している。反水素は、気体状態や電離状態にある反物質よりも長期保存に適している可能性がある。[7]

物質と反物質の相互作用ではエネルギーが解放されるというが、それは一体何を意味するのだろう?エネルギーとは、何かの超常現象で輝いている青白い光ではなく、この場合は、高速運動する粒子と、さまざまな波長の光と、熱が混じったものだ。陽子－反陽子対消滅では、主にパイ中間子、ガンマ線、ニュートリノが生じる。ニュートリノは、質量がほぼゼロで、物質とほとんど相互作用せずに透過してしまうので、利用可能な推力を生み出すのに使うことはできそうにない。中間子は、電荷を持っているか、あるいは電気的に中性で、光速またはそれに極めて近い速度で運動している。電荷を持った粒子は、電気推進ロケットの場合と同様、電場や磁場によって進行方向を操作することができ、高排気速度で推力が生み出せる。あるいは、反物質を動力源とする光子ロケットを作りたいのなら、対消滅でガンマ線が発生する電子－陽電子燃料を使うことができる。ガンマ線は、波長が短い光にほかならない。

宇宙船内に反物質を安全に貯蔵しておくために解決しなければならない技術的な難問はたくさんあるが、それがすべて解決できたとし、さらに、対消滅で生じる各種の粒子と光と熱をうまく利用して、反物質の対消滅から推力を得ることができるようになったとしても、問題が1つ残る。星間飛行する宇宙船にはどれだけの量の反物質が必要で、それだけの反物質をどうやって量産できるのかという問題だ。

反物質の対消滅で解放されたエネルギーを100％の効率で使うことができると仮定しても（実際にはそのようなことはあり得ないが）、何トンもの反物質が必要になる（必要な量は宇宙船の大きさとその行先に応じて、20～30トンから1000トン以上までの範囲でばらつく）。化学、核分裂、そして核融合推進剤の場合に必要な数百万トンという量に比べれば少量で、合理的な数値だと思われるかもしれないが、現在全世界でどれだけの量の反物質が生み出されているか——数ナノグラム——を考えると、呑気にしてはいられなくなる。それはたったの約0・000000001グラム、または0・000000000001キログラムである。そしてここから問題は深刻になる。反物質は、質量とエネルギーの等価性（$E=mc^2$）の観点から言ってエネルギーを貯蔵する最善の手段だということは私たちも承知しているが、必要な量の反物質をいかにして製造し、貯蔵し、効率的に使用すればいいか、技術的なことに関してはまったくわかっていないのである。

核爆弾を爆発させて加速する宇宙船

じつは私は、一番面白いロケットのアイデアを最後に取っておいたのだ。なぜかというと、それは大胆で、数多の信じられないほど悪い影響を及ぼし、いくつもの国際協定に違反し、そして、世界の99％

を超える人々が受け入れられないと考えるようなものだからだ――だがそれでも、うまくいくかもしれないのである。原子力時代の幕開け、科学者や技術者は原子の力を引き出すにはどうすればいいかを学びつつあった。原子力の危険性（放射能の危険性、地上核実験の放射性降下物の危険性、放射性廃棄物の管理の問題など）がまだ十分理解できていないうちに、原子力の活用に基づいた、わくわくする夢のようなアイデアが提案された。原子力潜水艦[8]（これは実現し、今もなお安全に使われている）、原子力飛行機[9]、原子力列車[10]、原子力自動車[11]、さらに原子力ロケットなどである。核熱ロケットと核融合ロケットが初めて提案されたのはこのころで、これらのものは今日なお真剣に検討されている。やがて、核パルス推進宇宙船の建造を目指し、オリオン計画が始まった。

　1958年、セオドア・テイラーとフリーマン・ダイソンという2人の科学者が、小型核爆弾で宇宙船を加速する方法を検討し始めた。宇宙船の底部を厳重に遮蔽しておき、そのすぐ外側で核爆弾を爆発させて推力にするのだ。その原理は、私と同じ世代の多くの人が若かりしころ爆竹で遊んだのと同じである――爆竹の先端に何かを置いてから爆竹を爆発させて、それがどれだけ遠くに飛ぶかを見る、という遊びである。*テイラーとダイソンは、爆竹の代わりにたくさんの核爆弾を使えば、大きな宇宙船（戦艦程度の大きさ）を打ち上げることができるに違いないと考えた。宇宙船の底部は、大きな推進盤（プッシャープレート）〔訳注　核爆発のエネルギーを受けとめ推力に転換するために核爆発に耐えられるよう船体に張られた部品。推進盤と船体との間には巨大なショックアブソーバーが挿入される〕によって爆発から守られており、爆弾は推進盤の外側で爆発する。小型核爆弾が3秒に1個、宇宙船の底部の外側で爆発する――ドカーン！　ドカーン！　ドカーン！　宇宙船はかなり乱暴に上向きに押し上げられ、地球の重力井戸から抜けだし、宇宙空間に達するだろう。宇宙船が加速し、太陽系から抜け出して、0・1cの巡航速度に達するまで爆発は続く。[12]

これが成功するためには、多くのことを最適化しなければならない。爆弾の爆発時のエネルギーは等方的に（あらゆる方向に同じように）散逸するのではなく、1つの方向、つまり、宇宙船の推進盤に向かう方向に集中するように設計しなければならない。できる限り多くの核エネルギーを推進に使うためだ。高出力核爆弾を使えば、より大きな爆発を起こすことができ、得られる推力も大きいかもしれないが、強すぎて宇宙船にも乗組員にも危険が及ぶ恐れがある。地球の重力加速度の3、4倍を超えない程度に加速度を制限し、宇宙船が蒸発しない程度の出力の爆発に抑えるとすると、第二次世界大戦中に広島に投下されたものよりもずっと威力が小さい核爆弾がふさわしい。さまざまな大きさの宇宙船を作るために、何種類もの設計が考案されたが、すべてに共通して、目的地に到達し、到達後に減速できるように宇宙船を加速するには数百個の小型核爆弾が必要である。

爆弾を燃料だと考えると、オリオン計画の宇宙船もまたロケットに過ぎず、やはりロケット方程式の制約を受ける。だとすると、オリオンを成り立たせる基本的な物理的プロセスである（爆弾内で進む）核分裂または核融合が、それ自体では必要な効率を達成することが不可能（核分裂の場合）または、お

＊　正直にお話ししよう。高校の友だち数名で、爆竹よりも強力な火薬で同じような「実験」をやったことがあるが、打ち上げるつもりだった岩が爆発で砕けて破片が空高く上がり、頭上に降ってきたので、これはもう止めにして、もっと安全なことをやることにした。

そらく不可能（核融合の場合）ならば、オリオン計画のロケットは、どうすれば高いI_{sp}を得ることができるのだろう？　その答えは、（1）爆発で解放されるエネルギーの大部分が宇宙船に向かうようにする、（2）爆発のエネルギーと推進盤の相互作用がごく短時間で終わるようにし、推進盤のアブレーション〔訳注　宇宙船などの表面材料が高温になって蒸発、昇華、または熱分解すること〕を最小限に抑える、（3）推進盤の周囲に磁場を作り、爆発で得られる推力を最大限利用する、という3つの方法にある。この3つを総合すると、オリオン宇宙船の有効I_{sp}は10万～100万秒となる。近傍の恒星までのミッションで、ロケット方程式を「克服する」のに十分な高さである。

この技術を論じるとき、核兵器を爆発させて宇宙船を推進するのは途方もないことだということと、このアプローチの主要な長所の1つが高い推力と高いI_{sp}の両方が得られることだということは、重要なので覚えておこう。つまり、オリオン宇宙船には、宇宙船を地球の表面から宇宙へと打ち上げ、その後も推進し続けるのに必要な推力があるということだ。地球の重力井戸の内部には生物圏も存在するので、ここでオリオン宇宙船を打ち上げることに対してどんな反対論が沸き起こるかは、すぐにわかるはずだ。これだけの核爆弾を爆破させれば、生物の住処が汚染されてしまう。それなら、従来型のロケットを使ってオリオン宇宙船をいくつかに分けて打ち上げたあと、宇宙空間に達したところで組み立てて核爆発で加速するというのはどうだろう？　このアプローチは確かに理屈の上ではうまく行くが、実際には、宇宙船の重量と、それを宇宙で組み立てることにまつわるさまざまな問題のせいで、極めて困難だろう。まず、分解された状態の宇宙船を打ち上げるのには何回もの打ち上げ作業が必要になるだろう。2つめは、組み立ての問題だ。普通、宇宙空間で組み立てられる宇宙船は高い加速度に耐える必要はないと考えられる。だが、最大で地球の重力の4倍の加速度に耐えられる宇宙船を組み立てるのは困難だろう。しかし、不可能ではない。3つめは、宇宙空間での核爆発を禁じる現行の国際協定に抵触するという、他に比べれば小さな問題だ。[13]

結論はこうだ。オリオン宇宙船はうまく行くはずではあるが、私たちの世代が実際にそれを建造することは恐らくないだろう。当面のあいだ、ロケットは太陽系内宇宙旅行用の耐久性が高い乗り物として使われ続けるだろう。技術が進歩するにつれて、本章で論じたさまざまな種類のロケットの多くは、いつの日か建造されて星間空間へと打ち上げられるはずだ。それまでに、人類は太陽系内の探査を進め、そのどこかに移住し始めるだろう。ロケット方程式の呪縛のせいで、太陽以外の恒星に行くのにロケットを使いたければ、途方もない長旅に参加することを受け入れる（化学、核分裂、あるいは電気ロケットを使って）か、大量の推進剤やハードウェアを運ぶことができる巨大な宇宙船を開発する（核融合および光子ロケット）か、あるいは気が遠くなるほど複雑で危険なシステムを構築する方法を学ぶ（反物質ロケット）か、いずれかを選ぶほかない。

第6章

光で行く

……天空の空気にふさわしい船と帆を作らなければならない……。[1]

――ドイツの天文学者ヨハネス・ケプラーが、彗星の尾が、彼が「太陽風」だと思ったものによって吹き飛ばされるのを観測したあとに述べた言葉

太陽帆で推進する宇宙船

前章の結論を受けて、「ほんとうに『ロケット方程式の呪縛』を回避する方法を見つけて、太陽以外の恒星まで行くなんてできるのだろうか?」と問いたくなるのは当然だ。その答えは、「間違いなくできる」である。鍵となるのは、加速用のエネルギー源を搭載しなくても宇宙船が加速できる方法を見つけ出し、I_{sp}という考えを捨てることだ。推進剤を使わないなら、I_{sp}は、少なくとも理論上は無限大に

なる。しかし、あなたが恒星に向かう宇宙船に乗っていて、0・1cまで加速するために膨大な量のエネルギーが必要なのに、機体には推進剤を使うロケットエンジンはなく、しかも空っぽの深宇宙を進んでいるなら、そんなエネルギーをどうやって手に入れればいいのだろう？　その答えを考えるにあたり、まず押さえておきたいのが、宇宙は「空っぽ」ではないということである。

太陽系の中心に戻り、太陽について考えよう。太陽は巨大な核融合炉で、地球をはじめいくつもの惑星が周囲を公転できるほど重たい恒星であることに加え、太陽は地球を暖め、生命が豊かに育つ環境にしてくれる、光の源でもある。じつのところ、この太陽光は地球と太陽のあいだの空間全体を満たしている。その光や、そこから派生した他の形のエネルギーを、宇宙船の推進や、宇宙船そのもののエネルギー源としてうまく利用できないだろうか？　答えはどちらも「はい、できますとも！」だ。

宇宙船は電力の供給源として常に太陽光を利用している（第7章参照）。太陽光の強度が比較的高い太陽近傍を離れないミッションなら、最近の太陽光パネルがあれば、現在計画できる無人または有人のどんなミッションでも十分な電力が供給できる。第5章の光子ロケットの議論で、光の粒子、すなわち光子は、静止質量はゼロだが運動量は持っているということを学んだ。光子ロケットが光のビームを放射するとき、放射された光の運動量は、作用反作用の法則によって、ロケットを逆の方向に進ませる。この過程で系全体の総運動量は保存される。太陽帆は、光子を放出するのではなく、太陽からやってくる光子を反射して推力を引き出すもので、効率は光子ロケットの2倍である。帆に光子が1個入射すると、増分1の運動量が供給され、次にその光子が逆向きに反射されるときに、さらに増分1の運動量が供給されるからだ。*

太陽からの光子を「無料《タダ》」で使って推力を得るには、太陽光で「推される」宇宙船が極めて軽量で、しかも大量の光を反射できるようなものでなければならない。さもないと、意味のある推力を得ることはできず、加速もできない。ここでもやはり、話はサー・アイザック・ニュートンまで遡る。ニュートンの運動の法則は、次の式で表される。

F＝ma（力＝質量×加速度）

太陽帆にこの式を当てはめる場合、「力」は、太陽から所定の距離だけ離れた位置における太陽光の力（距離が同じところでは一定の大きさ）を表す。この「力」のほぼすべてを大きな加速に変換することができるのは、加速される宇宙船の質量が小さい場合だけだ。太陽からこの距離にあるとき、太陽光から得られる力は変化しないので、質量と加速度の積は変化しない。したがって「a――加速度」を大きくするためには、もう一方の変数「m――宇宙船の質量」を小さくするほかない。そのため、光を反射する帆はできる限り大きくすると同時にできる限り軽量にしなければならない（反射器の面積が大きくなれば、必然的にその質量も増大し、得られる加速が低下するので、軽量化する必要がある）。人類の祖先が、海を進む帆船の推力として風のエネルギーを最大限に利用するには、大きな軽量の帆を使うのがいいと気づいたのと同じだ。太陽光を反射する、大きくて軽い太陽帆を装備することによって、宇宙船は太陽光を帆で反射しながら、燦燦と降り注ぐその光のなかを進むことができる。**

宇宙船を推進するものとしての太陽帆には、「ロケット」にはつきものの、腹の底から湧いて来るような興奮はない。むしろそれは、エレガントな印象を与える。輝く太陽光を帆で反射しながら、速度を上げて飛んでいく宇宙船の姿は優美とも言えよう。

太陽帆は太陽から半径方向に遠ざかるのに適しているが、それ以外の方向に進むには大して役に立たないだろうと多くの人が直感的に思い込んでしまう。宇宙船の軌道動力学（宇宙において、物体をいかに動かして、望むところへ行かせるかに関する学問）ではよくあることだが、直感に頼ると誤解してしまうことが多く、太陽帆についてもそうだ。太陽帆は、確かに太陽から遠ざかる方法に動くのに都合がいいが、直線的に遠ざかるしかないわけではない。太陽光が帆から反射する角度を変えるだけで、どんな方向でも——遠ざかる向き、近づく向き、上向き、あるいは下向きに——望み通りに、舵取りができるのだ（図6・1）。まず、地球は太陽の周囲を時速約11万キロメートルで公転していることを思い出してほしい。地球から宇宙へ送り出すものはすべて、そもそも最初からこれと同じ速度を持っている。

＊「エネルギーの保存はどうなってるんだ？　太陽帆を加速するエネルギーは、どこから来てるんだ？」と尋ねたくなる人もいるだろう。答えは、光子だ。光子はエネルギーと運動量を持っており、何らかの面で反射するとき、光子がその面に与えるエネルギーは、光子にとってはエネルギーの損失分になる。その結果、光子のエネルギーは減り、波長は長くなる。

＊＊太陽帆という名称は誤解されやすく、混乱する人が少なくない。太陽帆は太陽風で進むのではない。太陽風も、太陽が放出する粒子の流れだ。帆で風を受けて進む船という比喩を太陽帆を使って飛ぶ宇宙船に使う場合、合っている点も多いのだが、太陽帆は太陽風を受けて宇宙船を進ませていると勘違いされやすい。帆で風を受けて海上を進む船のように、太陽風を反射する帆も実際に存在するが、そのような帆は、「電気セイル」または「磁気セイル」などと呼ばれる別のものだ。これらの帆について、本書でものちに論じる。

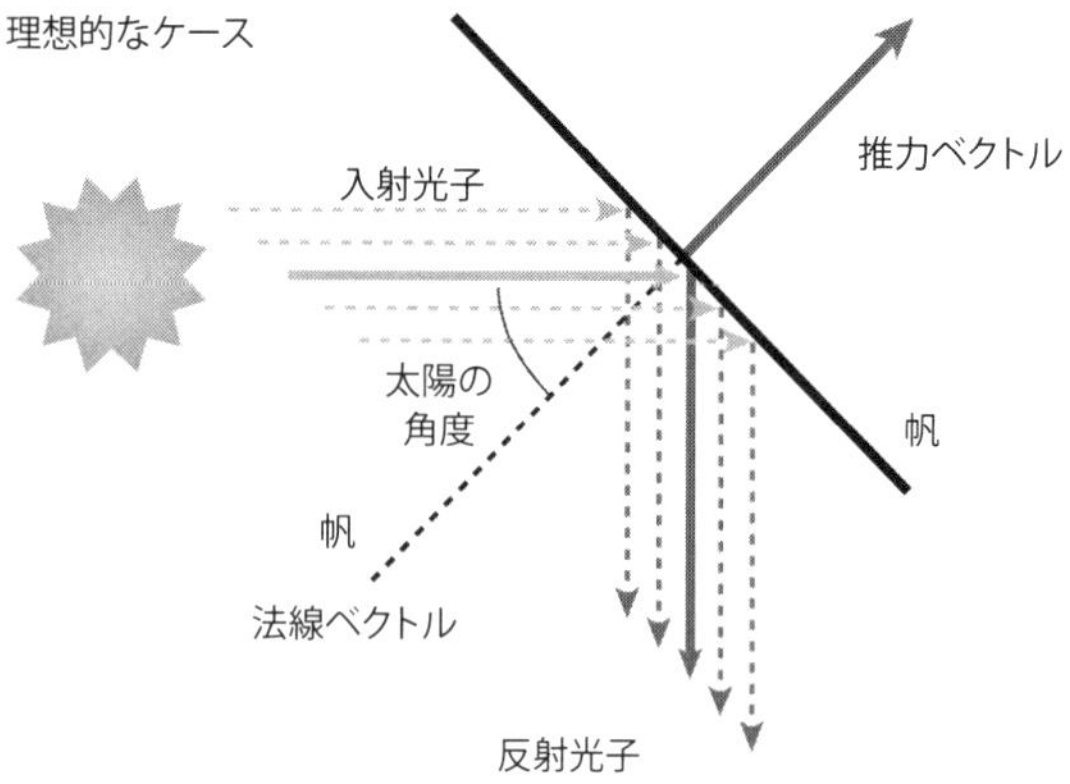

図6・1　太陽帆の原理。太陽帆はロケットではないが、ロケットと同じく、運動量保存の法則のもとで機能する（運動量保存の法則は、ロケット工学の基本的な物理原理と言える）。太陽帆は100%の反射率を持っていると仮定し、その左側に太陽があるものとしよう。太陽帆がどんな角度で傾いていようが、入射した光子はすべて帆から反射し、帆に対して正味の推力を加える。その推力の大きさは、傾斜角と入射光子の強度に依存する。光子が帆から反射するとき、光子は少しエネルギーを失う（そして実際に、その過程で光の色が変化する）。光子が失ったエネルギーは、運動量として帆に与えられ、そのおかげで帆は加速する。

これに、打ち上げに使ったロケットから供給されるエネルギーが加わり、これらを足し合わせた結果として、太陽帆を装備した宇宙船が太陽を周回する初期軌道が決まる。宇宙のなかで静止しているものなど何もないのだ。

既存の速度ベクトルに沿って（宇宙船が運動している方向に沿って）加速すると、太陽帆を持つ宇宙船の軌道エネルギーは増加し、宇宙船はらせんを描いて太陽から遠ざかる。帆を傾けて、速度ベクトルとは逆の向きに推力が加わるようにすると、軌道エネルギーは減少し、太陽の重力が宇宙船を内向きに引っ張るようになり、宇宙船はらせんを描きながら太陽に近づく。太陽に近づくにつれ太陽光の力は強まり、離れるにつれ弱まるので、太陽帆を装備した宇宙船の正味の加速は、宇宙船が太陽に近づくほど増加し、太陽に接近し続ける。逆に、太陽帆を装備した宇宙船が太陽から遠ざかると、太陽光からの力は弱まり、加速は低下し、ついにはほとんどなくなってしまう。帆を上向き、あるいは下向きに傾けると、宇宙船を軌道面から離れる方向に加速することができ、宇宙船は黄道面の上または下に移動できる。*

太陽光の力は、太陽との距離が短くなるにつれて、ただ大きくなるのではなく、逆2乗の法則にしたがって、$1/r^2$に比例して大きくなる。ここでrは太陽からの半径方向の距離である。簡単に言えば、たとえば、太陽からの距離が太陽－地球間の距離の2倍になると、太陽光の力は半分ではなく、4分の1になる（$1/2^2=1/4$なので、地球付近にいるときの、たった4分の1になってしまう）。逆に、太陽からの距離が、太陽－地球間の距離の2分の1になると、帆にかかる力は2倍ではなく4倍に上昇する。太陽－地球間の距離の3分の1まで近づくと、帆にかかる力は9倍（3^2）になる。このように、力が「太陽までの距離の2乗」に反比例し、太陽に接近すると急激に強まるため、太陽帆が魅力的になるのである。極軽量の巨大な太陽帆を太陽の近傍で使うと、その帆が得る推力で、太陽系から素早く脱出し、近傍の別の恒星に向かうために必要な力を十分まかなえるだろう。

太陽帆分野の第一人者、グレゴリー・マトロフ教授は、単原子層の超高強度材料でできた直径数キロメートル以上の帆は、0・003c以上の速度を達成でき、1400年でケンタウルス座アルファ星

---

* 黄道とは、地球が太陽の周りを公転する軌道がなす平面で、太陽系内の天体の位置を示す際に最もよく使われる基準面である。太陽系の惑星、小惑星、そして彗星の大半が黄道内に軌道があるか、あるいはそこから数度しかずれていない。

に到着する可能性があることを計算によって突き止めた。[2] 彼が最初の計算を終えた当時は、それほど大きな帆が作れるような材料は知られておらず、まさに「アンオブタニウム」〔訳注　入手不可能な物質という意味の造語。ＳＦや思考実験、工学などの分野で、優れた性能を持つ夢の素材だが、未知、あるいは技術的・物理的に不可能なため、入手できない物質を指す〕だった。ところが、２００４年、グラフェン（前出）が発見され、それが太陽帆の製作にうってつけの材料らしいことがわかった。残念ながら、最も単純な太陽帆を作るのに必要な規模でグラフェンを生産することは、現在の私たちの技術力を超えている。しかし、物理的には可能である。

　合理的な時間内で星間旅行ができるようにするには不可欠なこの太陽帆を実現するには、どれくらいの歳月がかかるのだろう？　この疑問に答えるために、最近成功を収めた一連の太陽帆実証ミッションを見てみよう。ナノセイルＤ、[3] ライトセイル１号および２号、[4] そしてＩＫＡＲＯＳ[5]は、どれも２０１０年代に実施された。ＮＡＳＡの地球近傍小惑星探査機、「ＮＥＡ Ｓｃｏｕｔ」は、２０２２年の打ち上げの約2年後に、小惑星のフライバイを低速で行う際に、86平方メートルの太陽帆を使って小型の科学探査用宇宙船を推進する予定である[6]〔訳注　2022年11月に打ち上げられたが通信が確立せず失敗に終わった〕。一方、ＮＡＳＡの太陽系物理学部門のソーラークルーザー・ミッションは、これまで計画されたなかで最も野心的な太陽帆ミッションだ。１６５３平方メートルの太陽帆を使って、これまで到達不可能とされてきた軌道や、太陽帆以外の手段では辿り着けないところに本当に到達する能力があることを実証する実験を２０２５年に行う予定である。[7]

　これらのミッションはすべて、すでに実施され成功を収めたか、あるいは、今後数年以内の打ち上げに向けて準備中である。これまでに実施された一連の太陽帆実証ミッションでは、太陽帆の面積は順調に拡大している。ナノセイルDとライトセイル1号および2号（10〜32平方メートル）、NEA Scout（〜10^2平方メートル）、そしてソーラークルーザー（〜10^3）平方メートルと、徐々に拡大している。次の帆は10^4平方メートルになるのだろうか？　マトロフが思い描く10^6平方メートルの帆が製作できるようになるまでにはどれくらいかかるだろう？　当面のあいだ、星間旅行を実施するのに必要な規模の太陽帆は実現しないだろうが、その開発は、星間旅行実現に不可欠なステップである。

太陽光の代わりにレーザー光を用いる

太陽帆は、ぶつかってくる光がどこからやって来たかなどまったく気にせずに推力を生み出す。この推力が、太陽帆が太陽から遠ざかるにつれて急激に低下してしまう問題を解決するために、人工的なレーザー光を帆に照射するという方法は、うまくいくだろうか？　答えは「イエス」だが、いくつか重要な但し書きがある。

まず、レーザーは、特定の波長の高強度光線を発生させる。最大限の推力を生み出すためには、帆を作っている材料が最もよく反射する波長の光線にすべきだろう。SFで描かれているのとはまったく違い、レーザー光線も太陽光と同じ自然法則に支配されているので、距離が増大するにつれてビーム径は広がり、強度は低下していく。レーザー装置のレンズが適切だったとすれば、レンズの焦点を過ぎるまでは、逆2乗の法則による強度低下は避けられるだろう――だが、その後は、ビームは発散して弱まっていくだろう。このことを利用するため、太陽帆にレーザーを照射して推力を補う方法として提案されているものの多くは、ビームがまだ収束しているか、あるいは平行な状態で、逆2乗の法則によるビームの強度低下を起こしていないビーム源の近傍でレーザーを使うよう提案している。どちらの場合も、レーザー光は、発生時に波長が一定で高強度状態にあるという点で太陽光よりも有利であり、太陽光だけを使った場合に可能などんな方法をも凌駕する推力を生み出せる可能性がある。

高出力レーザー開発の現状はどうなっており、星間旅行実現に必要な強度には、どれだけ足りないのだろう？

＊

多くの技術がそうであるように、レーザーとメーザー（マイクロ波版のレーザー）は、アルベルト・アインシュタインが光電効果を発見し、それを量子化したことで浮上した理論的な可能性が具現化し、非常に便利な技術となったものである。アインシュタインは、1905年に光のエネルギーは離散的な小さな塊、すなわち光子として運ばれるという仮説を提唱し、その功績により1921年にノーベル賞を受賞した。1950年代になってようやく先駆的な取り組みが始まり、チャールズ・タウンズが理論的研究を行うと、科学者たちはレーザー製作を目指しはじめたが、1960年、セオドア・メイマンがビームの発振に初めて成功した。[8] それ以来レーザーは、出力レベル、波長選択性、ビーム全体としての品質、そして、重要である連続運転の側面において、向上を続けている。また、出力レベルが2000兆ワットの超高出力レーザーの発振も実証されている。ただし、ほぼゼロ秒に等しい短いあいだ――約1兆分の1秒――だけだったが。[9] 求められているのは、強く収束された、連続運転可能な、出力レベルが数億または数十億ワットのレーザーなのだ。宇宙空間でのレーザー推進に必要になるはずの出力レベルに近いところまで開発が進んでいるレーザーを探すとしたら、それは軍隊にある。軍隊にはそのようなレーザーを開発する独自の理由があるのだ。

米国陸軍には、250〜300キロワットの出力が維持できる曲射弾防護能力–高エネルギーレーザー（IFPC–HEL）を製作しテストする計画がある。[10] いくつかの研究から、米国海軍ですでに動作確認され実際に配備されている出力レベル数十キロワットのレーザーには、ライトセイルと同規模の軌道周回する帆に一定時間連続ビーム照射するのに十分な指向能力があることがわかる。[11] このほか、最初からメガワットやギガワットのパワーの高エネルギービームを使うのではなく、ほどほどの出力のレーザーを使って、標的に当たる出力を増強できる有望な技術も開発が進められており、フォトンリサイクルはその一例だ。通常のレーザー推進では、レーザービームとして流れてくる光子は、帆にぶつかると、それまで持っていた運動量の一部を帆に与えて反射され、その後は永遠に失われてしまう。光子がこのように失われてしまうのはエネルギーの浪費に他ならないと気づいたフィリップ・ルービンとヤ

＊ 私（著者）の年齢がまたバレてしまうのだが。物理学者として働き始めたころ、私は「スター・ウォーズ計画」と通称される、ロナルド・レーガンの戦略防衛構想の下で仕事をしていた。私が取り組んだものの1つが、高出力レーザーを使って、接近する核弾頭を爆破するというテーマだった。当時、数十キロワット以上の出力があるレーザーが議論されていたが、その製造には巨大な施設（学校の校舎程度）が必要で、有毒化学物質を混合してフッ化水素やフッ化重水素などの腐食性物質を作らねばならなかった。今日では、これよりさらに高出力のレーザーがディーゼル発電機を動力源として稼働し、トラックの荷台に積むことも可能だ。技術の進歩はこれほど速いのである。

ン・ぺらは、反射した光子の多くが再利用できる方法を提案している。[12] フォトンリサイクルでは、レーザー光に帆とレーザー装置とのあいだを何度も繰り返して反射させることによって、帆に最大限のエネルギーを与えられるようにすることを目指す。レーザー装置と帆がレトロリフレクター〔訳注　入射ビームを入射方向と平行に、かつ逆向きに反射する装置。再帰反射器とも呼ばれる〕のように振る舞う――つまり、帆に入射した光が、入射した経路を逆向きに辿ってレーザー装置に戻ったら、ふたたび帆に照射されるのを何度も繰り返す――とすると、ふたたび帆に照射される際に、レーザーが新たに生み出した光子も加えてやれば、より多くのパワーが帆に与えられて、より大きな加速が実現すると期待できる。

星間プローブを打ち上げるのに必要な高出力レーザーシステムを製作する革新的なアプローチは他にもいくつか存在する。必要な出力を単独で担うレーザーシステムを設計するよりも、比較的小型で低出力のレーザーを１００台、あるいは１０００台配列して、位相を合わせる「フェーズドアレイ」と呼ばれる方式で、多数のレーザーの出力を重ね合わせるほうが簡単だろう。この方法なら、技術開発が楽になるだけでなく、既存の高出力レーザーから出発して改良していけば安上がりだ。一方、単独レーザーシステムにこだわるなら、必要とされる超高出力レベルや、その他のさまざまな特性を実現するまでには非常に高額の費用がかかってしまうだろう。

次に、レーザーの性能は、それをどこに設置するかによって大きく異なる。地球のどこかに設置するなら、電力システムが完備されているので、装置の稼働に必要な電力供給には心配ないが、地球は自転しているので、レーザーセイルに継続的に照射するためには2台以上のレーザーが必要になりそうだ。もしも1台しかなかったなら、帆から見てレーザー源が地球の裏側に入っている間は、ビームが照射されず推力が得られない。これを解決するには、地球の2箇所以上にレーザー基地を作り、少なくとも1つのレーザー基地が絶えず帆から見えるようにすればいい。もう1つ、地球周回軌道上に中継局をいくつか作っておき、中継局でレーザービームを反射したり曲げたりして、地球が自転しても、レーザービームが必ず帆に当たるようにするという方法もある。この場合、比較的高密度で湿気も多い地球大気を通過する際にレーザーのエネルギーが失われるという問題がある。そのため、大気の密度が比較的低い高高度域へのレーザー設置が検討されている。さらにもう1つ、考慮すべき重要な問題がある。帆を狙っているときに、地球周回軌道にあるほかの衛星にたまたまレーザービームが当たってしまった場合、戦争行為と見なされる恐れがある。

レーザーを地球周回軌道ではなく、太陽周回軌道に設置すれば、「帆が見える状態を長く維持する」問題はほぼ完全に解決される。しかし、そのとき電力はどこから供給すればいいのだろう？　太陽電池アレイから？　それは確かに可能だが、必要な電力レベルからすると、巨大なアレイが必要になる。地球または宇宙に設置された高出力レーザーシステムは、宇宙船を推進するのに使われていないときには、兵器として使用される恐れがあるのは間違いない。しかし、そのようなものは条約で禁じられている〔訳注　1967年に発効した「月その他の天体を含む宇宙空間の探査および利用における国家活動を律する原則に関する条約」（通称「宇宙条約」）の第4条で、核兵器等の大量破壊兵器を運ぶ物体（ミサイル衛星等）を地球周回軌道上や宇宙空間に配備することを禁じている〕。

最後に、大型の帆を使い、最初は太陽光から推力を獲得し、その後レーザー推進に切り替える場合、前にも触れたとおり、推力源である光の強度が距離と共に低下してしまう。これを解決するには、数台のレーザーを、順番に太陽から遠くなっていくように宇宙に配置しておけばいい。帆が太陽から遠ざかって、1番めのレーザーから届くビームが弱まってくる頃には、帆は2番めのレーザーの視線のなかに入る。このように、その都度一番近いレーザーが仕事を引き継いでいけば、効率よく加速し続けることができるだろう。あるいは、これとは別に、故ロバート・フォワード博士が1984年の「レーザー推進ライトセイルを使った星間往復旅行」という偉大な論文で初めて提案したように、巨大なフレネルレンズ（ここでは、超大型のルーペのようなものと考えればいい）を木星の軌道の近傍に設置し、たとえば地球近傍のレーザー基地から放射されて木星軌道までやってきて広がってしまったレーザービームを捉え、ふたたび収束させれば、その後も帆を加速できるだろう[13]。

小さな帆を用いる小型宇宙船

ブレイクスルー・イニシアチブの一環としての太陽帆プロジェクト、「ブレイクスルー・スターショット」のおかげで現在大きな注目を集めている、もう1つのレーザーセイル開発事業では、ある慈善団体が有人星間飛行技術の開発に取り組んでいる[14]。この団体は、巨大な太陽帆から始めて途中からレーザー推進に移行する方法や、最初からレーザー推進に最適化された大型帆を使う方法ではなく、小さな帆を使う方法を検討している。1平方メートル程度の帆を、地球上に設置された超高出力レーザーによって0・1cを超える速さまで一気に加速するという。性能の観点から、この方法には一見して明らかな利点がいくつかある。たとえば、重量1キログラム未満（ニュートンの運動の法則の「m」）の小型宇宙船に――最終的には、1グラム程度（レーズン1粒程度）までの小型化をめざしている――大きな力（F）を供給する高出力レーザーを照射すれば、加速度（a）はかなり大きくなるはずだ。目標の0・1cに数十分以内で到達し、宇宙船を素早く太陽系から脱出させて、目標の恒星へと進ませられるほど大きな加速も不可能ではないだろう。これまで議論してきたほかのすべての方法と同様、この方法にも長所と短所がある。

前述のとおり、最大の「長所」は、宇宙船が小型だということだ。宇宙船の小型化の傾向が続くなら（じつのところ、小型化は加速する可能性が大きい）、かつては2機のボイジャー（平均的な自動車と同じぐらいの大きさと重さ）のような重たい宇宙船でなければできなかったことが、将来はレーズン1粒の大きさの宇宙船でも可能になると期待できる。現在、各国政府、各種産業界、そして多くの大学が、「キューブサット」と呼ばれる、縦、横、高さがすべて2メートル未満程度で重さは4キログラム未満程度の小さな宇宙船を打ち上げている。その多くが、20年前には、10倍から100倍の大きさの、はるかに重い宇宙船がなければ不可能だったミッションに使われている。時代の流れが、小型で高性能の宇宙船へと向かっていることは間違いないので、スターショットが構想している規模の小型宇宙船（「チップサット」とも呼ばれる）も、それほど意外ではないのだ。

次に、帆のサイズはあくまで小型でなければならず、質量も小さくなければならない。ここ数年の材料科学の進歩は心強い。グラフェンのほか、光の回折限界を超えるメタマテリアル、そして堅固で反射性が高い耐熱性材料まで、さまざまな材料の発見や発明が続いている。99・9%を超える効率で光を反射するが、それほど重くはない材料が発見されるのが理想だが（帆は軽量でなければならないので）、じつはそれは必ずしも最善解ではない。必要なのは、軽量で、十分な推力が得られるだけの量の光を反射し、しかも入射光からあまりエネルギーを吸収しない帆である。じつのところ、反射率がたった30％しかない、ある超軽量材料なら、この用途に十分らしい――ただし、残りの70％の光が吸収されずに透過するなら――ということが判明しているのだ。[15] 一気に加速するごく短時間のあいだにエネルギーを吸収しすぎると、望む速度に達する前に帆が破壊されてしまう恐れもある。

星間ミッションに出発する宇宙船はすべてそうだが、スターショットの帆付宇宙船も、非常に小さいとはいえ、遠方までの旅の途中、隕石や星間ダストに衝突することもあり得る。だが、もしもそうなったなら、それで一巻の終わりになりかねない。

最後に、帆の舵取り（方向制御）の問題がある。加速が遅い太陽帆の場合は、数分から数時間かけて帆の向きを変えて、推力のエラーを修正できるので、ミッションに重大な影響が及んだり、目的地に到達できなくなることはない。一方、レーザー推進用の大型帆の場合は、もっと正確な舵取りが要求され、数秒から数分に1度精密な修正が必要になるだろう。とはいえ、帆が0・1cまで加速するには、設計やレーザーの出力レベルによって、数日から数週間、あるいは数カ月かかるので、軸ずれやレーザーの照射方向の誤差を修正する機会はたくさんある。ところが、スターショットが構想する小型宇宙船では、レーザーの標的指向のエラーを修正する時間があまりない。加速のプロセス全体が数分で終わってしまうので、軸がずれたままだと、宇宙船が目標から完全にそれてしまう恐れがある。解析によれば、軸ずれを自己補正できるように設計し、帆が常に「ビームに追随」してコースを外れないようにすることは可能だという。マイクロ波で浮揚する帆を使った予備実験では、この方法でうまくいきそうだという感触が得られている。[16] これらの但し書きを心得た上で、スターショットのアプローチは近い将来星間ミッションとして実施可能な唯一のものと考える人が多く、「新しい技術の概念証明を実証実験で行い、超軽量無人宇宙船の、光速の20％での飛行を実現し、1世代以内にケンタウルス座アルファ星への近接飛行ミッションを実施する基盤を作る[17]」という彼らの目標を達成できるかもしれない。成功を切に願うばかりだ。

マイクロ波照射で推進する帆

光子を反射して推力を得る帆には、もう1つ別の方式がある。電磁スペクトルには最長のもの（波長数千キロメートルの超低周波電磁波）から最短のもの（波長が1000分の1ナノメートル（nm）以下のガンマ線）まで、光のすべての波長が含まれる。太陽帆が使っているスペクトルの範囲は、人間の目で見える「可視光」と呼ばれる範囲で、400から700ナノメートルに相当する。もちろん、これは太陽光スペクトルで特に優勢な部分である。可視光以外に、帆に当てて推力を生み出せる波長領域はないのだろうか？　原理的には、スペクトルのどの部分であっても、その波長の光に対して反射率が高く、軽い材料がありさえすれば、推力源として利用可能である。波長1ミリメートルから約30センチメートルの、マイクロ波領域は特に注目されている。それは、人間はマイクロ波を生み出して使うのが得意だからである。

他の多くの技術もそうだが、人間とマイクロ波との関係は戦争をきっかけに生まれた。１９４０年代前半、マイクロ波を発生させるための真空管マグネトロンが発明され、すぐに開発が進み、イギリスに飛来するドイツの爆撃機を探知する手段として使われた——レーダーと呼ばれる巧妙な装置である。今日、レーダーが空をスキャンし、飛行機、海を行く船、人工衛星、そして宇宙ゴミまでも追跡していないような場所は、世界を見わたしてもほとんどない。私たちは、食品を素早く加熱するためにマイクロ波を使っている一方、スピード違反の切符をもらったときにはマイクロ波を使ったスピードガンに八つ当たりする。

マイクロ波を利用するメリットは、それが極めて効率よく生成できることにある——入力エネルギーの約65％以上がマイクロ波として出力される。これは、平均的なレーザーの効率が10～30％であるのとは対照的で、マイクロ波を使うなら、放射に必要な入力エネルギーを最初から平均的なレーザーの場合の50％に下げることができる。現時点では、マイクロ波の生成は、同じ出力のレーザーを発生させるよりもはるかに安価でもある——約10分の1のコストで済む。[18] だが、マイクロ波照射で推進する帆など、作れるのだろうか？

それが、作れるのだ。しかも、作るためのアプローチはいろいろある。太陽帆やレーザーセイルの場合と同様、帆を作る材料には、照射されるマイクロ波の波長付近の電磁波の反射率が高いものを選ばなければならない。１９８５年に、「スターウィスプ」と名付けられたマイクロ波ビーム推進超軽量無人星間探査機が提案された。スターウィスプは、大きな金属メッシュの帆（マイクロ波の波長は1センチメートルから1メートルなので、マイクロ波セイルはメッシュのように隙間がたくさんあっても構わない）を反射体として使う[19]。提案者の故ロバート・フォワードは、スターウィスプの帆に多数の超軽量小型計測機器を配置することで、推進用反射体としてだけではなく、データ収集装置としても使えるようにするつもりだった。探査機が目標の恒星に到着したらすぐにこれらの機器で調査に取り掛かれるようにと考えていたのだ。フォワードの最初の設計では、スターウィスプの金属メッシュ帆は1キロメートル四方で、メッシュのワイヤーの間隔は3ミリメートル、総重量は計測器を含めてたった29グラムだった。その後、ほかの研究者たちもスターウィスプの提案に注目するようになり、金属メッシュではなく、炭素繊維材料を使うなどの改良版を考案している。

マイクロ波を照射して小型の帆を浮揚させ、帆の非対称性等のためにビームがずれたりすることもなく効率的に加速できることを実証しようとする実験が多数行われている[20]。物理学の観点からは、スターウィスプの提案は理に適っている。だが、提案を形にするには、技術的な問題を克服しなければならない。

宇宙船と装置を合わせた全体を30グラム以下に抑える小型化には独創性が必要になるのに加え、ビーム発生装置が十分大きくなければならないという問題もある。マイクロ波の発散や、その他の物理学上の制約のおかげで、1キロメートル四方の帆を照射するためのマイクロ波源の開口は5万キロメートル、つまり、地球の直径の4倍の大きさが求められ、10ギガワットのパワーが必要となるだろう*。大半の星間推進システムと同じく、サイズが重要なのだ。

太陽風から推力を得る「磁気セイル」と「静電セイル」

先に説明したように、太陽風とは、水素イオン（水素原子から電子が分離し、正電荷を持つ陽子となったもの）とヘリウムイオン（ヘリウム原子から電子が分離し、アルファ粒子と呼ばれる、2個の陽子と2個の中性子が結合した正電荷を持つ粒子になったもの）、そして負の電荷を持つ電子が太陽から絶え間なく吹き出す流れである（エネルギーが極めて高いため、イオンと電子がほとんど再結合せず、電気的に中性にならない）。つまり太陽風は、正電荷を持つ粒子と負電荷を持つ粒子がほぼ半々の比率で混在したプラズマの状態にある。太陽風は秒速300から800キロメートルの猛烈な速度で流れており、利用できれば宇宙空間で推力を得る非常に有効な手段となるかもしれない。つまり、太陽風に含まれている大きな運動量を持つ粒子を、光子と同じように、吸収または反射してやれば、宇宙船の推力として使える可能性があるのだ。

超伝導ループを宇宙で展開し、それが形成する磁場を巨大な帆として使い、太陽風から推力を得る「磁気セイル」と呼ばれる方法が提案されている。深宇宙で、宇宙船から巨大（長さ数百キロメートル程度）な超伝導ワイヤーの円形ループを展開したとしよう（深宇宙の極低温で、電流がまったく低下しない超伝導体になる材料はたくさんあるので、材料の選択には苦労しないだろう）。ループには大電流が流れているとすると（超伝導なので、電流は時間が経っても低下しない）、この電流は電磁誘導によって磁場を生み出す。この状態で太陽風の荷電粒子がループのなかに入ると、ループの磁場で粒子の進行方向が変わり、その際に粒子の運動量がループに与えられる。だとすると、太陽風には1立方メートル当たり数百万個もの陽子と電子が含まれるので、その運動量をループを展開している宇宙船に供給できるのではないかという期待が生まれる。もしそうなら、理屈の上では、宇宙船を太陽風の速度程度に加速できるはずで、宇宙船はあっという間に太陽系の端に到達し、さらにその先へとどんどん進めるかもしれない。しかし、残念ながら、この速度でも現実的な星間旅行には遅すぎる。太陽に最も近い恒星系、ケンタウルス座アルファ星への飛行時間が２０００〜３０００年に短縮されるに過ぎないのだ。ロケットを使ったアプローチに比べればはるかに有望だが、まだ速度が足りない。

ところが、このシステムは、実際の星間旅行で、本来の加速とは逆の、減速のためのブレーキとして使えるかもしれないのである。推進システムの議論では、宇宙船を猛烈な速度に加速して、旅をできる限り短くすることが最優先された。だが、一気に減速できなければ、目的の恒星系をあっという間に通過して、さらに遠方へと永遠に進み続けるだろう。停止するための減速には、出発時と同じ規模の推力が必要になる（加速するものは減速せねばならない。そしてアイザック・ニュートンによれば、減速に

＊ 10ギガワットというのは、原子力発電所10基の出力とほぼ同じである。大量のエネルギーだが想像を絶するほどではない。しかし、帆に必要なパワーについては、電源から帆に至るまでに存在するすべての非効率性——たとえば、ビーム発生装置までのパワーの伝達、ビーム発生装置が電力をマイクロ波に変換する際の効率の問題、そして、発生した場所から帆までのあいだにビームが被るパワーの損失など——を考慮に入れると、必要な入力はもっと大きいだろう。おそらく50ギガワットのパワーが必要になるだろう。

は、加速に要したのと同じエネルギーが必要だ)。おかげで、ロケット方程式は一段と厳しくなる。加速に必要な推進剤に加え、少なくともそれと同量の減速用の推進剤も搭載しなければならず、そのため、ミッション開始時にはこの積み増した減速用推進剤も加速しなければならなくなり、その加速用の推進剤も打ち上げ時に搭載すべきだ。こうして、推進剤の量は果てしなく増えていく。あーっ、もう! どうすればいいんだ?

磁気セイルは、この解決策になるかもしれない。旅のあいだどんな方法で加速していようが、目的の恒星系に入ったときに巨大な磁気セイルを展開することはできるだろう。磁気セイルは、辿り着いた恒星から吹き出す恒星風を太陽風と同じように使って宇宙船に推力を提供できるはずなので、推進剤をまったく使わずに減速できる可能性がある。だが、このアプローチにも、必要な磁場を生み出すための大電流が流れる数百から数千キロメートルもの長さの超伝導ループをいかに製作し、搭載し、そして展開するかなど、解決すべき厄介な現実的問題がある。

太陽風を利用して推力を得る方法として、もう1つ別のアプローチも提案されている。同種の電荷は反発し合うというクーロンの法則を利用する「静電セイル」と呼ばれる方法だ。

静電セイルでは、正に帯電した長いワイヤーを使って、太陽風として流れてくる粒子の運動量を取り込み、宇宙船の推進に使う。太陽風に含まれる正の電荷を持つ陽子とアルファ粒子が、正に帯電したワイヤーに接近すると、ワイヤーと粒子が反発し合い、その過程で、粒子が持っていた運動量がワイヤーに与えられる(図6・2)。負の電荷を持つ電子は、正に帯電したワイヤーに引き付けられ、吸収されて微小電流となり、抗力、つまり、減速をもたらす力として振る舞う。ここで、「陽子と電子の数がほ

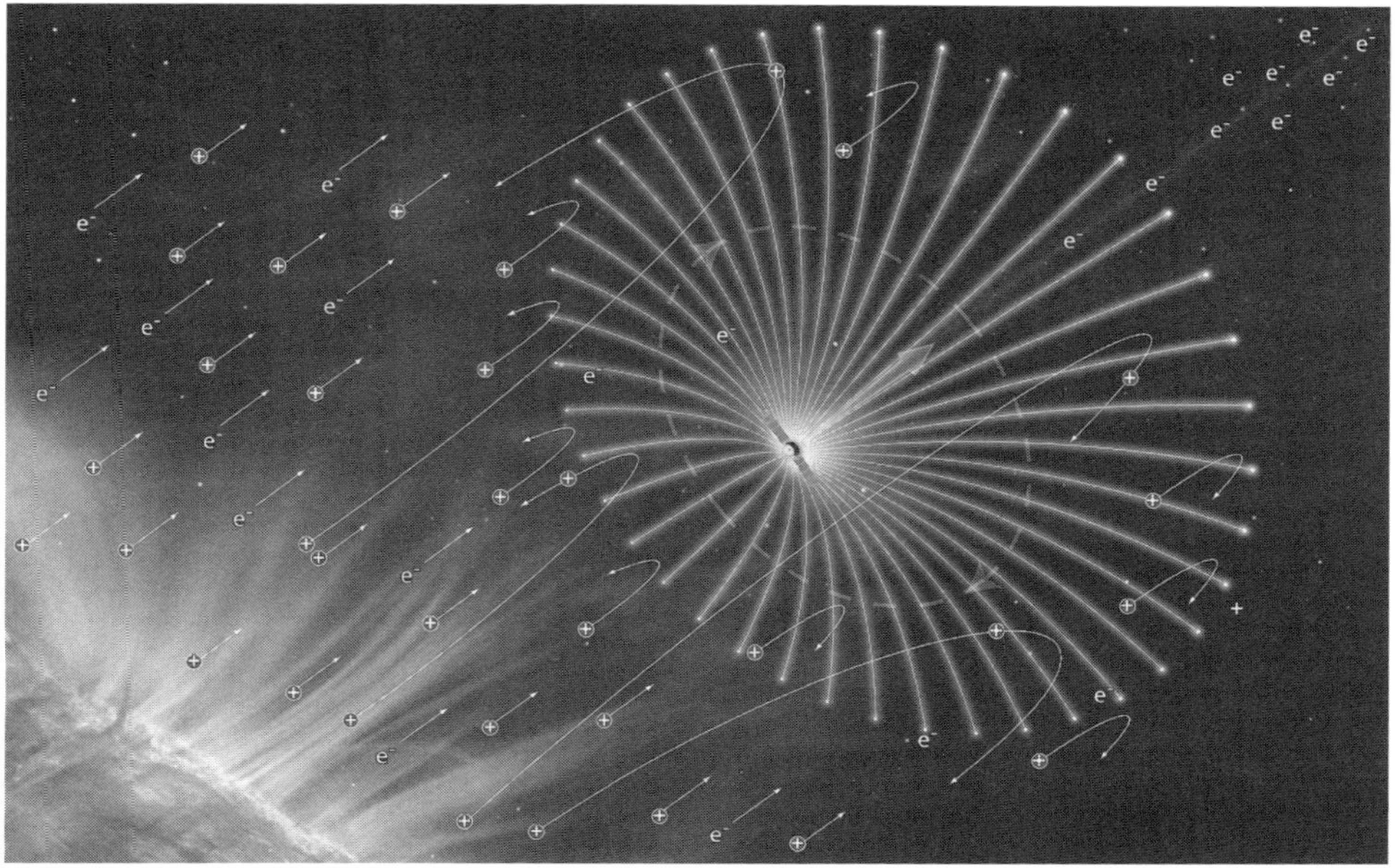

図6・2　静電セイル。太陽帆と同様、静電セイルは太陽からやってくる粒子を反射する。この場合、反射するのは太陽風内の正に帯電したイオンだ。この正イオンは、正に帯電したワイヤーの電場と相互作用して反射する際に、静電セイルに運動量の一部を与える。静電セイルの長所は、太陽から遠ざかっても、太陽風に由来する推力は光子を反射する太陽帆の場合ほど急激には低下しないので、宇宙船が太陽系外縁部からさらに遠方に進んでも推進に使えることだ。図はフィンランド気象研究所宇宙および地球観測センターのご厚意による。©2008 Antigravite/Alexandre Szames.

ぼ等しいなら、両者の電気力は打ち消し合って、正味の推力はまったく生じないのではないだろうか？」という理に適った疑問が浮かぶ。陽子と電子の質量が等しければそうなるだろうが、実際には両者の質量は異なる。陽子は電子の１８３６倍の質量があり、はるかに大きな運動量を持っているので、その運動量は静電セイルに与えられるだろう。一方、集まった電子は問題になる。というのも、もしもそれらの電子を捨てなかったら、ワイヤーはすぐに正電荷を失って電気的に中性になってしまい、陽子を反発させることができなくなり、その結果推力も得られなくなってしまうからだ。宇宙船の設計者たちは、「電子銃」と呼ばれるものを使って、集まった電子を宇宙に放出することによって、電子が蓄積し悪影響を及ぼすのを防ごうと考えている。

太陽風も太陽光と同様に、距離が大きくなると逆2乗の法則にしたがって弱まるので、静電セイルも太陽帆と同じペースで推力を失うだろうと考えたくなるかもしれない（太陽帆の場合、太陽からの距離が2倍になると推力は元の4分の1に低下する）。しかし、ある興味深い理由〔訳注　著者は、太陽光は太陽から四方八方に均一に放射されるので逆2乗の法則に従うが、太陽風は粒子フラックスと考えられ、ほぼ距離に反比例して弱まることを示唆していると思われる〕から、静電セイルではそうはならないのである。静電セイルの推力は距離と共にほぼ線形的に低下する。つまり、距離が2倍になっても推力は元の2分の1より少し低いぐらいまでしか低下しないのだ。このことは、太陽系から抜け出す方向に進む宇宙船を加速し続ける静電セイルの能力に大きな影響を及ぼす。木星の軌道（太陽から5ａｕ）まで進むと、太陽帆なら推力は1ａｕの距離での値の4％（1／5^2＝1／25）に落ちるが、静電セイルは元の推力の約15％までしか下がらない。同程度の太陽帆と同じレベルまで推力が落ちるのは16ａｕの距離に達してからである〔訳注　Janhunen, P. とSandroos, A. の"Simulation study of solar wind push on a charged wire: basis of solar wind electric sail propulsion"（２００８）によると、太陽帆の推力が距離の2乗に反比例するのに対し、静電セイルの推力は距離の6分の7乗に反比例する。したがって5ａｕの距離での静電セイルの推力は１ａｕでの値の約15・29％になり、静電セイルの推力が4％に落ちるのは16ａｕにおいてである〕。

このように推力がそれほど低下しないおかげで、太陽系外縁部へのミッションや近隣の星間空間へのミッションでは、静電セイルは太陽帆よりもはるかに良い成果をあげるだろう。ＮＡＳＡは、太陽帆と静電セイルの比較性能評価を行い、静電セイルは宇宙船を途方もないスピード――約20～30ａｕ／年――まで加速することができると判断した。[21] これでも、太陽以外の恒星まで行く現実的なミッションに使うには遅すぎるのは間違いないが、そのようなミッションの実現に近づく最初の一歩となるだろう（第2章参照）。

さらに、残念なことに、静電セイルは極端に大きなサイズのものを作るのが難しく、おまけに、太陽風があまりに弱くなって推力が生み出せなくなってからは、放射エネルギーを利用して推力をかせぐ、代替手段となり得るものは存在しない。太陽帆の推力を補うレーザーと似た、太陽風の衰弱を補う大型の荷電粒子ビーム投射機を作ることはできるかもしれないが、荷電粒子の基本的な性質のために、結局そんなものは作れないかもしれない。「同種の電荷は反発し合う」ので、このような荷電粒子ビームに含まれる陽子はすぐに発散し、収束された状態を維持できないので、途方もない遠方には到達できない。しかし、光速に近い速度を持つ相対論的ビームは、ビーム自体が生む磁場のせいで内向きに絞られる性質があるので（磁気ピンチ効果）、これが利用できるかもしれない。また、逆の電荷を持つ粒子（この場合は電子）をビームに導入して電気的に中性にすれば、原理的にはそれほど急激に広がらない粒子ビームを作ることができるだろう[22]。

静電セイルも、磁気セイルと同じく、宇宙船が目標の恒星系に入る際にブレーキとして使うことができるので、減速に必要な推進剤を多少なりとも減らせるメリットがある。

各種推進システムを比較してみる

地球から太陽以外の恒星まで飛行するには、推進技術の革命的な進歩が必要だ。これまでに提案されたさまざまな推進技術の適用性を比較する方法の1つとして、NASAの科学者たちはじつに巧みなグラフを考案した（図6・3）。ある推進システムの効率（比推力）を縦軸で、そのシステムが達成可能な加速（推力重量比）を横軸で表したグラフによってシステムどうしを比較するのである。これまでに議論した各種推進システムの長所と短所がわかるように、それぞれのシステムの性能の範囲を図6・3に示した。たとえば、『スター・トレック』の「エンタープライズ号」のワープ・ドライブや、『スター・ウォーズ』の「ミレニアム・ファルコン」のハイパードライブのような、有人宇宙船にとって理想的な推進システムなら、図の右上の角のあたりに位置するはずで、高効率かつ高推力重力比で機能し、極小の推進剤の消費で、短時間での旅ができるだろう。残念ながら、このような特性を備えた宇宙推進システムが具体的にどのようなものなのかはまだわからないので、当面のあいだ、効率は高いが推力は

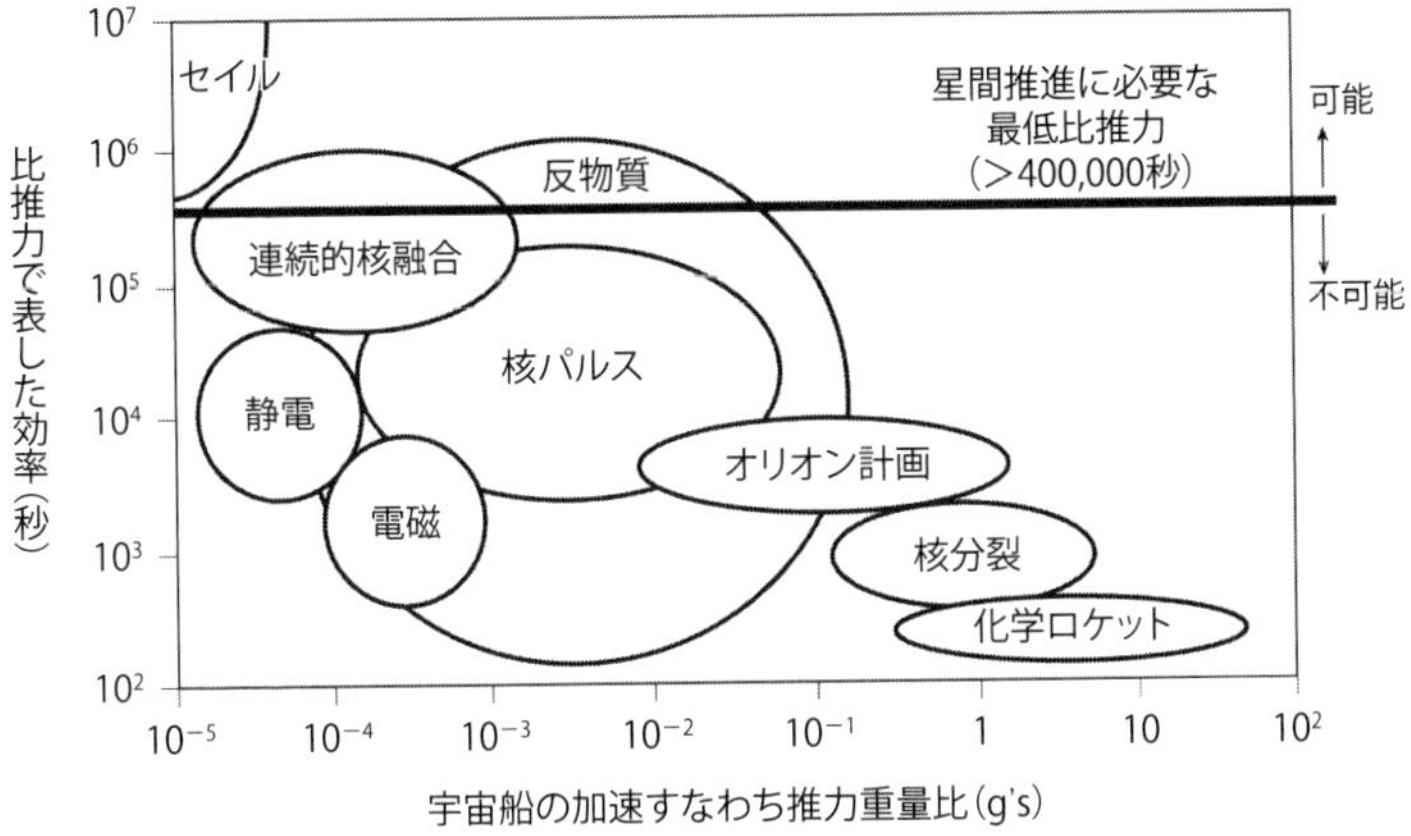

図6・3　推進システムの比較。これまでに提案されてきた推進技術が、推進剤の効率（比推力）と加速（推力重量比）の性能特性によって分類されている。星間ミッションでは、これらの数値が両方ともできるだけ高いことが要求される。比推力40万秒の水平な線は、推進剤搭載を前提とするロケット推進システムの場合に0.1cでの星間推進に必要な比推力の最小値を表す。核融合および反物質に基づく推進システムは多数提案されているが、理論上0.1cが達成できるのは特定の形で実施する場合のみだということには注意が必要だ。理想的な推進システムは、推力が非常に高く、効率も極めて高い、右上の角に位置するものである。

低い、太陽光、レーザー、そしてマイクロ波セイルのような、高速小型（したがって無人）探査機を飛ばすのに有効だと期待されるシステムを最有力候補と考えざるを得ない。これ以外に現時点で望みのある選択肢は、セイルよりも効率がより低い核融合と反物質だけだが、これらは無人機にも有人機にも使える可能性がある。図で、比推力40万秒を示す水平な線は、推進剤が不可欠なロケット推進に基づいた技術で0・1cの星間飛行に必要な比推力の最小値を表す。それよりも効率が低いものはすべて、星間飛行には絶対使えないとは言い切れなくても、ロケット方程式の呪縛のせいで、推進剤の積載量や飛行時間の点で実際的ではないために受け入れられなくなってしまう。

これほど多くの制約のなかで、私たち

はどこから始めればいいのだろう?

第7章 星間宇宙船の設計

宇宙に入り、たった1人で自然を相手に前例のない決闘をする最初の人間になる――これ以上の夢があり得るだろうか？[1]

――ユーリ・ガガーリン
ソ連の宇宙飛行士にして宇宙を飛行した最初の人物

無人探査機のための電源の確保

旅の全行程を終えて目標の恒星に到着できる宇宙船を建造するのは一筋縄ではいかないだろう。いや、これすら控えめな表現だ。このような宇宙船を実現するためには、克服すべき最初のハードルである推進技術の問題に加え、技術革新を要する課題が他にも無数にある。たとえば、電源、通信、ナビゲーション、温度管理、そして放射線対策などだ。そして、大勢の人間の居住空間となるような宇宙船を検討しているなら、このリストにさらに、生命維持（空気、水、そして廃棄物管理）、食糧、そして冗長性が加わる。有人星間航行宇宙船（有人スターシップ）に関しては、触れておくべき問題点が他にもある。それは技術に関するものではなく、心理学的、社会学的、そして政治的な問題で、結局これらの問題こそ最も困難になるかもしれない。

無人星間探査は、多くの点で有人探査とは本質的に異なっている。もちろん第一の相違点は、人間も一緒に運ぶミッションに比べれば、設計により多くのリスクが許されるという点だ（出資者、探査機製造担当者、打ち上げ担当者、そして管制官の全員が成功を願っているのは有人機と同じだが）。そしてもう一つ、有人の場合は、人間の乗組員への配慮を最優先して宇宙船の大きさと飛行時間が満たすべき必要条件が決定される（人間と、人間を生かし続けるために不可欠なすべてのものを運ぶのにかなりの質量が必要になる）のに対して、無人機ではミッションのために搭載する科学機器と、収集したデータを地球に送る通信能力とが、ミッション全体の規模を決めるという大きな違いがある。このため、無人ミッションのほうが単純なので、ここではまずこちらから論じよう。

この議論の目的のために、推進の問題は解決され、また、どんな推進技術が採用されようが、その推進方法で宇宙船は約150~250年で目的の恒星に到達できると仮定しよう（実際には、そんな宇宙船の設計自体極めて困難だが）。

無人探査機の設計は、その探査機は飛行中に電力が必要なのか、それとも電力は最初と最後だけあればいいのかによって大きく変わるため、設計者はまずこの点を判断しなければならない。何光年もの距離を飛行するあいだ、船内を保温したり、何かを作動させておく必要がまったくなければ、電力の問題はごく簡単に解決できる。太陽光パネルを何枚か付け加えておき、飛行中は完全に休眠状態にしておき、太陽系から抜け出すときと、目標の恒星系に入るときだけ発電して電力を消費するようにしておけばよさそうだ。しかし、これが可能なのは、打ち上げ時の目標指向の誤差を補正するための軌道操作が飛行中一切必要なく、飛行時間のほぼ全体で科学的データの収集が一切行われず、太陽光による発電が不可能になるほど太陽から離れる前に最終速度に到達している場合だけである。宇宙船の減速や停止はまったくないとあらかじめ決まっている場合にもうまく行くかもしれない。しかし、このような宇宙船の建造のために数年間、あるいはもしかすると数十年間にわたり大金を出資する人たちが、その宇宙船が目標の近くを光速の何割かの猛スピードで飛ぶ数時間のあいだだけデータを収集するというミッションに満足するだろうか？　数十年から1世紀のあいだ待って、数時間分のデータしか得られないような計画に大枚をはたく人はそうそういないだろう。

第2章で論じたような、先行ミッションで使える電源の代替案のなかに、目的の恒星系まで全行程を進む本番の星間ミッションに規模を拡大して使えるものがいくつかあるだろうが、大半のものは無理だ。先に挙げた要件が満たされない限り、星間空間の永遠の暗闇のなかでは太陽光発電という選択肢はない。原子力電池の一種であるＲＴＧは、目標に到達するよりもずっと前に熱源が放射性崩壊して使用不能になるだろうし、化学電池の場合、これほど長いあいだまったく再充電されないなら使いものにならないだろう。

核分裂炉ならうまくいくかもしれない。とりわけ、比較的近い目標や、２００年以内程度で到達できるところまでのミッションの場合は。核燃料の量は対処可能な範囲内だし、上手く設計すれば、それだけの長い行程のあいだ問題なく操作できる可能性がある。しかし、原子炉を取り囲んでいる材料は、連続的に中性子に照射されるうえに、長期にわたる核分裂反応で生じた他の放射能源との相互作用もあるため、徐々に劣化するだろう。

レーザーやマイクロ波などのビームを放射する中継局を、目標の恒星までの経路に沿って配置しておき、各中継局を宇宙船が通過する際にエネルギーをビームとして送ることも考えられる。だが、これに必要なインフラは相当な規模で、少なくとも最初の数回の星間ミッションに対しては、そのようなものはまだ実現しないだろう。なにしろ、中継局を1基、ケンタウルス座アルファ星までの距離の4分の1のところまで送って、そこに留まらせて、宇宙船が通過するのを待たせるために必要なエネルギーの量は、中継局そのものをケンタウルス座アルファ星まで送るのに必要なエネルギーの約半分になるのだ。可能ではあろうが、現実的ではない。

核融合は、実施可能性のある選択肢の1つとして一考に値する。推力を核融合で供給する場合（第5章で論じた）と同様、宇宙船に搭載した核融合炉は太陽内部での物理的プロセスをまねて熱エネルギーを発生させ、その熱エネルギーを電力に変換する。原理的には、核融合炉は核分裂炉よりも燃料が少なくてすみ、生じる核廃棄物も少ない。核融合による電源確保は、実施可能な選択肢のなかでも最も有望なものの1つとして強く推奨されるべきだろう。

星間距離での通信

地球から数百au、あるいは、1000au（約1500億キロメートル）離れたところに到達した探査機と通信するだけでも相当難しい。4光年（約38兆キロメートル）、あるいはそれ以上離れた探査機との通信は、またまったく違う問題である。そして、先行ミッションについての章（第2章）でも指摘したが、宇宙船がデータを地球に送ることができなかったら、何の意味があるというのだろう？*

幸い、複数の選択肢がある。第6章でレーザーセイル推進法を紹介したが、そこで説明した宇宙船推進用のフェーズドアレイ・レーザーのインフラを、宇宙船が目的の恒星系に到着したあとは、宇宙船と地球との通信のために逆向きに利用できるかもしれない。たくさんのレーザーを重ね合わせて1本のビームにして宇宙船推進に使う代わりに、恒星系から届く微弱なレーザー信号**のアレイ型受信機として使

* 確かに、パンスペルミア説を支持し、それを根拠に、通信を一切行わない無人探査機による片道星間旅行をやってもいいじゃないかと考える人もいるかもしれない。パンスペルミア説とは、生命は自然物または人工物によって宇宙のなかで存在域を広げていくという説だ。たとえば、火星からやってきた隕石が地球に落下する、あるいは逆に地球からの隕石が火星に落下することによって、生命の分布が広がっていくという考え方である。もしかすると、将来、系外惑星に地球の植物の種をまくミッションで無人宇宙船を打ち上げることになるかもしれない（人間をそこまで送る手間と、その人間が地球とのあいだで通信する手間を省くため）。

** 信号は何光年もの距離を進んでくるあいだに、逆2乗の法則にしたがって減衰する。

えば、信号を積算して検出しやすくできるだろう。このように推進用レーザーシステムを応用した大型光受信機は、ＮＡＳＡのディープスペースネットワークにおいて星間航行中の宇宙船とのコミュニケーションに使われている大口径電波望遠鏡と同じ役割を担うわけだ。ここでもやはり、遠方の恒星系と地球の間の通信が実現できるかどうかは、既存の技術をより長距離に適用できるかどうかというスケールの問題にかかっている。基礎にある物理学は堅牢だ――物理学では間違いなく可能なことを実際に行うためのハードウェアを作るにはどのような技術が必要なのかがわかっていないだけである。

　数学者にして物理学者でもあるクラウディオ・マッコーネ博士は、星間距離での省エネルギー高帯域コミュニケーションを可能にする独創的な方法を考案し、それを「ギャラクティック・インターネット」と呼んでいる。[2]第2章で私は、太陽重力レンズ星間先行ミッションについてご紹介したが、それは太陽から５５０au離れたところに望遠鏡を設置すると、遠方からやってきた光が太陽重力レンズ効果によってちょうどその位置に焦点を結ぶので、系外惑星の明瞭な画像を捉えることができるというものだった。光も電波も電磁波で、波長（周波数）が違うだけなので、どちらも時空の湾曲に同じように影響される。どちらも遠方の宇宙のどこかに、発信源からやってきた微弱な信号（系外惑星に反射された光、あるいは、星間ミッション中の宇宙船が遠方の恒星系内で発信した電波）が焦点を結んで、はるかに収集しやすくなるような領域があるはずだ。したがって、電波が太陽重力レンズ効果で焦点を結ぶところに小型の電波アンテナと受信機を設置し、宇宙船を遠方の恒星の重力レンズ効果の焦点に停留させたなら、両者は今日利用できる通信技術でやりとりができるはずだ。これについては、じっくり考えて納得してほしい。

さて、ミッションの計画をうまく立ててさえすれば、遠方の恒星に到着し、その写真や動画を撮影し、科学データの収集を終えた宇宙船を、次にその恒星の重力焦点に移動させ、シンプルな電波送信機を使ってそこから地球にデータを送信させることができるだろう。さらに、湾曲した時空を利用して移動中の信号を増幅したうえで、太陽の重力焦点に設置された受信ステーションで受信させれば、先に説明したような高出力・超大口径受信システムなどなくても信号を地球に送ることができるだろう。受信ステーションが中継局になるわけだ。

宇宙船のナビゲーション・システム

今日では、地球上でのナビゲーションはあきれるほど簡単だが、サービスを提供している事業者にとってはそれほど簡単ではない。よその街や、郊外の山頂にある家に行きたいとき、スマートフォンを取り出し、目的地の住所を入力すれば、あとはあなたのお気に入りの遠隔サポートシステムが順路を指示してくれるという、ユーザーにとっては簡単な話である。しかし、ユーザーに簡単で便利に使ってもらうためには、地球全体を覆う携帯電話中継局のネットワークをインフラとして作っておき、さらに、複数の人工衛星から正確な時刻のデータが受信できる端末をユーザーに持っておいてもらう必要がある。[3]

遠方の宇宙でナビゲーションをするのは、これよりはるかに難しい。

今日の宇宙船は、太陽センサーなど、何らかのナビゲーション用ハードウェアを搭載している。太陽センサーは、その名前からもわかるとおり、太陽に対する宇宙船の相対的な位置を教えてくれる。一方、恒星は途方もなく遠く、天空上での恒星どうしの相対的な位置は、地球上や地球の近傍のどこから見ても大して変わらないので、恒星どうしの位置関係を使えば、宇宙船が自らの位置を確認し、正しい方向に進んでいるかを判断する1つの手がかりになるだろう。これを行うデバイスは「スタートラッカー(star tracker)」と呼ばれている。スタートラッカーは、天球座標を使って宇宙船の姿勢や指向方向を計測する。カメラで撮影した星画像と、内部に持っている星図を照合することで宇宙船の姿勢(天球上の星に対する向き)をかなり高精度に決定できる。この方法では必ずしも自らの正確な位置がわかるわけではないが、どの方向に進んでいるかがわかれば、位置を突き止める重要な一歩となる。

星座に詳しい(脳内に星図を持っている)あなたが、月、あるいは火星の上にいたとすると、そこでも地球で見るのとほぼ同じように星座が見えるはずだ。惑星は別の方角に見えるかもしれないが、それは惑星が恒星よりもずっと近いために、見かけ上の位置の変化がはっきりわかるからだ。地球上と、月面や火星上での恒星の見かけの位置の違いは、人間の目には区別できないだろうが、十分な感度があるカメラなら、異なる位置から見たときに、少なくとも一部の恒星の見かけ上の位置が違っていることがわかるはずだ。太陽センサーとスタートラッカーがあれば、太陽に対して自分が今どこにいるか、そして自分は天球の正しい方向を指しているかを知ることができる。たとえば、上下がひっくり返ったりしていないし、宇宙船の右側にあるはずの恒星も、ちゃんと右にあり、左にはない、という具合に。これはたいへん結構だが、宇宙船が、自分はどこにいるのかをもっと正確に知るにはどうすればいいのだろう?

電波は光速で進む。信号が発信されてから受信されるまでのあいだにどれだけ時間がかかるかを測定すれば、信号源からの距離を正確に計算することができる。地球にある互いに遠く離れた地上局を2箇所以上使う場合、宇宙船からやってくる電波信号の到着時間は、一方の局と他方の局では、かなり違うだろう。この違いから、受信信号が辿ってきた道のりの長さのわずかな違いを計算することができるはずだ。地上の2局の距離が正確にわかっていれば、その結果に三角法が適用でき、宇宙船の位置が特定できる。じつはこれは、GPS時代に入る前に探査機が使っていたある方法と基本的に同じものである。飛行前と飛行中、エンジニアたちは宇宙船の軌道を特定し、さまざまな惑星やそれらの衛星の位置に対する宇宙船の飛行経路をマップに記して、これらの惑星や衛星の重力が、予定の飛行経路にどのような影響を及ぼすかを把握する。さらに、一定の時間ごとに、送信信号が宇宙船に到着するまでの時間と、宇宙船からの信号が届くまでの時間とを測定して、宇宙船が予定の位置に存在しているかどうか確認し、万一ずれていれば、軌道を修正する。この方法は、ローバーを火星に着陸させるため、あるいは準惑星冥王星にフライバイ（接近通過）する目的になら十分うまく使えるし、利用可能な距離の限界に当たる、ボイジャー宇宙船の現在地を特定するのにも使える。大口径の通信用パラボラアンテナが多数存在する太陽系内ではこれには何の問題もないが、地球から何兆キロメートルも離れた遠方の宇宙で、自律的にコースに留まり続けようとしている星間宇宙船には、これは大して役に立たない。

地球が太陽の周りを公転しているのと同じように、天の川銀河のすべての恒星は銀河中心の周りを公転していることを思い出してほしい。地上の測定器が十分高感度で、宇宙船が、これらの恒星の詳細な一覧と地球から観測した各恒星の相対速度のデータを持っていれば、宇宙船が観測した恒星の位置を、地球から観測した位置と比較することによって、宇宙船は自分が今どこにいるか、おおよその見当を付けることができるに違いない。

そしてさらに、遠い宇宙で高速自転している超新星爆発の残骸である、パルサーという超高密度の天体が存在する。天の川銀河内にある既知のパルサーは、どれもが固有のパターンでX線を放射しており、なかには千分の数秒ごとにX線を放射し、他と明確に区別できる特徴的なX線波形を示すものもある。これらの既知のパルサーの位置を空のなかで特定し、それをスタートラッカーからのデータと、さらに地球からの電波信号（それが届く限りにおいて）と照らし合わせれば、宇宙船はパルサーと地球に相対的にどこにあるのかをすぐに特定できるだろう。未来の勇敢な探査者たちがパルサーが放出する恐ろしい放射線の近くを飛ぶことはないとは思うが、宇宙飛行士ユーリ・ガガーリンの言葉にあるように、自然はありとあらゆる方法で宇宙飛行士たちの命を奪おうとするかもしれない――放射線被曝もそんな方法の1つだ。

放射線被曝の問題とその対策

バンパイアでもなければ、雲一つない晴天の日に、外で過ごすのが楽しくない人などいないだろう。とりわけ、春か秋の気持ちのいい日には。しかし、素肌を覆いもせず、日焼け止めも塗らずに戸外を楽しみ過ぎた人は、無節操のつけをひどい日焼けで払う羽目になるだろう。太陽の紫外線を浴びすぎると、そんな悪影響が生じる。これも放射線被曝の一例である。宇宙船の場合も、宇宙に存在する放射線との接触で、場合によってはミッションが終わってしまうほど深刻な影響を受ける恐れがある。放射線にはさまざまな形のものがあり、それぞれ違う種類の影響を宇宙船に及ぼす。

太陽光に含まれる紫外線は、日焼けを起こすほかに、多くの人工素材を劣化させる。プラスチック、シリコーン、ナイロンなど、私たちの日常生活で広く見られる長鎖状の高分子に紫外線が及ぼす影響は実に顕著である——紫外線はこれらの材料を脆くし、割れやすくする。

一方、高エネルギーの陽子、電子、そしてアルファ粒子は、太陽風の成分として太陽から流れ出ているが（第1章参照）、これらの粒子は特に潜行性のダメージを与えるため、たちが悪く、殊に電子機器には深刻な影響を及ぼす。太陽からやってくるこれらの放射粒子は、宇宙船の原子（複数の原子の場合もある）と衝突し、低エネルギーの粒子を新たに生み出す。このような二次粒子は次々とカスケード状に発生していく。二次粒子は、物体を通過しながら、エネルギーがさらに低い新たな粒子を生み出していく。生み出される新たな粒子のエネルギーがどんどん低下し、やがて新たに相互作用を起こすよりも吸収される可能性のほうが高くなると、ついにはカスケードが止まってしまう。じつはこの吸収こそが、電子機器や宇宙船にダメージを及ぼすのである。吸収されたエネルギーの一部は熱となるが、これを放置すると材料の強度や伝導性などを変えてしまう恐れがある。

粒子のなかには、接触した相手の材料をイオン化し、イオンを大量に蓄積させるものがある。蓄積したイオンがついに放電すると、繊細な電子機器が損傷する場合がある（つまるところ、電子機器はどれも、荷電粒子の動きをコントロールすることによって機能しているのだから）。これが電離放射線損傷と呼ばれるもので、電子機器の寿命は、それを超えれば機能不全に陥る総電離放射線線量（積算線量）で評価されている。入射粒子のエネルギーが十分高い場合、二次粒子として生じる陽子、電子、そして自由中性子も密かに電子機器に蓄積して、はじき出し損傷〔訳注　結晶中の原子が正規の格子点からはじき出される損傷〕と呼ばれるプロセスによって欠陥を形成し、材料を損なう可能性がある。はじき出し損傷も徐々に蓄積する。

一時的な損傷でも問題になりかねない。シングルイベントアップセット（ＳＥＵ）について考えてみよう。これは、1個の荷電粒子が半導体材料に衝突することによって起こるビットの反転だ。デジタルデータは、0と1からなる2進数で表現されており、電子メモリーや信号の中では、電荷（電子1個分の量）の有無によってコード化されている。データ列やコンピュータのコマンドは、１１００１０１１のように、電荷の有無に応じて0と1でコード化された情報が並んだものである。ＳＥＵが起こると、荷電粒子がメモリーや集積回路に衝突し、そのなかにある1つの「1」を「0」に（あるいは「0」を「1」に）変える。そんなことになれば、データやコマンドの意味が変わってしまう。このような事象が数回起こったとしても深刻な影響が生じないように電子機器を保護する緩和技術がいくつか存在するが、どれも結局は確率のゲームだ。十分多くのＳＥＵが起これば緩和策は破られてしまい、障害が生じる。太陽系探査機では、データの誤り、探査機のリセット、そしてミッションの完全な失敗などがこれまでに実際に起こっている。

太陽風などの放射線の衝突から材料や電子機器を守るには、物質の慣性質量を盾にするのが一番いい（図７・１）。放射線源と保護したい材料とのあいだに十分な質量のあるものを置いておけば、入射して

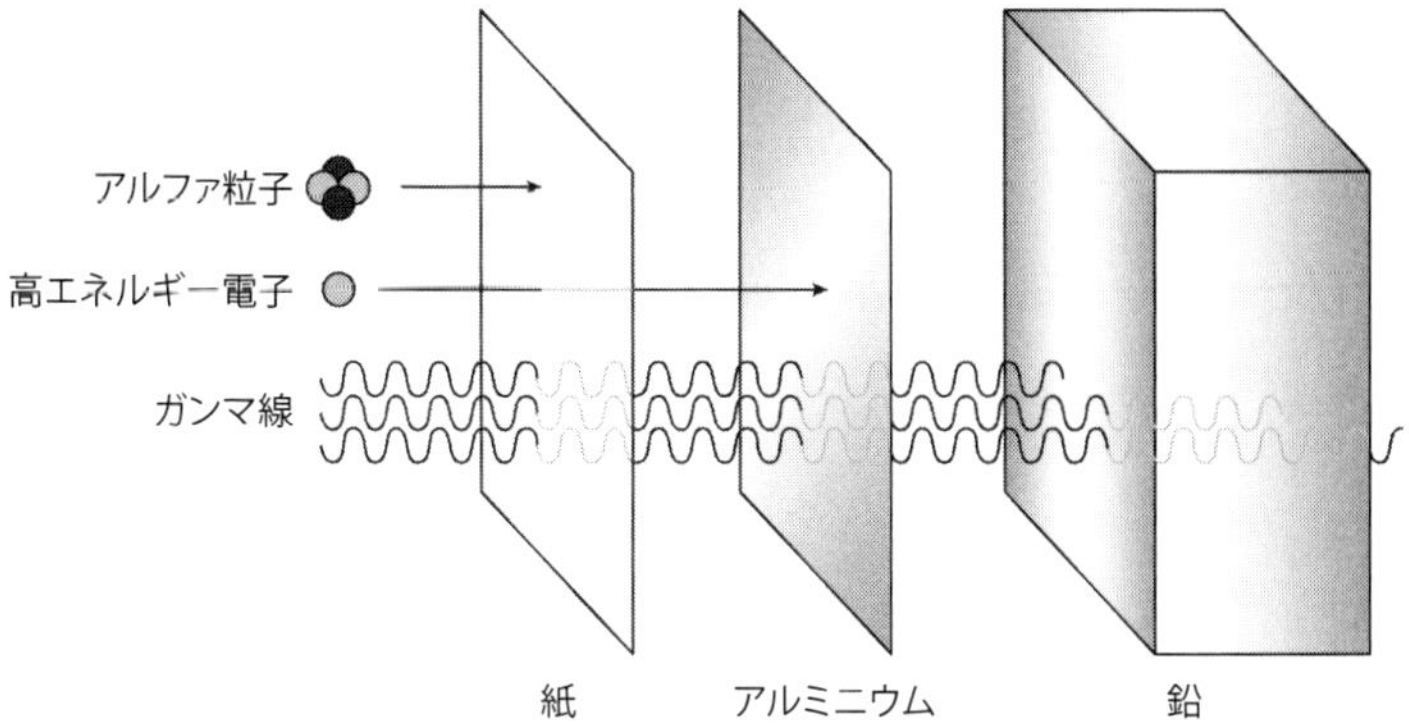

図7・1　宇宙線からの保護。放射を阻止するには質量が必要になる。必要になる質量の大きさは、阻止すべき放射線の種類と、そのエネルギーによって決まる。最も簡単に阻止できるのが、大きくて比較的重いアルファ粒子（ヘリウム原子核）で、1枚の紙で止められる。次に簡単なのがベータ粒子（電子）で、アルミニウムの薄い板でうまく阻止できる。ガンマ線は、非常に高エネルギーの光子の流れなので、超高密度のシールドが必要で、非常に重たい鉛のブロックで遮蔽する。
"Protection against Gamma Radiation" by Nofit Amir (STEMRAD, https://stemrad.com/protection-from-radiation/). ダニエル・マグリー作画。

くる粒子を手前で食い止めることができるだろう。残念なことに、この方法を使うと、宇宙船の推進は一段と難しくなってしまう——宇宙船の保護のためにさらに質量を追加するのだから、推力を使って加速すべき質量がそれだけ増えるからだ（ロケット方程式をお忘れなく！）。

もう1つ、電力が十分供給されているなら採用できる、磁気シールドという選択肢もある。磁気シールドは、推進法の議論（第6章）で触れた磁気セイルと密接な関係があり、荷電粒子が磁場内を通過するとき、粒子の種類によらず、その運動の方向と磁場の方向の両方に垂直なローレンツ力を受けるという事実を利用する。この力を受けると、荷電粒子の進行方向は曲がるので、十分強い磁場で宇宙船を覆えば、やってきた宇宙線を逸らせて、宇宙船に衝突するのを防ぐことができるはずだ。このような現象は実際に起こっている。地磁気もその一例だ。地球の磁場の磁力線は南極から北極に向かって伸び、地球全体を覆って、太陽風の大半を逸らせたり捕捉したりしている。おかげで太陽風は地球の表面にはほとんど届かず、私たちが危険な放射線を浴びることもなければ、地球が被曝して生物が住めなくなることもない。太陽風のイオンは、磁場と相互作用すると、（1）単純に反射されて遠ざかるか、（2）磁場の外縁部ともつれあって地球の裏側まで届き、やがて地磁気から解放されて、その後も太陽から遠ざかり続けるか、（3）磁力線のなかに捉えられて、地球の北極と南極のあいだを往復し続ける。太陽風に由来するイオンは、これらの過程で極地の大気を通過する際に、高層大気中の分子をイオン化させ、それが神秘的に光り輝くオーロラとして現れる。ところが、困ったことに、地球大気を離れ、地磁気も及ばない宇宙空間に入ると、宇宙放射線と呼ばれる高エネルギーの粒子や電磁波が絶え間なく飛び交っている。なかでも銀河宇宙線（GCR）は危険性が高い。

GCRは、宇宙の至る所に存在する高エネルギーの原子で、天の川銀河内のどこかで起こった超新星爆発が起源ではないかと考えられている。主に水素とヘリウムからなる太陽からの放射とは異なり、GCRには周期表にあるほとんどすべての元素が含まれる。また、GCRは光速に近い猛烈な速さで運動しているので、宇宙船を守るために私たちが考えつくありとあらゆるシールド――宇宙船には重量の制約があることを考慮したうえで機体に装着できるようなシールドのすべて――と相互作用し、貫通してしまう。GCRは太陽風よりも粒子の質量が大きいので、貫通する際に、陽子やアルファ粒子に比べ、はるかに大きなダメージを与える可能性がある。GCRは長期的な視野では必ず考慮すべき脅威で、とりわけ、有人宇宙船の場合はそうだ。この件についてはのちに詳しく議論する。

その上、光速の10％のスピードで飛行する宇宙船が、水素、ヘリウム、あるいはその他のどんな元素であれ、比較的低速で運動するそれらの原子に衝突するとき、高速の宇宙船と低速の粒子の相対速度は、やはり光速の10％になるため、水素原子はこの猛スピードで宇宙船に衝突する高エネルギー粒子になり、先に挙げたさまざまな粒子と同様の損傷を与え得る。対処すべき放射線被曝の問題が一段と大きくなるわけだ。

数百年にわたり稼働し続けるシステムの設計

最後に、星間ミッション用の機体を、これまでに機械類に対して想定された最も厳しい環境と思われるところで数百年間稼働し続けるように作らねばならないという難問がある。どんな機械でも、長期運用のためには、それぞれの部品が本質的に高い信頼性と冗長性を持っていることが最も大切だ。部品もシステムも、高信頼性を目指して設計し製造することはでき、人間が一切介入しない状況で１００年以上連続で稼働している機械も実際に存在する。だが、そのような機械を作ることは可能だとしても、高くつくだろう。絶対確実に機能し、決して故障しないシステムを作ることは不可能なので、宇宙船のなかでも極めて重要なシステムは冗長でなければならない。現実的には、これは次の2つの方法のどちらかを取らねばならないということである。1つは、システムや部品のコピーを2つ同時に飛行させ、1つめが故障したら2つめを始動させるという方法。もう1つは、同じ役割を担えるような、まったく異なる部品やシステムを準備しておき、最初から稼働しているものが故障したら取って代わらせるという方法。もちろん、冗長性を持たせると、質量がさらに増えてしまうため、推進の問題は一段と難しくなる。

冗長性は、何かのコピーを2つ同時に飛行させる形で確保される場合が多いが、そればかりではない。たとえば、ボイジャー1号と2号はまったく同じ宇宙船で、どちらも相手とは無関係にミッションを遂行できた。たとえ一方が故障したとしても、科学的データの大半はもう一方の宇宙船が持ち帰ることができたわけだ。しかし、毎回宇宙船のコピーを2機ずつ作るとしたら、あまりに巨額の費用がかかる。それよりも、1機の宇宙船を、多数の独立した道筋で仕事をこなすことができるシステムとして作ることによって冗長性を持たせたほうがいいだろう。この場合、冗長なシステムまたは部品は、完全に同一でも類似したものでもよく、主システムが故障したら自動的に始動され、大惨事で宇宙船の1箇所が壊れたが他は無事な場合を想定して、主システムとは別の箇所に設置される。

資金面で可能なかぎり宇宙船に冗長性を盛り込もうと設計者たちは努力する。それはミッション成功の可能性を高めるためで、とりわけ有人飛行船の場合はそうだ。いくつもの研究によって、ほぼすべてのミッションでこのような冗長性が乗組員たちを救ったか、あるいはミッションの延長を可能にしたことが示されている。[4] アポロ13号の例を考えてみてほしい。壊滅的な事故という危機に直面したときに、月面着陸はもはや不可能になったために無用になった月着陸船というものがあったので、それを地球への帰還に使うことができたのだが、さもなければ彼らは命を失っていた可能性が非常に高い。

規模の異なる3つの「ワールドシップ」

比較的小型で、ブドウ1粒から大型自動車1台程度までの質量を持つ無人宇宙船を太陽以外の恒星に送るのは難しい課題だ。しかし、移住者たちを乗せた３０００万キログラムから1億キログラムの宇宙船（推進システムや燃料は別として）をその恒星まで送るのは、また別のレベルの課題になる。その実現は不可能だと言っているのではない――自然は、これ以上ないほどはっきりと、それは可能だと強調している。しかし、それを実施するのは、無人機ミッションに比べはるかに困難になるだろう。

まず、「ワールドシップ」という名称で広く呼ばれている、そのような有人宇宙船はどのような姿をしているのかという議論がある。英国惑星間協会（ＢＩＳ）以上に、星間空間を飛行するワールドシップをいかに設計すべきかについて考慮してきた組織は世界を見渡しても他に存在しない。ＢＩＳはこれまでに、いくつものシンポジウムを主催し、また、発行する論文審査付き専門誌のいくつかの号でこのテーマを特集してきた。ＢＩＳにおけるワールドシップ研究に参加してきたアンドレアス・ハインは共著者らと共に、最近発表したある論文のなかで利用可能な推進システムの性能に基づいてワールドシップの大きさを記述するための便利な区分法を提案した。[5] 私は彼らの用語を少し変更して採用させていただき、ここで使うことにする。ワールドシップの第1の区分は「スプリンター」だ。スプリンターは１０００人以下の乗組員を運ぶ宇宙船である。この規模のものを作る背後にある考え方は明らかだ。もしもある宇宙船が星間空間を超高速で――光速の10％（0・1c）よりも速く――移動することができたなら、ほかの何機もの宇宙船もすぐに同じ性能で星間飛行するはずだと考えてまず間違いないので、1機の宇宙船が地球外入植地を開くために必要なものをすべて持って行く必要はなくなる。つまり、入植地設立の際に人類の遺伝的多様性を維持するために乗船してもらうべき人数を突き詰めて考える必要はなくなるのである。乗組員の数が少ないなら、飛行中に人員の生命維持に必要なものの総重量も低下し、生命維持に必要な設計上の配慮も、それほど厳格ではなくなるし、冗長性も少なくて済む――おかげで、推進系の問題（最大の問題）ははるかに容易になる。

次の区分、1000人から10万人を乗せて0・1cよりも遅い速度で飛行する宇宙船を、ハインらは「コロニーシップ」と呼ぶ――帝国主義や植民地主義に苦しめられた多くの人々に良くない印象を与える、いささか残念な名前だ。そこで私は、「移住者」たちが向かっている系外惑星には生物が生息していないと仮定し、この区分を「セツルメントシップ」と呼ぶことにする。セツルメントシップはスプリンターよりもはるかに大きく、目的の場所に到着するまでにかかる時間も長く、はるかに大きな質量（食糧、予備品等）を運ばなければならない。目的の場所に着くまで人間の一生よりも長い時間がかかる可能性が高いため、乗組員たちが乗船後の生涯をそのなかで過ごすことになる、社会、政治、そして経済のシステムについても、慎重に考慮しなければならない。

最後の区分が、大規模な集団（10万人以上）を乗せて、何世紀、あるいは何千年もの期間をかけて、星間空間を越える真の「ワールドシップ」だ。これらの巨大な宇宙船は、スプリンターやセツルメントシップを超大型化したようなものとして、あるいは、惑星を周回する衛星や、1つの惑星全体のようなものとして、作ることができるだろう。なにしろ、これらの宇宙船が「ワールドシップ」と呼ばれるのにはわけがある――これらの宇宙船は世界全体として機能するはずであり、どんな種類の船にも似ている必要はないのだ。

「セツルメントシップ」の実現に必要な技術

本書は星間旅行についての本であり、ワールドシップの設計にはどのような選択肢があるかを論じる本ではないので、ある1つの重要な理由から、ここでの議論ではセツルメントシップに主に注目していく。その重要な理由とは、推進問題である。ワールドシップほど大きな宇宙船を0・1cを超える速度で飛行させる方法は、現在の物理学で知られている範囲には、わずかしかない。真のワールドシップの建造に必要な物流管理や太陽系全体を巻き込む体制は、率直に言ってSF小説じみており、とても現実的ではない。最も合理的で実行可能性があるのは、中間の区分、セツルメントシップだろう。

有人宇宙船建造の技術的課題は、無人宇宙船製作で経験したすべての課題（ただし、有人機ではどの課題もはるかに大規模になる）に、さらに、機械よりもひ弱で打たれ弱い人間を健康に生かし続けるために取り組むべきすべての課題が加わったものである。

無人星間探査機で利用可能な推進システムのすべてが、セツルメントシップ用にうまく拡張できるわけではない。最初のセツルメントシップに、太陽帆、レーザーセイル、マイクロ波セイルは使えそうにない。第一に、星間空間では太陽光の光子圧は小さく、それを使って3000万キログラムの宇宙船を加速するには膨大な電力が要る。確かに、いつの日か、直径が月と同じ巨大な帆を単原子層の厚さの材料で製作し、太陽の放射エネルギーをほとんどロスなく変換したレーザーまたはマイクロ波のビームによって、その帆を加速することができるようになるかもしれない。だから、「そんなことは不可能だ」などと言ってはならない――物理学がそれを排除していないことは間違いない。とはいえ、現時点においては、無人探査ミッションではビームの圧力による推進は非常に有望だが、セツルメントシップ規模の宇宙船に対しては、「実行可能性」の点で失格なのだ。

効率が高い発電システムを宇宙船に搭載しておけば、光子駆動による推進（光子ロケット）は選択肢の1つになるだろう。確かに、光子の放射そのもので推進する方法は、レーザーやマイクロ波のエネルギービームを帆に反射させる推進法にはない、難しい問題を抱えている。つまり、1個の光子をただ放射するだけなら、同じ1個の光子を反射する場合の半分の推力しか生み出さないのだ。しかし、ビーム放射装置と反射体は不要になる。光子推進装置とそれを駆動する電源システムは宇宙船内に隣り合わせに設置するのがいいだろう。

核融合推進は、セツルメントシップ規模の宇宙船を近傍の恒星に送るミッションが可能なエネルギー密度と拡張可能性を持っている。実施可能かどうかは、核融合炉の大きさと利用可能な推進剤だけの問題だろう。バザード・ラムジェットが効率よく機能するようになれば、星間空間を飛行中、浮遊水素をすくい取って集められるため、搭載燃料をその分減らすことができ、推進剤の質量の問題は改善していくはずだ。

近傍の恒星への比較的短い旅には、核パルス推進を使うのが非常に理に適っている。推進に必要な数百回もの核爆発に耐えられる宇宙船はすでに巨大なはずなので、３０００万キログラムの宇宙船を０・０３ｃのスピードでケンタウルス座アルファ星に送るのは、それほど大きな飛躍ではない――オリオン計画の推進システムは、この規模の宇宙船の推進を得意とする。だが、もっと遠方の恒星まで旅するなら、約０・０３ｃという上限速度では、所要時間が長くなってしまうので使えないだろう。

反物質推進は、その効率性と、反応を起こすのに必要なものの半分――通常の物質――がどこでも入手できることから、大規模な宇宙船による超長距離飛行へのスケールアップには最も適しているだろう。反物質の生成と貯蔵の問題は、本質的には無人宇宙船の場合と同じで、単に規模の問題である。世界の反物質生成量を数トンのレベルまで上昇させる方法を思いついた人は、しかるべき人に知らせてください！

より大規模な宇宙船に同程度の期間電力を供給するという課題も、やはり基本的にはスケールアップの問題に過ぎない。核分裂、核融合を利用する発電方法は本質的にスケールアップ可能である。つまり、十分な量の核燃料が利用できれば、同じ基本設計を大型化すると同時に、長期間稼働できるようにし、その期間安全を確保することが可能だ。宇宙船を高速で推進できるだけのエネルギー密度があることと、何ギガワットもの電力を連続的に生成できることとはまったく違う。後者のほうが前者よりはるかに容易である。しかし、どちらも星間ミッションの計画では非常に重要だ。

宇宙船と地球との通信は、無人機よりも有人機のほうが厄介になるだろう。旅のあいだ、宇宙船内にいる乗組員たちは当然、地球にいる愛する人や友人たちとできるだけ頻繁に通信し、できるだけ長く話したいだろう。そのため、数千人がいつでも使えるような高帯域通信が必要になる。その結果、船内電力需要が上昇するほか、非常に大きな電波アンテナの搭載が必要になるだろう。だがどちらも、無人探査機で地球と通信するために必要なものを超える技術革新は必要ないはずだ。

ナビゲーションに必要な条件は、有人でも無人でも大きな違いはない。唯一の違いは、有人宇宙船の場合、人命維持のために一段と正確なナビゲーションが不可欠だということだ。

長期にわたり放射線の影響から人命を守ることは大きな課題になるだろう。物理学はその必勝法を提供できず、少なくともこれまでのところは、重たく分厚いシールドが最善策のようだ。質量の制約が厳しい無人機ではこれは使えないだろうが、大勢の人間を乗せている宇宙船はシールドを考える以前にすでに巨大で超重量級なので、重たいシールドを追加するのは難しくないのではないだろうか。

シールド材として何を使うかだが、原子の種類によって遮蔽効果は異なり、銀河宇宙線に対しては水素が最も効果的だ。しかし、原子が違っても遮蔽効果としては係数が変わるだけで、桁数は変わらない。水素は、星間宇宙船の推進システムの燃料として必要だし、宇宙船内蔵の核融合発電システム稼働にも必要だし、おまけに人間の生存のためにも必要な元素だ――水素は酸素と結合して水となる――。おや、自然はここで、私たちに一息つかせてくれているのかもしれないぞ。十分な量の水素を搭載しておけば、長い旅のあいだ、同じ水素を多数の異なる用途に使うことができそうだ。放射線遮蔽用に、水が入った多数の大型タンクを船の周囲に配置しておき、飛行中、タンクから少しずつ水を取り出して、乗組員の水分補給、食事、料理などに使い、その後、乗組員が（呼気の成分として）生み出した湿気と排泄物を集めてリサイクルし、水に戻せばいい。国際宇宙ステーション（ＩＳＳ）が現在実施しているのとほぼ同じやり方である。水は、内部に電流を流し、電気分解すれば、水素と酸素に分解できる。すると、酸素は、乗組員に不可欠な船内空気の酸素補給に使えるし、水素は発電システムや推進システムで使うことができる。だが、放射線シールドとして使うには、どのくらいの量の水が必要なのだろう？　大量に必要だ。乗組員を守るために遮蔽するには、おそらく居住環境全体の90％もの水が必要になるだろう。

水や酸素、食糧、重力の問題

平均的な人間は毎分7・6リットルの空気を吸い込む。[6] これに乗組員の人数（数千人）を掛けると膨大な量になる。さらに、水も必要だ。アメリカ人は平均1日当たり１１３６リットルの水を使う。[7] ヨーロッパ人では平均１４４リットル、[8] ＩＳＳ滞在中の宇宙飛行士では平均11・４リットルだ。[9] これらのデータから星間宇宙船の乗組員に必要な水の量が計算できる。こんな大量の空気と水をどうやって供給すればいいのだろう？

意外にも、これは今では宇宙技術の得意分野となっている。ＩＳＳでは、「環境制御・生命維持システム」（ＥＣＬＳＳ）と呼ばれるものが使われているが、ＥＣＬＳＳは空気中の湿気のほぼ１００％と尿の水分の85％をリサイクルし、システム全体で約93％の回収効率を実現している。現時点で93％なら、１００％にかなり近いと言ってよく、悪くないレベルである。一方、空気のリサイクルは、このレベルに達するにはまだまだ努力が必要だ。ＩＳＳ内で摂取された酸素の再利用効率にしてもまだ50

%以下でしかない。

地球の陸地では、地球の住人と宇宙のどこかに滞在している人々を合わせた数十億人の食糧供給のための農業効率改善を目指し、多大な努力が払われてきた。一方、宇宙での植物栽培には、まだ多くの課題が残っている。とはいえ、根本的な問題はなさそうだ。したがって、宇宙農業でも地上の農業と同じく、割り当てられたスペースで見込まれる収穫量と、利用可能な資源（空気、水、養分など）の有効な活用ができるかどうかが制限要因となるだろう。[10]

ＳＦで頻繁に登場する人工冬眠とコールドスリープについては、第8章で論じることにする。

人間は低重力下で生きるようにはできておらず、宇宙旅行者に低重力が及ぼす影響についてはさまざまな研究が行われており、十分な量のデータが蓄積されている。無重力や微小重力に初めて曝されると、多くの人は、めまい、方向感覚喪失、吐き気、そして嘔吐を経験する。人体の内耳にある前庭神経系は、視覚や聴覚などの知覚と連動して、平衡感覚の維持を助けるほか、上下を区別したり、自分が動いている速度がどの程度かを感知するなどの機能に寄与している。綱渡り、バレエ、アイススケートなど、感覚系統系が完璧に統合されていなければうまくできない曲芸や舞踏、スポーツなどができるのも、前庭神経系のおかげだ。前庭はそのなかでも鍵となる重要な部分だが、無重力の環境では、前庭の働きが著しく乱される。人間の内耳のなかには耳石器があり、耳石器の内部には微小な毛と液体が存在している。地球の重力環境では、人体が加速したり方向を変えたりすると、耳石器の内側にびっしり生えていることの微小毛の上に乗っている炭酸カルシウムの小さな石（耳石）が動き、微小毛がそれに連動することによって、耳石器全体を浸している液体が流動し、その刺激が感覚細胞を経て脳に伝わる。その結果脳の持ち主は自分がどのように動いているかを知覚し、必要に応じてその動きを正す（前かがみになる、頭の位置を変えるなどによって）ことができるわけだ。

重力は微小毛の上に乗っている耳石を安定させる働きをする――振り子が定められた弧の上しか動かないのと同じように、重力のおかげで耳石は常に一定の方向を向く。ところが宇宙では、耳石を安定にしてくれる重力も、重力に基づく慣性も存在しないので、耳石は「漂い」はじめる。体全体も混乱し、矛盾する知覚データを矢継ぎ早に脳に送り、通常の方向感覚は失われてしまう。その結果吐き気を催すことも少なくない。さいわい、時間が経てば、ほとんどの人間は知覚入力信号の変化に適応できるので、体には何の問題もなくなる。しかし、なかには立ち直れない人もいる。* ありがたいことに、その影響はたいてい一時的なものだ。

地球上では重力によって足のほうへと引っ張られている体液も、宇宙滞在中はこの力を受けないので、体内で本来とは違う場所に移動する。多くの宇宙飛行士が宇宙に達した直後から頬がシマリスのように膨らむのはこのためである。おかげで体は、体内に水分が多すぎると思い込み、余分な水分（と錯覚し

---

* 宇宙ミッション分野のプロのあいだでは、ある逸話を基に冗談半分で作られた、宇宙飛行士の「宇宙酔い」の程度を表す非公式の尺度が使われている。それは、「ガーン・スケール」と呼ばれる0から1の数値で、大きいほど症状が重い。この尺度が生まれたきっかけは、米国上院議員ジェイク・ガーンが１９８３年にスペースシャトルに搭乗した際に、記録に残る最悪の宇宙酔いになったことだ。その後、１ガーンに対する症状の重さの比で宇宙酔いの程度が表されるようになった。ガーン上院議員が何かの成果を上げて人々の記憶に残りたいと考えていたのは間違いないが、こんなことで名が残るとは思ってもみなかっただろう。

たもの）を捨てようとする。その手段の1つが排尿量を増やすことだ。その結果、血液量が平均で約20%低下する。また、心臓は重力に抵抗して働く必要がなくなるほか、下半身から戻る血液が減少する（人間が普段歩くとき、脚の筋肉が収縮して血管を圧迫し、血液が心臓に戻るのを助けている。しかし宇宙では地上にいるときのようには歩かないので、血液が戻るのを助ける作用もない）。これらのことが相まって心筋は弱まってしまう。血液を汲み上げる働きがにぶると、心筋があまり使われなくなり、血圧は下がる。このように血液量と血圧が低下した状態にある人間が重力のある場所に戻るときには、注意が必要だ。重力のある環境に戻ると、脳血流が不足して立ちくらみや失神が起こることが多いが、これは宇宙で体液が減少し、心筋や下肢筋肉が萎縮しているために、重力環境で脳まで血液が上がりにくくなって起立性低血圧を起こすからである〔訳注　これを防ぐために帰還時には下半身を締め付けるウエットスーツのようなものを身に着け、大気圏突入直前には2リットル程度のイオン水を飲むなどの措置が取られるようになっている〕。

これは重大とはいえ一時的な問題だが、もっと深刻なのが骨強度と筋肉量の低下だ。人間は通常の重力がないところで過ごすと、1カ月当たり骨量が約1%低下する。負荷荷重がかかっていないと骨は強度を維持できない。一方、骨強度は骨量に密接に関連している。必要な負荷荷重は、地球上なら単に歩いたり、走ったりなどの日常の活動を地球の重力の存在のもとで行っているだけで簡単に得られる。一歩踏み出すごとに、重力で体が下に引っ張られるが、その重力がなければ、骨量と骨強度は低下してしまう。一歩ごとに重力が骨を圧縮して刺激する効果など、あまりに些細で気づかないものだが、それが骨を強化してくれているのだ。私の携帯電話のフィットネス・トラッカー〔訳注　歩数、脈拍、消費カロリーなど個人の運動のデータを記録できるデバイスやアプリケーション」によれば、私の1日当たりの歩数は6000から11000歩なので、私の骨は1日当たり6000から11000回刺激を受けており、おかげで必要な強度を維持している。宇宙飛行士は、骨強度維持のために特別に設計された装置を使って、スケジュールにしたがって運動しなければ、骨強度が維持できるような刺激を受けることができない。しかし、それほどがんばっても十分とは言えない。弱くなった骨は折れやすい——骨粗鬆症の場合と同じだ。骨粗鬆症は、宇宙飛行士が経験する骨量低下と同様の現象で、重力がないからではなく、加齢と、運動不足による骨の負荷不足によって、やはり骨強度が低下し、骨折しやすくなる病気だ。

宇宙飛行士は筋肉量も低下する。これは、宇宙の無重力環境では、物体の質量は変わらないが、その重さはゼロになってしまうことを考えればわかりやすい。重さは、物体に働く重力の大きさである。重力がなければ重さはない。私たちの日常生活を振り返ってみると、筋肉を使うときはいつも、何らかの重さを持ち上げていることがわかる。何を持ち上げるにしても、そのために使う筋肉には負荷がかかって筋肉は強化されるし、質量が大きな——したがって、地球上では重い——物体は、より大きな負荷を筋肉にかける。宇宙においては、地球では当たり前のこのような負荷が筋肉にかかることはめったにないので、筋肉は劣化し、宇宙滞在11日めごろまでには筋肉量は20%も低下してしまう。さいわい、無重力状態でもきつい運動を行えば筋肉量を維持することができ、ISSに滞在する宇宙飛行士は毎日2・5時間ものエクササイズを行って筋肉量低下を防いでいる。

何の対策もせず骨も筋肉も減るに任せておくと、筋肉量と骨密度／骨強度は著しく低下し、数十年、あるいは数百年にわたる深宇宙飛行を終えた人間が、外惑星に降り立つ際に巨大なリスクになりかねない。筋肉量が低下したことに加え、前庭神経も系外惑星の重力にすぐには適応できないため、見知らぬ惑星の上を歩き始めたときに無様に転ぶだけでなく、骨折してしまう可能性も非常に高い。有人宇宙船の設計では、宇宙旅行で生じるこのマイナスの影響を緩和するための工夫が必要になる。

「大きく考える」——ここまでの話でおわかりいただけたとおり、これがあらゆる星間旅行の主題だ——なら、解決法は見つかる。人間が重力とその影響をどう感じるかについて考えてみよう。まず、最近、車の運転でアクセルを踏んだとき、乗っている飛行機が離陸直前に滑走路で加速したとき、エレベータに乗っていたときのことを思い出してみよう——どの場面でも、あなたが経験した加速は、持続時間は長くなかったとしても、経験している最中はまるで重力のように感じられたはずだ。その理由は、重力とは、加速されていることの影響を指して人間がそう呼んでいるものだからである。地球上で私たちが感じる加速は、地球の質量に引っ張られていることが原因で生じる。ほかの例では、速度が次第に高まることによって加速が生じ、それが力として感じられる。原因は違っても効果は同じだ。このことがわかれば、筋肉と骨の劣化を防ぐアイデアも浮かびやすくなる。たとえば、重力による加速を再現できるようなペースで自転する巨大な居住空間を作れば、人体は骨強度と骨量を維持するために必要な圧縮力を受けることができるし、さらに、そのような環境では物体が重さを持つようになるので、重い物体を動かせば筋肉に負荷がかかって、筋肉の劣化も防げるだろう。

これまでに宇宙飛行士たちが宇宙で過ごした時間は限られているので、まだ知られていない長期的な影響がほかにもいろいろあるに違いない。これまでのところ、ロシアの宇宙飛行士ワレリー・ポリャコフが1995年から翌年にかけて樹立した、連続宇宙滞在438日という記録よりも長期間連続で宇宙で過ごした者は誰もいない[11]。

3Dプリント技術を取り入れる

原子力産業で45年を超える経験を積んできた元原子力技術者のジェイムズ（ジム）・ビールは、星間ワールドシップの信頼性をテーマに、「我らのワールドシップが壊れた[12]」という皮肉たっぷりの楽しいエッセー兼ショートストーリーを書いた。その後ジムと会ったとき、私は、原子力発電所とワールドシップそれぞれの設計要件には共通点が多いことを踏まえて（どちらも、非常に長い期間故障せずに安全に稼働しなければならない）、ワールドシップ建造で一番重要なことは何だと思うかと尋ねた。彼はこう答えた――「冗長性、冗長性、冗長性！」。それを聞いたとたん私はニヤリとした。何と雄弁な、うまい答えだろう！

だが、本質的に質量が制限されている宇宙船にとって、これは難題だ。地上の原発なら全体の大きさと質量は大した問題ではなく、いくつものバックアップ・システムを加えることは十分可能だ。しかし、1キログラムでも重さが増えると、それを加速するために必要な推進剤を追加しなければならない宇宙船の場合はまったく話が違う。宇宙船では重要なシステムに冗長性を持たせる代わりに、何かもっといい方法が必要だ。

そこで積層造形――またの名を3Dプリンティング――の出番だ。簡単に説明しよう。複雑なハードゥエアを作る伝統的な方法では、まずすべての構成要素や部品を別々に作る。これを組み立てる時に、全部の部品がうまく組み合わさって正しく働くように、どの部品も別の部品と接する面が厳密な条件を満たすように仕上がっていなければならない。自動車、冷蔵庫、コンピュータ、そしてロケットのエンジンも、伝統的にはこのように作られてきた。どの部品にも、特別に設計された専用の製作設備がある。産業基盤――さまざまな部品を作っている製造工場のすべて――の全体像は、途方もなく大きく複雑だ。長い期間がかかる有人宇宙飛行では、重要な機器の交換部品をたくさん搭載することは不可避だと考えられていた（文章が過去形であることに注意）。なにしろ、火星に行く途中で何かが壊れたとしても、その部品を作った地球上の工場から部品調達できるわけはないのだ。ところが、3Dプリンティングのおかげで、この考え方はもはや過去のものとなってしまった。

3Dプリンターは、詳細なコンピュータ・モデルを使い、さまざまな原材料を積層することによって必要な部品を作る。多くの新技術がそうであるように、3Dプリンターもまずは単純で限定的な形で登場し、原材料にも簡単に変形できるプラスチックを使っていた。面白い3次元の形をしたチープな装飾品や、技術者が部品設計のために形状や適合性を試すことができる、機能しない形だけの模型などを作ることができた。やがて3Dプリント技術は、高機能化していった。現在では、以前よりもはるかに複雑なシステムを作ることができ、急速に普及が進んでいる。必要な部品を何でもゼロから迅速に作ってくれて、一箇所で何でも手に入る3Dプリントサービスの利用がますます広がり、大きな箱に入った完成品を販売する小売店という伝統的な販売形態は終焉を迎えると予測する人々もいる。

星間旅行に最も関連が深い動きとしては、NASAが3Dプリント技術を積極的に取り入れ、

ISSをはじめ、将来の月面や火星上の基地での交換部品の必要性を完全になくそうとしている。2014年、NASAは最初の3DプリンターをISSに送った。最初の自律した地球外のセツルメントの歴史が記されるとき、それを可能にした2つの技術が功績を称えられることは間違いない。その1つめはロケット、2つめは3Dプリント技術だ。未来のワールドシップには、今私たちが使っている3Dプリンターの子孫に当たる技術が搭載され、旅のあいだに新たに必要になるどんな部品も製造して、交換できるようにしてくれるに違いない。しかも、それには貨物として運んできた原材料以外必要ないのだ。

以上。

ここまで、太陽以外の恒星までの旅に関する主な論点と、そのような旅の実現に必要なさまざまな技術のほぼすべてについて、高いレベルの議論を行ってきた。この議論で制約となったのは、現時点で物理学でわかっていることと、(未来の)技術における人間精神の創造性だけだった。だが、もしも私たちが、自分で思っているほどには宇宙の仕組みを理解していなかったとしたらどうだろう？　その「もしもの話」を考えるにあたって、SF以上に適した場所はない。SFはしばしば未来の現実に肉薄するが、そうでないこともままある。ここで少し空想の羽を伸ばして、私たちにとってはまだ理論や、理論からの推測や空想でしかないいろいろなことが、何らかの形で(あるいは、いつの日か)現実になったらどんなことが可能になるのか、考えてみよう。

第8章

科学についての無茶な憶測とSF

宇宙に広がっていかないかぎり、人類が次の1000年を生き残ることは不可能だと思います。たった1つの惑星の上にしか存在しない生命に、降りかかり得る災厄はあまりに多い。しかし、私は楽観主義者です。私たちはいくつもの恒星に広がっていくでしょう。

——スティーヴン・ホーキング、デイリー・テレグラフ紙のインタビューから

SF作家の空想とその現実性

宇宙時代の幕開けを告げたスプートニクの打ち上げの前から、SF作家たちは、人類は将来どんな方法で太陽以外の恒星に旅するのだろうかと思い巡らせてきた。多くの作家たちが、そんな遠方の恒星

まで宇宙船を飛ばす架空の駆動システムを、自然科学における最新の成果を大まかになぞらえて作り上げたり（現実の科学に基づくフィクション）、あるいは、ひょっとすると将来現実となるかもしれないような夢想的で非現実的なシステムを考案している（架空の科学）。どちらも、SFと呼ばれる分野全体に広まっているが、市民が両者を区別するのは難しい。『スター・トレック』の恒星間宇宙艦「エンタープライズ号」に乗って、反物質駆動（これは可能）のワープ航法（たぶん不可能）を使って何光年もの距離を数時間や数日で移動するなどという物語は、そのようなものが可能、あるいは今後間もなく可能になるという非現実的な期待を人々に抱かせる。技術の進歩と宇宙探査のペースは市民の期待に応えていない。実際には、半世紀ほどの短い宇宙飛行の歴史のなかで、多大な進歩が遂げられ、宇宙科学の重要な成果があがっているにもかかわらず。現実と、たくましい想像力による推測とを混同しているのは『スター・トレック』だけではないが、このドラマは最も広く視聴されており、文化的によく知られたイメージになっている。

科学史も学んだ物理学者として、私はSFに登場するあれこれの憶測に基づく物理学の「新理論」や、それに関連する、自然法則は回避できるという虫のいい考えを、あり得ないとか非科学的だと言って否定するつもりはない。過去の時代、多くの第一級の科学者たちが、善意からこれらのSFのアイデアを手厳しく批判したが、のちにまっとうな科学の新しい理論、実験、観測データによって、批判者のほうが間違っていたことが明らかになった例もある。そのうえ、現在私たちには巨視的な世界の標準モデル（一般相対性理論）と微視的な世界の標準モデル（量子力学）があるが、両者は両立しないと考えられている——つまり、巨視的世界と微視的世界の両方を説明する、より普遍的な未発見の理論があるはずだということだ。量子力学と相対性理論が連携してGPSをもたらしてくれたおかげで、携帯電話に目的地までナビゲートしてもらえるようになったが、自然を説明する、今より完全な理論が完成したとき、それはどんな技術をもたらしてくれるのだろう？　新しいアイデアが出てくる余地はあるが、それらは物理学の厳密さと、そこに使用されている数学に基づいていなければならない。そんなわけで、私はここで、ＳＦに登場する、まっとうな科学では認められていないさまざまな要素の現実性を評価するとどうなるかを皆さんにお示ししたい。それぞれのケースごとに、現在私たちが知っているまっとうな自然科学に基づいて、評価していこう。

光より速く移動する（時空をワープする）

『スター・トレック』の恒星間宇宙艦エンタープライズ号が行うワープ航法は、おそらく世界一有名なＳＦ的宇宙航法だろう。ワープを使うとき、ヒーローたちは既知の宇宙を瞬時に易々と飛び越えて、見知らぬ新しい世界に入り、大胆にも……と、なにも私が説明しなくても、皆さんは恐らくその続きをご存知だろう。また、『スター・トレック』のどのシリーズがベストかについても、ここでは議論しないことにする。*　ワープ航法を使うとき、「ハイパードライブ」（後述）とは違って、宇宙船はこの世界を離れたりはしない。その代わり、途方もない量のエネルギーを使って時空の形を変え、その変形後の空間を非常に速く通過する。湾曲し、圧縮されたり引き伸ばされたりしてはいるものの、「通常の空間」であることに変わりはない。

どのぐらい速く？　その問いに答えるために、『スター・トレック』シリーズの製作スタッフが執筆した数冊のガイドブックが出版されているので、各シリーズのライターたちはそれらを参照して、各放映回や本に矛盾が生じないようにしている。ガイドブックの1冊では、ワープ速度の大きさを表す数、「ワープファクター」が定義されており、それによればワープファクターを3乗したものを光速に掛けた値がワープ速度である。この定義によると、ワープ1（1×1×1×光速）は光速であり、ワープ2（2×2×2×光速）は光速の8倍、ワープ3（3×3×3×光速）は光速の27倍である。おわかりいただけただろう。このワープ航法では、通常の宇宙に留まったままで、超光速で恒星から恒星へと移動できることにして、新しい宇宙を作り出してしまうという厄介な問題を回避しているが、重要なのに誰もが無視する問題はまだ放置されたままだ——それは実現可能だろうか？ という問題だ。これまでに観察されたこともなく、存在しないかもしれない物質の新しい状態（固体、液体、気体、プラズマ、ボース・アインシュタイン凝縮の5つの状態以外の状態）が存在するとあなたが躊躇なく仮定するなら、答えはきっぱりと、「実現可能性はありますよ」である。ここでアルクビエレのワープ航法の出番だ。

物理学者ミゲル・アルクビエレは、アインシュタインの一般相対性理論をじっくり検討し、アインシュタイン方程式には数学的に正しいもう1つの解があり、その解では、実際には光速を超えていない星

＊　もちろん、私自身の意見はちゃんと表明させていただきたい。オリジナルの『スター・トレック』シリーズ〔訳注　日本では『宇宙大作戦』のタイトルで1969年からテレビ放送された〕が間違いなくベストで、最も影響力があった。航空宇宙分野で働く私の世代の同僚の数えきれないほどの人々が、彼らが科学、技術、そして宇宙探査に関心を持つようになったのは、カーク船長、ミスター・スポック、そしてエンタープライズ号の当初の乗組員たちの英雄的行動のおかげだとしている。

間宇宙船が超光速で進んでいるように見える場合があることを発見した。この理論モデルでは、星間宇宙船は、宇宙船の前方の時空間を強制的に収縮させると同時に、後方の時空間を膨張させる（図8・1）。宇宙船の前方の時空間を収縮させて進むべき距離を短縮することによって、光速よりも遅い宇宙船でも、局所的には光速を超えることなく、途方もなく長い距離を簡単に超えることが可能になる。船が通過したあと、収縮していた時空は宇宙船の後方になるので、通常の大きさまで膨張する。自然は見事に無傷なままで、時空間の乱れも残らず、宇宙船は光速よりもはるかに速く動いているように見えるというわけだ。[1] なかなか見事ではないか。しかし、何か問題はないだろうか？

　問題は、数学は物理学ではないということだ。たしかに、数学は宇宙がいかに機能するかを記述するのは得意だ。しかし、完全に自己一貫性があり、あらゆる点で論理的に正しいが、実際の宇宙にはまったく対応していない数式も多い。理論物理学者はいつも「もしも〜だったら」という仮定に基づく理論を作るが、実験や観測によって、その理論が実際の自然の振る舞いを予測していたことが証明されてはじめて、それは純粋数学ではなくなって物理学として認められる。アルクビエレのワープ航法は、「負の質量」や、それを持った「エキゾチック物質」が存在することを前提としているが、そのようなものの存在はまだ証明されていない。負の質量とは何だろう？　それは反物質ではない。反物質なら、対応する通常の物質と逆の電荷を持っているというだけの「物質」である。反物質は存在し、本書でも先に論じた。負の質量とは、基本的な測定単位がマイナス1キログラムであるような質量であろう。これが実際に何を意味するのか、誰にもわからないし、そのような質量を発見した者も作り出した者もまだいない。アインシュタインの特殊相対性理論の帰結の1つである質量とエネルギーの等価性を思い出せば、

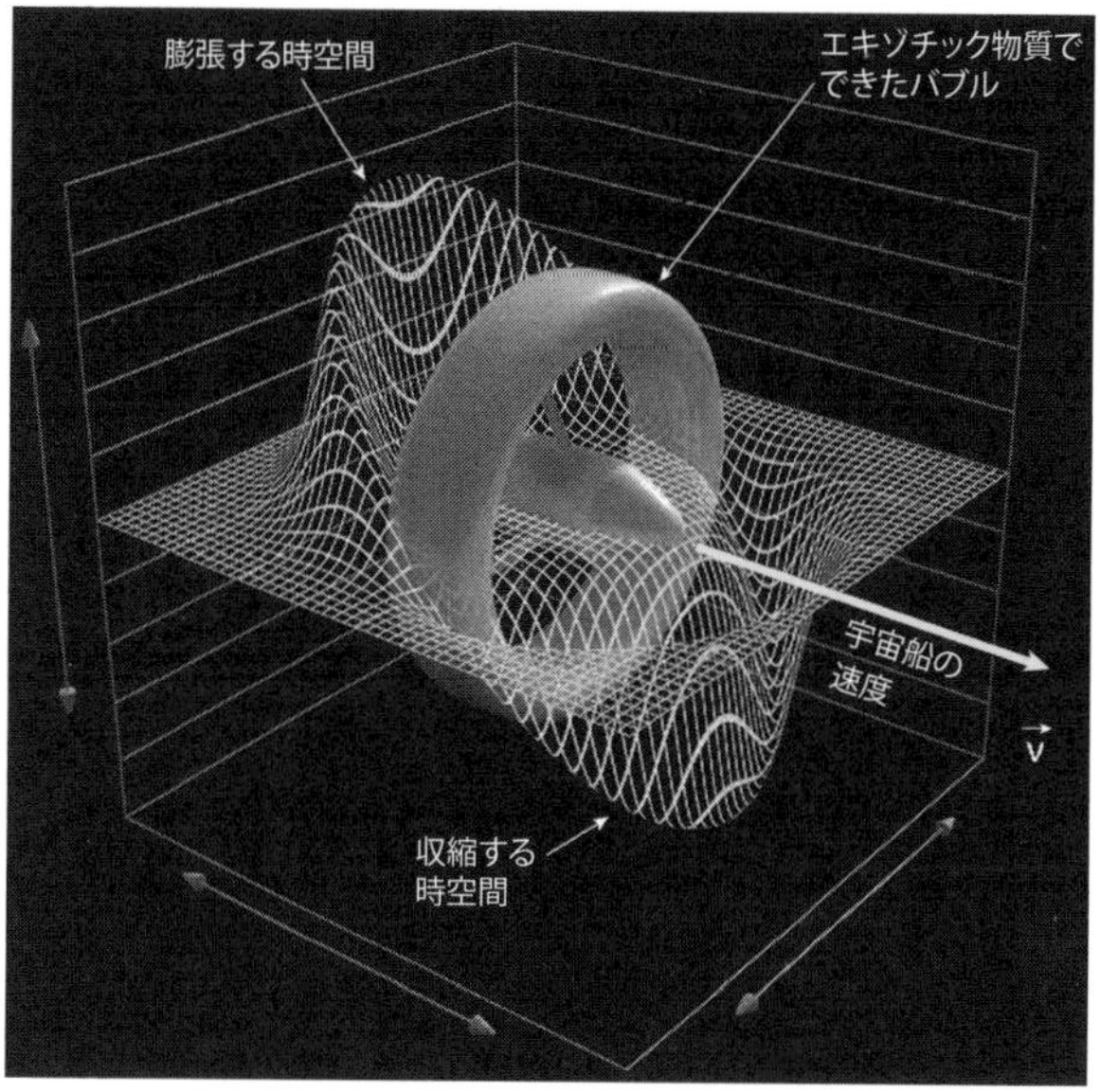

図8・1　アルクビエレのワープ航法。アルクビエレ航法の考え方は、宇宙船の前方の時空間を収縮させる一方、後方の時空間を膨張させることによって（後方でビッグバンを、前方でビッグクランチを起こせば可能）、宇宙船の周囲の時空間に光速を超える流れを作る。宇宙船自体はエキゾチック物質でできたバブルに包囲され、バブル内の時空間において局所的に光速を超えることはないが、バブルごと周囲の時空間の流れに乗って超高速で移動できるというもの。画像はサニー・ホワイト博士のご厚意による。

「負のエネルギー」というものも考えることができ、もしもそれが発見されたなら、対応する負の物質に変換することができるかもしれない。興味深い発見がいくつかあったものの、負のエネルギーもまだその存在を確かめられていない[2]。

アルクビエレの独創的で影響力のある論文には、ワープ航法がどういう理屈でどのようにうまくいく可能性があるかが数学的に詳細に示されているが、そこで論じられているように、量子力学（先に紹介したとおり、微視的世界の標準モデル）は、カシミール効果（後に詳細に論じる）によって「負の真空エネルギー密度」と呼ばれるものが出現するメカニズムを提供する。この「負の真空エネルギー密度」は、一般相対性理論（巨視的世界の標準モデル）に矛盾しない仮説的存在として長年論じられている、「エキゾチック物質」というものが持つ数学的性質を備えている。とはいえ、スペースワープを使った航法が物理学的現実のなかで可能だと考えられるようになるには、取り組むべき難題や障害がさらにいくつも存在する。

超光速航法（ハイパースペースを使うハイパードライブ航法）

SFで超有名な「もう1つ」の星間航法が、『スター・ウォーズ』の宇宙船ミレニアム・ファルコンが使うハイパードライブ航法だ。ハイパースペースと呼ばれる、空間の別次元内の航路を進む。私たちにとってありがたいことに、『スター・ウォーズ』シリーズの制作者たちは、ハイパードライブという推進システムがどのようなものかを定義してくれているので、私たちが自力でそれを解明する必要はない。「ハイパードライブでは、ハイパースペースと呼ばれる別次元を通過することによって超光速移動を可能にする。通常の空間に存在する巨大な物体はハイパースペースに『質量の影』を落とすので、衝突を回避するためには、宇宙船がハイパースペースへジャンプする前に正確に計算を行う必要がある」[3]。

そのような目的に使うために、いつの日か私たちがアクセスできる別次元が存在するのだろうか？　科学者たちは「別」次元についてはあまりよく知らないだろうが、私たちが暮らしている標準的な3次元空間（プラス時間の計4次元）のほかに、さらにいくつも次元が存在するという可能性を理論化している。余分な次元の存在は、ニュートンの時代から物理学者たちが探し求めている「万物の理論」の最有力候補の1つ、弦理論にとっては重要である。弦理論には多くのモデルがあるが、そのほとんどで、余分な次元は極めて小さく、既知の最も基本的な粒子（クォーク、電子、ニュートリノ）よりも小さい。弦理論は、ただ1つの「弦理論」と呼ばれる理論があるわけではない。多くの競合する理論が存在し、数学と理論的構造はどれもよく似ているが、多くのものが通常の時空間とは異なる数の次元を仮定している。M理論では11次元が必要で、超弦理論は10次元、そして最初に登場した弦理論であるボソン弦理論は26次元を仮定している。これらの次元はどのくらい小さいのだろう？　プランク長と呼ばれる、10^{-35}メートルという小さなものもある。弦理論の小さな次元は、広大な星間空間を横切りたい私たちにとっては、選択肢にはなりそうにない。

弦理論の最も進化したバージョンは、私たちの「空間の3次元プラス時間の1次元」からなる宇宙は、より高い次元を持った1つの宇宙の小部分であるという考え方を提案している。つまり、私たちは、エドウィン・アボット・アボットの『フラットランド――たくさんの次元のものがたり』（竹内薫訳、講談社）＊に出てくる2次元の世界の生き物のようなものだというのである。そのような、より高次元の宇宙が存在するという証明を敢えて後回しにしてしまえば、想像力を最大限に活用して、ハイパースペー

＊　これは、1884年に出版された楽しい本で、幾何学的図形が住む2次元の世界が記述されている。男性はさまざまな種類の多角形で、女性は線分である。彼らの単純で理解しやすい世界は、3次元の球が出現（通過）することで突然揺さぶられる。2次元世界の住人たちは、出現した球を理解しようと努力するが、彼らは球の2次元の側面しか知覚できないため、その側面だけで球のすべてを理解しようと努力する彼らの姿はユーモラスで、示唆に富んでいる。私はこの本を強くお薦めする。

ス旅行を構想するのは突拍子もないことではない。もちろん、ハイパースペースに入り、そこを飛行するために宇宙船がどんなメカニズムを使うのかについては誰も知らないし、知るための手がかりもなく、SFのなかでは一度も記述されたことがない。

『スター・ウォーズ』を生み出しながら普段は黒子に徹する、エネルギッシュで独創的な製作者たちは、星間旅行が抱えるもう1つの技術的難問、すなわち通信の問題を、ハイパースペースを使って解決している。現実の宇宙では、100光年の距離から地球に向かってメッセージを電波で送信するには100年かかる。なぜなら、電波やレーザー信号は光速で進まなければならないからだ。数百光年離れたところにいるお気に入りの部下とリアルタイムでやり取りするには、たとえ皇帝でもハイパー・トランシーバー（またの名を亜空間無線。『スター・トレック』の宇宙で使われる同名の名称を持つ無線と混同しないように）を使わなければならない。ハイパー・トランシーバーの端末からの信号は、何らかの方法で、別次元のハイパースペースを通って送信先に達し、受信者に聞いてもらえるという仕組みだ。

ベストセラーとなっている他のSFシリーズも、筋書きを成り立たせるために、さまざまな別次元移動を利用している。ラリイ・ニーヴンの、『リングワールド』をはじめとする一連のSF小説、「ノウンスペース・シリーズ」では、すべての物体が光速を超えるスピードで動くハイパースペースに宇宙船がアクセスする。そこでの速度は、3日間で1光年進む速さから、75秒間に1光年進む猛スピードまでと、幅がある。アメリカのSFテレビドラマ『バビロン5』シリーズには、また別種のハイパースペース旅行が登場する。この移動法では、少なくとも最初は「ジャンプ・ゲート」という、ハイパースペースの外側にあるゲートを通らないとハイパースペースにアクセスできない。だが、一旦入ってしまえば、他のＳＦに登場するハイパースペースと同様、移動すべき距離が短くなり、通常の宇宙推進システムで、通常の次元では途方もない距離をはるかに速く進むことが可能になる。

超光速移動（ジャンプドライブ）

最善の超光速推進は、何かもしくは誰かを、何光年も離れたＡ点からＢ点まで、時の経過など一切なしに瞬時に運ぶものである。地球に近い恒星の１つ、ウォルフ３５９に行きたい？　ならば、クリックするだけで、あなたはもうそこにいる。このような推進法は多くのＳＦ小説やテレビシリーズで使われている。私がこのタイプの宇宙推進法に初めて出会ったのは、１９６０年代前半にドイツ語で出版が始まった『宇宙英雄ペリー・ローダン』シリーズで、エースブックス社によって英語版が刊行された。『ペリー・ローダン』の宇宙では、宇宙船は摩訶不思議な第５次元を使って時間の経過を操り、計測時間がゼロのうちに宇宙飛行を完了するが、そのとき時間差はまったく計測されないという説明しか与えられておらず、それがどのようにして可能になるかはほとんど記述されていない。『ＧＡＬＡＣＴＩＣＡ／ギャラクティカ』をはじめ、有名な映画やテレビ番組がこの方式を採用している。この方式には、科学との結びつきは大して存在せず、中心に希望的観測があるだけだ。

超光速移動（通行可能なワームホール）

恒星間旅行についてのまっとうな本が、ブラックホールと、それと密接に関連するワームホールについて触れることなしに、完結したとは言えないだろう。第2章で、アインシュタインの一般相対性理論によって見事に予測された時空の湾曲について述べた。ブラックホールとは、つまるところ、時空の湾曲を論理的な極限まで突き詰めたものに過ぎない。ブラックホールは、十分に重い物体が時空を極めて強く曲げた結果、光さえも逃れられなくなった領域に形成される。ブラックホールにはさまざまな生まれ方がある。最も一般的なのは、太陽よりもはるかに大きな恒星が核燃料を使い尽くしてしまい、自らの重力によって凝縮が進むのを食い止めることができなくなり、原子があまりに高密度に凝集してしまったために、その恒星自体の重力が時空間を自らの上に折り返して、ブラックホールが形成されるというケースだ。ブラックホールの事象の地平面とは、そこを越えると光が外へ逃れられなくなる、外側の境界のことである。ブラックホールの内側にある、この湾曲した時空を生み出した質量が存在している部分は、ブラックホールの特異点と呼ばれる。

ブラックホールというユニークな存在など大して面白くなかったかのように、一部の人々は、一般相対性理論の方程式を基に、未来の恒星間旅行者が、宇宙のある領域で1つのブラックホールに入り、その後「ワームホール」を通って、どこか別の領域にある別のブラックホール、あるいはホワイトホールから出てくる可能性が理論的にあり得ると発言している(図8・2)。ホワイトホールは、エネルギーを放出し、内側には何も入らせないという、ブラックホールの正反対の性質を持っているはずだ。ホワイトホールは実際に存在するのだろうか?　もしも存在するなら、ホワイトホールは、アルクビエレのワープ航法を可能にするために必要だった負の質量などの性質を持つエキゾチック物質でできていなければならなくなる。ワームホールが形成される理論的な方法がもう1つあって、それはアルベルト・ア

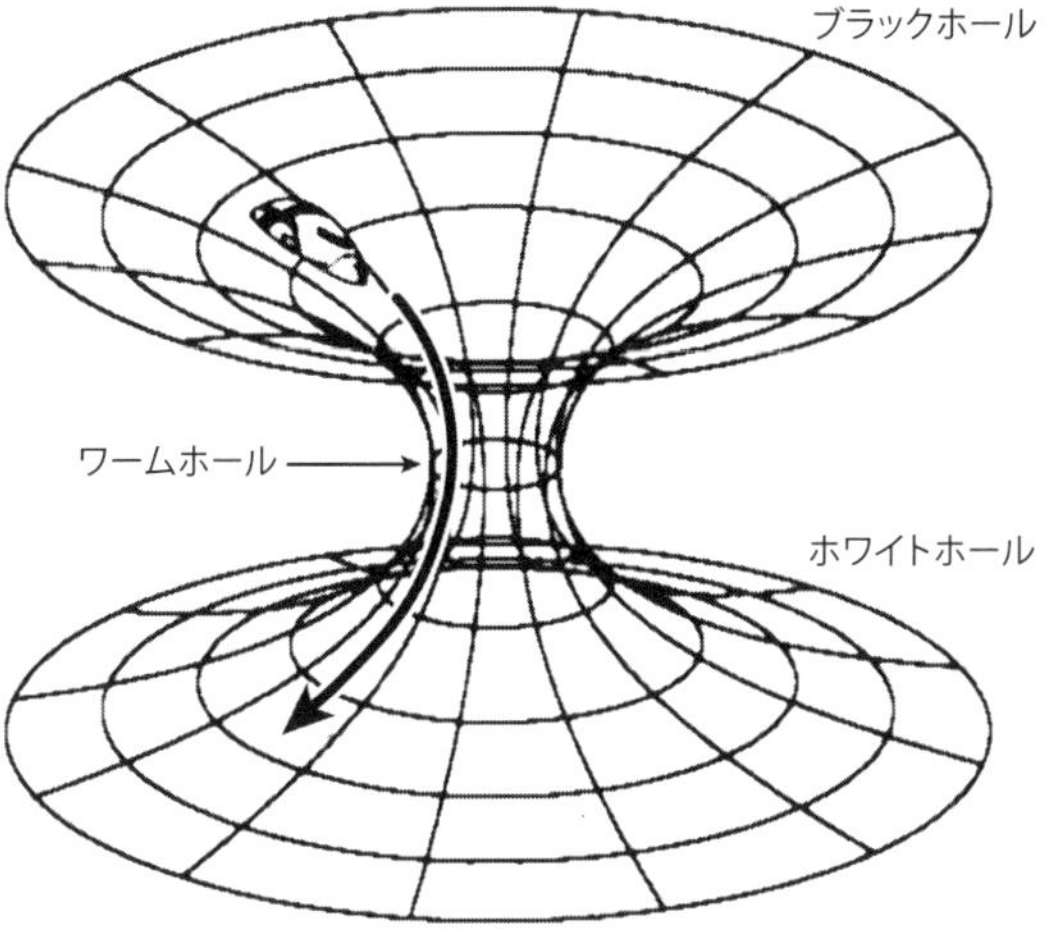

図8・2　ワームホールを通っての移動。イラスト制作者の想像に基づいて描かれた、ワームホールを通過する宇宙探査機。それが（理論上は！）簡単だということが示されている。探査機は時空のある点においてブラックホールに入ったあと、そのブラックホールに通過可能なワームホールでつながったホワイトホールに到達し、その内部を進んで、どこか別の場所でホワイトホールの外に出てくるだけである。ダニエル・マグリー作画。

インシュタインと、共同研究者のネイサン・ローゼンによって導出された。彼らは2つのブラックホールが時空間を横切って互いに接続している可能性があることを発見した。このようなワームホールを介してのつながりは、ＳＦのなかでは、アインシュタイン-ローゼン橋と呼ばれることが多い。もちろん、本当に存在したなら、宇宙船がこの橋を使うためにブラックホールに入ると、猛烈な重力を受けて、船体がばらばらになってしまうという一見些細な（実際は深刻な）問題が出てくる。そのようなアインシュタイン-ローゼン橋を見つけてそこに入るには、星間距離を飛行できる性能をすでに持っている宇宙船が必要になるだろう。というのも、太陽系の近傍にはブラックホールは存在しないからだ。しかし、ＳＦ作者らは、これらの問題点など気にもかけず創作を続けている。

アメリカで映画が公開され、テレビシリーズにもなった『スターゲイト』では、ある古代文明が構築した通行可能なワームホールのネットワークが宇宙に張り巡らされていることになっており、それを現代人たちが発見したという設定だが、このワームホールにアクセスするには現代人たちが「スターゲイト」と名付けたポータルを通る。もちろん、こんなネットワークが機能するのなら、その古代文明は人工ブラックホールを多数形成し、それぞれを孤立させた状態で維持できなければならなかったはずだが、そんなことがどうすれば可能なのか、誰も知らないのは言うまでもない。映画に登場した最も有名な通行可能ワームホールは、おそらくカール・セーガンの同名の小説に基づいた『コンタクト』と、クリストファー・ノーランの映画『インターステラー』に描かれているものだろう。

光速を超えない速度での移動

物理学が革命的な進化を遂げ、それに続いて技術が夢のように進歩しない限り、有人宇宙船で太陽以外の恒星に到達するためには、光速を超えない速度で旅するほかないだろう。有人宇宙旅行の場合は、光速よりもはるかに遅い速度で飛行しなければならないはずだ。SF、特にSF文学でワールドシップが頻繁に登場し、多数の読者に楽しまれているのもこのような場面においてだ。* 第7章の有人星間宇宙船の議論に戻るが、ワールドシップに乗った数千人の住人は、それぞれが自分自身の人生を、地球の生物圏（あるいはそのいくつかの要素）に似せて作られた世界のなかで送っており、おそらくは地球にいる人間とほぼ同様に、愛し、何かを失い、泣き、そして人生を祝っているだろう。だが、それはどこか別のところにある新しい住処に向かって星々のあいだを飛行している1つの人工物のなかにおいてである。

ワールドシップはどのような姿なのかに関する私の個人的な理解は、アーサー・C・クラークの『宇宙のランデヴー』(南山宏訳、早川書房)に基づいているが、そこに描かれているのは人間が大勢乗った宇宙船ではなく、正体不明の巨大な円筒形(直径20キロメートル、長さ50キロメートル)の異星人の宇宙船だ。それは太陽系に接近しつつあったが、その進み具合から判断して、その後太陽を公転しはじめる可能性はなく、すぐに通過していってしまうと見られた。しかし、勇敢な地球の人間たちが宇宙船を打ち上げて、その宇宙船とランデブー飛行して探査する時間は十分あった。そして、実際に謎の宇宙船に到着した人間たちが発見したのは、見たこともないような世界だった。その宇宙船は、久しく完全に休止していたが、太陽の温もりに近づくにつれて、徐々に活動し始めているらしかった。クラークが描いた、その謎の宇宙船の内側の、巨大な空洞にあった異星人の都市めいたものは、40年前に初めて読んで以来、今日に至るまで私の脳裏に焼きついている。だが、人間が作るワールドシップはどんな姿になるのだろう?

SFで描かれたワールドシップの姿で、私たちの想像力に最も大きな影響を与えたものの1つが、

＊ 映画やテレビでワールドシップがあまり描かれてこなかった理由は、物語の展開の遅さが、動画を画面上で楽しむスタイルには合わないからではないかと私は考えている。ワールドシップでの、概して平凡に一日一日を着実に暮らす人々を描くのに必要な、もっと現実的なスタイルよりも、限られた視聴時間内で、1つの世界から次の世界へと瞬時に移動し、あれこれの危機に直面するほうが、テレビや映画にはふさわしいだろう。

ロバート・A・ハインラインの『宇宙の孤児』（矢野徹訳、早川書房）だろう。この本は、1940年代初頭に執筆された2つの作品が1960年代に1冊にまとめられたものである。人間が作った建造物のなかにいることをほとんど忘れ、迷信に支配された封建時代に似た文化へと退化してしまった人々が乗っているワールドシップを背景として使うことにより、技術が奪い去られてしまった人間は、科学的方法が知られておらず、迷信に支配されていた、いわゆる暗黒時代と本質的に変わらない状態に堕落するということを改めて認識させてくれる作品だ。もちろん、放射能で生じた突然変異体《ミュータント》とされている奇妙な生物や、その他の科学や技術に関するさまざまな不正確な推測は、ハインラインのせいではなく、彼の本を読むときには、そのような箇所は我慢しなければならない――『宇宙の孤児』の内容のほとんどが、宇宙旅行についてや、放射能が生物に及ぼす実際の影響について、あまり多くのことが知られていなかった当時に執筆されたのだから。

ワールドシップ内での生活を描いた最近の優れた作品の例に、ジーン・ウルフの『新しい太陽の書』シリーズ（岡部宏之訳、早川書房）がある。ここでも、中心となる人物たちは、由来も目的も、そして行先さえも忘れられてしまったワールドシップのなかで暮らしている。船内では神話が支配的となり、ウルフは単なる別世界ではない、魅力的であると同時に陰鬱な、まったく新しい文化を持つ世界を生み出すという優れた仕事をしている。

SYFYチャンネル〔訳注　アメリカのケーブルテレビと衛星放送向けのSF専門チャンネル〕の『アセンション』に登場するのはワールドシップではなく、スターシップ（星間宇宙船）なのだが（じつのところスターシップですらない）、説得力があり、真実味がある。表面で展開する物語は、見かけも居心地も小さめの宇宙船のようで、ワールドシップには似ても似つかない乗り物の乗組員たちを中心としている。乗組員の人数は、先に議論したワールドシップの乗員数、「1万人以上」よりもはるかに少ない。この宇宙船は、冷戦の緊張が最も高まっていた1960年代前半に打ち上げられ、地球からプロキシマ・ケンタウリに向かっている。冷戦時代のオリオン計画で研究された推進法を使い、表向きは、冷戦が激化した場合に人類を絶やさないようにするためのノアの方舟のようなものとして打ち上げられた。だが、この宇宙船と乗組員たちの真の物語はこれとはまったく別のものだったのだが、その具体的な内容はここでは明かさないことにする。ドラマでは1963年に打ち上げられた星間宇宙船がどのようなものだったと思われるかを、現代の視点からリアルに描いている。その描写について、私は1つだけ文句を言わせていただきたい点がある。それは、乗組員の誰も閉所恐怖症的になっていないことだ。一生涯1つのホテルのなかに閉じ込められれば、それがどんなに素敵なところでも、私ならひどい閉所恐怖症になるだろう。乗組員たちにこのような感覚を持たせる独創的な方法を『アセンション』の制作者たちが思いついてくれればよかったのにと、残念に思う。

ここで、星間旅行を描いた近年の映画作品で最も楽しめるものの1つで、私が個人的にとても優れていると思うものを紹介させていただきたい。『パッセンジャー』という作品〔訳注　モルテン・ティルドゥム監督による2016年のアメリカ映画〕である。私が星間旅行についての映画を見るときには、脳のなかで科学者としての活動を担っている部分を停止させて、今ここにいるのは、何かを学ぶためではなく、楽しむためだと、自分を納得させなければならない。それができなければ、SF映画など1本も楽しめない。3本の映画の技術顧問を務めるという経験をした今では、その理由が理解できる。監督たちは、たとえ技術面では可能な限り現実的でありたいと願っていても、ストーリーのためには常に現実性を犠牲にするよう技術顧問に求めるのだ。

『パッセンジャー』では、* そんな犠牲が何度も払われたに違いないと思うが、それはそれで構わない。この映画は、地球から100年の旅が必要な遠方の恒星系に向かう、乗客乗員全員が冬眠状態にある宇宙船を舞台にしたラブストーリーである。乗員も乗客も冬眠していて、年を取らず、旅のほとんどをその状態で過ごし、目覚めたときは到着の日になっているのだが、冬眠に入ったのは昨日のことだったかのように感じられるというわけだ。ところが何か具合の悪いことが起きて、2人の乗客が予定より大幅に早く目覚めてしまい、2人でこの宇宙船を救ったあと、恋に落ちる。筋書きとしては悪くない。

最後に、『エイリアン』シリーズ〔訳注　1979年から1997年にかけて4本制作されたアメリカのSFホラー映画〕にエールを送りたい。『エイリアン』に描かれている宇宙船と乗組員は、移住目的で別の天体に向かうのではない。彼らはある悪徳企業の従業員で、その企業が無限に続く利益を探し求めるなかで、だまされて、極めて危険な状況に追い込まれる。『エイリアン』シリーズには、光速を超えない速度での飛行、限られた船内搭載補給物資の監視と配給の必要性、そのような宇宙船には必須の高効率リサイクルシステムが複雑であることを肯定的に捉えていること、そして冬眠など、起こり得る未来と、現実的な未来の星間宇宙船のすべての要素が詰まっている。さらに、そのような旅の力学的側面とそのリスクのほか、船内にいる人間そっくりのアンドロイドに見事に反映されている、予測不可能な人的要素を的確に表現する、強靭で妥協のないリアリズムも高く評価できる。そしてもちろん、悪意ある異星人たちとの対決もスリル満点だ。

宇宙飛行を巡る憶測

真の科学に基づいており、数学的厳密さもそこそこあるように見えるが、実は憶測に過ぎない「架空の科学理論」について議論するのに、小説や映画のＳＦジャンル以上にふさわしいものはない。アルクビエレ、ワープ、ハイパースペース、そしてジャンプドライブなど、すでにいろいろ議論したが、まだ触れていなかったものもある。例として2つだけ挙げよう。ＥＭドライブ、そして、「量子力学的な真空エネルギー（以下、量子真空エネルギー）」を利用した移動法だ。

宇宙船を推進するには、どんなに高度な方法を使おうと、基本的には、宇宙船に貯蔵された推進剤を推進装置に送り込んで加速させ、その運動量の一部を宇宙船に与えて推力にする。だが、貯蔵された推進剤を使わなくても、宇宙船の推力を生み出すことができるとしたらどうなるだろう？　この問いに答えるときは注意が必要だ。なぜなら、そこには重要な保存則（エネルギーや運動量などの保存則）がいくつも関わっており、詳細を詰めていく際にそれらの保存則を忘れてはならないからである。ＳＦに出てきたり、科学者によって提案されたりする多数の宇宙推進法がこれらのよく知られているはずの保存則を破っており、私たちが暮らす物理的世界よりもむしろ、『ハリー・ポッター』の魔法の世界の話

＊　私は、『ロスト・イン・スペース』、『ソリス』そして『エウロパ』の技術顧問を務めた。どの映画でも、ただもう信じられないようなシーンや物理的に不可能な場面に私が反対するたび、監督は私の反対意見に一応耳を傾けたあと、自分たちがやりたいようにやった。技術顧問とはそのようなものだ。

になってしまっている。宇宙推進そのものや、推進剤を使わない推進法が不可能だと言っているのではない。現在実用化が進められている例を1つ挙げれば、太陽帆がある――この推進法では宇宙船に搭載した推進剤は一切使わないので、推進剤を使わない推進法に分類されるが、だからと言って無反動推進法〔訳注　宇宙船そのもの以外の何かの反動をまったく利用せずに宇宙船を推進させる方法〕ではない。誰もが知っているように、太陽帆に衝突して反射する光子が存在している。太陽帆は、光子の反射という物理的プロセスの結果加速され、その過程で運動量とエネルギーは保存されている。太陽帆は、太陽が提供する大量の光子の反射すなわち反動を利用しているのだ。

反動するものを使わずに宇宙船を推進する方法は本当に存在しないのだろうか？　飛行機について考えてみよう――飛行機はプロペラを使って、機体を取り巻く空気と相互作用を行い、その結果推力を生み出して機体を動かす。機体の後ろから噴射して推力を生み出す圧縮空気のタンクなど飛行機には搭載されていない。たしかに、飛行機には推進剤のタンクがあるが、これはプロペラの回転のエネルギー源だ。この例では、もちろん、反動するものは、機体を取り巻く空気である。それなら、時空間そのものと相互作用して宇宙船を推進する、未発見の方法は存在するのだろうか？　一部の人々は存在すると考えている。

ＥＭドライブは、反動を用いない推進法で、提唱者たちによれば、マイクロ波ビームを密閉容器内で非対称的に何度も反射させて、実際の動き――つまり、この場合は推力――を生み出す。鍵となるのは、容器内で繰り返される非対称的な反射なのだが、じつのところそれは単に、反射体の形状が非対称ということに過ぎない。ブレイクスルーだと主張されているのは、ＥＭドライブでは推進剤の消費や外部からの圧力（光子やエネルギービーム）をまったく使わずに推力を生み出すという点である。別の言い方をすれば、ＥＭドライブとは、起動させた後は、連続稼働させるだけで宇宙船がどんどん加速し続けて、やがて星間飛行ができる速度に到達する、他の既知の宇宙推進法に不可欠な大量の電力や推進剤がまったく不要な宇宙推進法、というわけだ。話が出来過ぎているようだが、実際そうで、その一番の原因はそれが運動量保存の法則に反していることにある。運動量の保存は、ニュートンの3つの運動の法則から導出される、ある系の運動量の総和は外力が働かない限り不変だという法則だ。運動量は生み出されもしなければ失われもせず、外力の作用によってのみ変化する。ロケットが成り立つのも運動量保存の法則のおかげであり、この法則は数百年にわたって観察されており、誤りだと証明された例は1つも知られていない。世界中の多くの実験室で、ＥＭドライブのさまざまな変形版が製作され、相当幅広い制御条件の下で実験が行われたが、そのなかで最も厳密なものはすべて、ＥＭドライブに推進効果はまったく存在しないことを示している。

　時折メディアで注目を集める、力と推進の源になりそうだと思われているものがもう1つある。「量子真空エネルギー」だ。量子力学なんて、すこぶる奇妙な感じがするし、「真空」という言葉にしても、何だか冷ややかで浮世離れしたイメージだ、というわけで、「量子真空エネルギー」という言葉自体が、いかにも真の科学らしく聞こえ、しかも摩訶不思議な印象を与える。実際、物理学者たちも、空っぽな空間は、極限まで小さい尺度（物理的な大きさと時間、両方の尺度）で考えれば、実はそれほど真空ではないという話をしているし、時空のなかには無数の粒子がパッと現れては消えている仮想粒子の海があり、平均すれば見かけ上「空っぽ」な真空になっているだけだという理論が存在する。真空エネルギーは実在しており、「カシミール効果」と呼ばれる現象が実験で検証され、真空にエネルギーが存在しているというのは真実だと証明している。

これまでのいくつかの章で、「空っぽな宇宙」と呼ばれているものが、じつは空っぽどころではなく、星間空間では1立方センチメートル当たり、平均1個の原子が存在し、あらゆる方向から恒星の光がやってくるし、弱い磁場も存在するし、さらに岩や塵のかけらも飛んでくるという話をした。これらのものを除いた、空間そのものの真空について考えなければならない——これらの通り過ぎていくものたちの間にある空間そのものは、何かが作り上げているのだろうか？

量子力学と弦理論についての議論にもう一度戻ると、さまざまな波長と振幅を持つ無数の電磁波の波動が互いに打ち消し合うとき、そこには「空っぽな空間」が生まれるようだ。1つの波長を持った波動の振幅の山は、同じ波長で位相が180度ずれたもう1つの波動の谷によって打ち消されてしまう（図8・3）。この2つの波動の重ね合わせの結果として生じる波動は振幅がゼロで、私たちが容易に検出できるような形では姿を現さない。

ここでカシミール効果が登場する。優れた物理実験の多くは、「もしも〜なら？」という疑問から生まれる。この場合は、ヘンドリック・カシミールが、精密に調整された鏡を2枚、互いに向かい合うように真空内に設置し、両者を接触する寸前まで近づけたならどうなるだろうかという疑問を持った。そのような状況では、2枚の鏡のあいだの空間の内部には、波長が極めて短い量子力学的波動——自然発生的に出現しては消滅する波動——しか存在できないというのが答えだろう。鏡どうしの隙間があまりに小さいので、それより長い波長の波動は排除されるだろう。このように、波長が長い波動が排除され

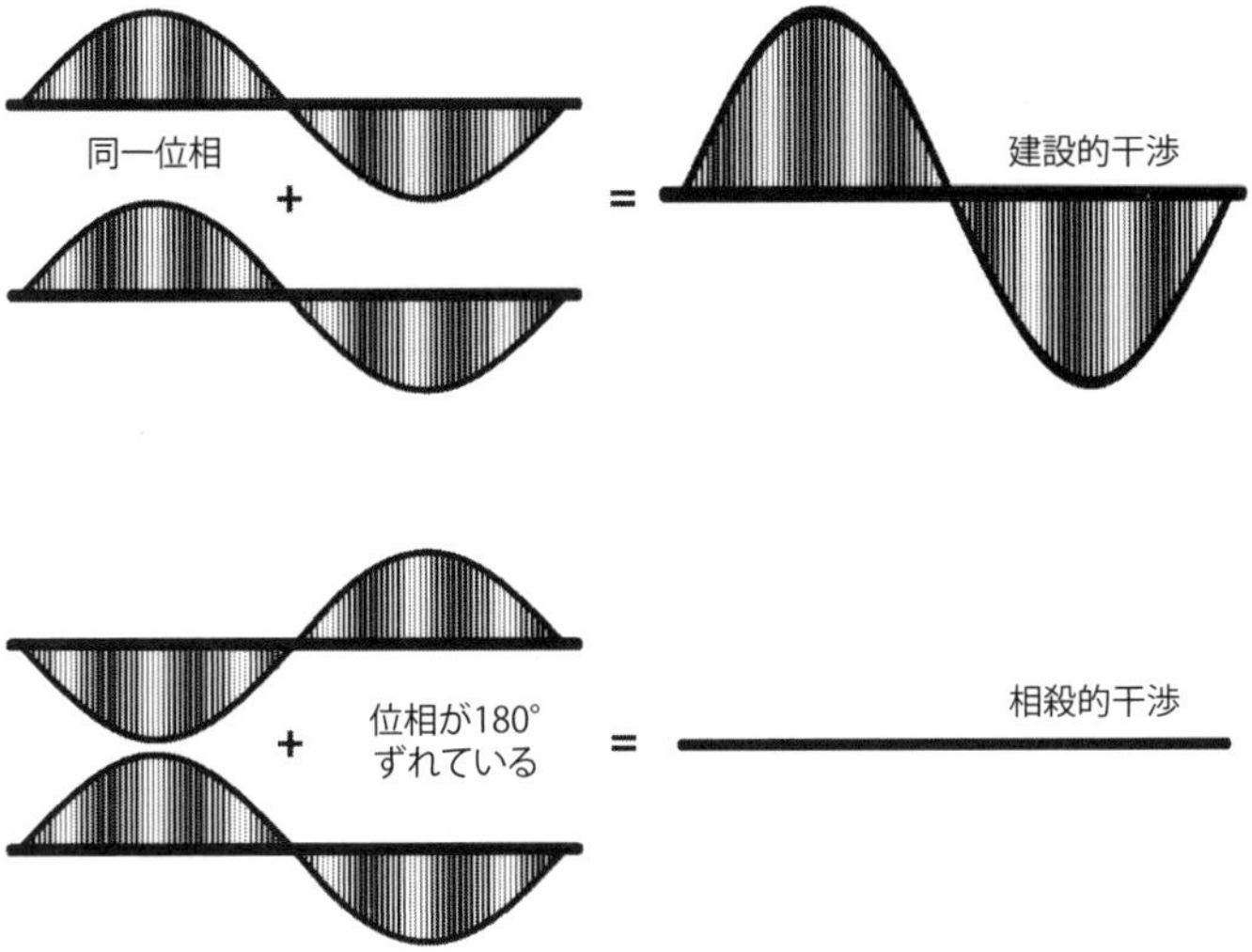

図8・3　波の干渉。まったく同じ2つの波動が、山どうしが一致するように重なり合うと、振幅（波の高さ）が加算されて、より高く、よりエネルギーが大きな波動が生み出される。まったく同じ2つの波動が、位相が180°ずれた状態で重なり合うと、互いに打ち消し合って、波動がまったく存在しないように見える。時空内に、（量子力学にしたがって）瞬時に現れては消える無限に近い数の電磁波が含まれているとすると、それらの波動の平均振幅はゼロになるはずだ。ダニエル・マグリー作画。

る結果、2枚の鏡の外側の真空に含まれるエネルギーは、鏡のあいだの真空に含まれるエネルギーよりも高くなるはずだ。なぜなら、外側の真空にはより長波長の波動が出現しては消滅することを許されているからだ。このように真空のエネルギーに違いが生じる結果、2枚の鏡を接近させるような外からの圧力が生じると推測される。

1948年にカシミールがこの問いを投げかけたとき、十分小さな鏡も、この効果を引き起こすと予想された微弱な力を測定できる高感度の測定器も、まだ製作できなかった。1996年にロスアラモス国立研究所の科学者たちがカシミール力の測定に成功し、カシミール効果が確認され、真空のエネルギーが実在することが証明された。だが、証明に成功すると、次の問題が持ち上がった。時空の真空の全域で、あり得るすべての波長の波動が同時に出現しては打ち消し合っているという説が提唱されたのだ。もしも本当にそうなら、朗報に違いない――無限のエネルギーが私たちの周りの至る所に存在しており、利用されるのを待っているということなのだから。

残念ながら、これが正しいわけなどないことも、私たちは知っている。このエネルギーが本当に無限なら、相対性理論にしたがって、時空間は無限に湾曲しているはずだが、そうはなっていない。真空のエネルギーについての現在の理解に欠陥があることは明らかだ。実際、時空について観測されている性質に基づいて考えると、真空の総エネルギーはほとんどゼロに等しいぐらい小さいのである。宇宙旅行のためのエネルギー源になるかもしれないと考えるには、あまりに小さすぎると言っていい。また、仮にこのエネルギーがもっと大きかったとしても、それを直ちに利用できるような方法は全く知られていない。[4]

宇宙推進を巡る諸問題（大抵は規模の問題）を迅速に解決する方策を探している人々は、ＴＡＮＳＴＡＡＦＬを思い出すべきだ。この簡単に発音できるけれどもいかにも不真面目そうな頭字語《アクロニム》は、何かの話が出来過ぎだと思った人が投げかける忠告めいた言葉としてＳＦコミュニティーで使われ始めた。ＴＡＮＳＴＡＡＦＬは、「無料のランチなんてあるわけない（There ain't no such things as a free lunch.）」という英語の警句の略だが、これは生活のほぼあらゆる側面で使うことができ、もちろん宇宙物理学と宇宙工学でも使える。ＴＡＮＳＴＡＡＦＬが広まったのは、１９６６年に出版されたロバート・Ａ・ハインラインの『月は無慈悲な夜の女王』（矢野徹訳、早川書房）で、キーワードとして使われたのがきっかけだった。ＥＭドライブにも量子真空エネルギーを利用する方法にも、「ＴＡＮＳＴＡＡＦＬ！」と言ってやらねばならないだろう。

人工冬眠を巡る憶測

ＳＦに登場するワールドシップでほぼ定番化しており、一見真実味があるが、現時点ではやはり憶測に過ぎないのが、「人工冬眠」だ。* 系外惑星まで行くには、数十年から数百年かけて宇宙を旅する以外ないので、移住者たちは宇宙船に乗船する。船内で彼らは極低温の棺に入り、** 数百年後に目的地に到着するまで身体機能（老化）を停止する。映画やドラマでは、眠りから覚めた男盛りの登場人物の顔のひげがほんの少し伸びたことで時の経過が示される。人工冬眠が使われた有名な作品がスタンリー・キューブリックの『２００１年宇宙の旅』で、悲劇が待ち受けているとも知らずディスカバリー号に乗っている乗組員のうち3名は、搭乗前から人工冬眠の状態に入っており、そのままで木星を目指して旅をするが、途中でＡＩを備えたコンピュータ、ＨＡＬが異常な行動を始め、このＨＡＬによって目的

＊　人工冬眠の概念が近現代のＳＦ以前から存在することは間違いない。『眠れる森の美女』が王子を待って１００年の眠りに就いていたことや、『リップ・ヴァン・ウィンクル』〔訳注　19世紀のアメリカの作家ワシントン・アーヴィングの短編小説で、山中で出会ったふしぎな男たちの酒を飲んで眠りこみ、目覚めてみれば20年経っていたという浦島太郎風の物語〕の物語を考えてみてほしい。

＊＊　ＳＦ小説や映画の人工冬眠用チェンバーは、必ずしも低温ではない。老化プロセスを鈍らせたり停止したりする謎の化学物質が満たされているというものもあれば、なぜ冬眠中は老化が進まないのかまったく説明がなく、ただそうなるだけというものもある。

地に着く前に殺されてしまう。これとよく似た人工冬眠が『エイリアン』とその続篇と前篇でも使われ、宇宙貨物船の航海士を演じるシガニー・ウィーバーが、数十年以上の人工冬眠から目覚める姿で思春期の男子視聴者たちを悩殺した。もっと最近の例には、クリストファー・ノーランの『インターステラー』とモルテン・ティルドゥムの『パッセンジャー』がある。『インターステラー』は、私たちがとらわれている思考の枠を取り払って、大きなスケールで考えられるようにしてくれそうな偉大な映画であり、『パッセンジャー』は、星間旅行する未来版ノアの方舟が舞台のラブストーリーで、どちらもＳＦで描かれる物語の空間を広げる斬新な作品だ。他にも数えきれない例があり、この便利な高度医療技術を利用した本や映画を漏れなく載せたリストを作成するのは無理だろう。しかし、人工冬眠は完全な虚構なのか、それとも科学に基づいているのか、どちらだろう？

両方の要素が組み合わされているというのがその答えだ。多くの動物が冬眠して（それより少ないが、夏眠する動物もいる）、長い間休眠状態で過ごす。その間ほとんどの身体プロセスが大幅に減速するので、場合によっては冬（または夏）の始めから終わりまで、体内に貯蔵した栄養だけで生き延びることができる。冬眠する哺乳類としては、多くの齧歯類と熊がよく知られている。眠っている人間は空気も水も食糧もあまり消費しないので、深宇宙への旅に出る人間を人為的に冬眠状態に入らせれば、その間物資補給が不要になるので理に適っているかもしれない。だが、残念なことに、人工冬眠中に老化プロセスが停止することはないだろう。熊は眠っているあいだも成長するし、人間の場合も、老化プロセスそのものを停止する方法が発見されない限り、眠っているあいだも成長し老化するだろう。

人間は自然に冬眠状態に入ったりはしないが、冬山で遭難するなどして予期せぬ低体温症に陥ったために冬眠に似た状態になった事例や、医療目的などで意図的に低温状態を導入した事例のデータによれば、少なくとも短期間なら人間も冬眠状態に入ることができるようだ。冷水に長期間浸かっていたのに生き延び、脳やその他の臓器には何の損傷も受けなかった人たちの事例や、医療の現場で特定の種類の心臓発作と脳卒中の患者の生命を守るために、冬眠に似た状態を強制的に導入する事例が詳細に記録されている。[5] また、ＮＡＳＡをはじめとする宇宙機関では、火星に向かう宇宙飛行士が1年近い旅のあいだ目覚めていることによって生じるさまざまな問題を軽減するために、冬眠状態を導入する可能性について研究している。

　太陽以外の恒星まで、冬眠した状態で旅するというのは、現実的な選択肢とはとうてい思えない。冬眠と同時に老化プロセスを遅延もしくは停止するならどうだろう？　老化の遅延は、それほど突拍子もないことではないが、老化の停止はどう見ても不可能だろう。ミシガン大学のグレン老化生物学センターの研究者たちは、ある種の薬物による処理でマウスの寿命が15～20％以上延びたことを示す医学研究論文を数件引用している。[6] ほかのいくつかの研究は、カロリー摂取量を大幅に減らすことでマウスの寿命が40％も延びたとしている。そのようなわけで、勇敢な宇宙探検家たちが、臨床的に証明された薬物を注射されて、半飢餓状態で冬眠状態に入れられることを厭わないなら、彼らは実際、目覚めたあと、必ずしも「実りある歳月」を失うことなしに2、3年間冬眠状態で過ごせるだろう。彼らはそれでも老化するだろうが、老化の副作用のいくつかは被らずに済むだろう。これが星間旅行で利用可能になるためには、旅行時間の長さからして、将来の医学分野のブレイクスルーによって、寿命が40％をはるかに超えて、１４０％以上延びなければならないだろう。

目的地での生活

ＳＦではしばしば、星間旅行の終点での新しい生活が楽観的に描かれる。そもそも１９６０年代、カーク船長、ミスター・スポック、そしてドクター・マッコイが惑星連邦を救うために冒険するなかで、地球に似た惑星を次々と訪れるのを見て、視聴者は毎週わくわくしたのだ。この伝統は20年後、ピカード艦長とカウンセラー・トロイに引き継がれ、その後も何シーズンにもわたって継続した。たまには彼らが人間には適さない環境の惑星に出会うこともあったが、それはめったにないことだった。21世紀に入ってすぐアメリカで放映された『ＧＡＬＡＣＴＩＣＡ／ギャラクティカ』では人類のコロニー惑星が12個存在し、どれも地球に似た環境で、人間が大勢生活している。彼らはこれらの思いがけなくも地球にそっくりな惑星で繁栄しているのである。『スター・ウォーズ』は、コルサント、ダゴバ、そして、タトゥイーン（ルークの故郷）の３つの惑星で基本的に同様の設定をした。

ＳＦ小説の分野でも、この種の人間に優しい惑星は、やはり頻繁に登場する。アイザック・アシモフの『ファウンデーション』シリーズに出てくる銀河帝国もその一例で、帝国に含まれる数百万の惑星に人間が入植しており、帝国の首都があるトランターもその１つだ。デイヴィッド・ウェーバーの『オナー・ハリントン』シリーズには、人間が居住できる惑星が無数に出てくるが、主なものにはマンティコア、ヘイヴンなどがある。そのような惑星が現実の世界――と言うより、現実の天の川銀河――に存在する可能性は極めて低い。

現在天文学と古生物学で知られていることからすると、地球の環境は数十億年にわたる歴史で起こったさまざまな出来事によって生まれたものだが、これらの出来事がどこか別の場所でも起こる可能性は非常に低い。生物に優しい惑星がどこか別のところにあるわけないと言っているのではない。ただ、そんな地球の生物に適合する環境がすでに出来上がっているような惑星はおそらく他には存在しないだろうと言っているだけだ。

地球の歴史で起こった重要な出来事のうち、たった1つでも起こらなかったり、少しだけ違う形で起こったり、あるいは、別の時代に起こっていたなら、今日の地球はまったく違っていただろう。もしも地球の軌道がもっと太陽に近かったなら、地球は金星に似ていたかもしれないし、もっと太陽から遠かったなら、火星に似ていたかもしれない。強力な磁場と、紫外線をカットしてくれるオゾン層とがなかったなら、地球の表面は絶えず放射に曝され、私たちが知っているような生物は存在しないかもしれない。また、地球にこれほどの量の水が存在しなかったとしたら、私たちが存続するのに不可欠な酸素を生み出す、光合成を行う植物、藻、そしてバクテリアは十分には存在しないだろう。このような、人間をはじめとする生物に不都合な可能性は枚挙にいとまがない。

太陽以外の恒星を周回している惑星に私たちが旅するとき、たとえその恒星系のハビタブルゾーン内に何個か惑星があると予測できても、実際に行ってみたら、人間をはじめとする地球の生物にはまったく適さなかったとわかる可能性もある。地球の生物が、到着したらすぐ船外に出て、空気を吸い込み、根を下ろし、繁栄と成長をはじめられるような惑星など存在しないことはほぼ間違いないだろう。これらの新世界の大部分は逆に、有害で、空気はまったく存在しないか、存在しても呼吸には適さないかのいずれかで、土壌には地球の植物を養うのに必要な養分などまったく含まれていない、等々といった状況だろう。つまり、星間飛行を終えた地球からの移住者たちは、そこに人工建造物を建て、そのなかに閉じこもって余生を過ごすことになるのだ——次の2つの選択肢の、どちらか1つを行うまでは。テラフォーミングか、あるいは順応か。

ほかの惑星を地球のような環境にするテラフォーミングは、何世紀もかかるうえに、どんな結果になるのか予測も付かない事業になるだろう。このテーマについて真剣に取り組んだ科学論文がいくつも発表されており、対象となる惑星（あるいは衛星）で、大気組成と温度を、そして最終的にはその生態系全体を、地球にそっくりにするため、既存のものを変更するか、もしくはゼロから作り上げるための方法を論じている。

考え方としては新しいものではなく、このプロセスを指すテラフォーミングという言葉は広く使われている。この言葉は、1942年に出版されたジャック・ウィリアムスンのSF短編小説『コリジョン・オービット（Collision Orbit）』で初めて使われた。それ以来、多くのSF小説に登場したが、描かれ方にどれくらい真実味があるかには幅がある。たとえばロバート・A・ハインラインの『ガニメデの少年』（矢野徹訳、早川書房）、アーサー・C・クラークの『火星の砂』（平井イサク訳、早川書房）、そしてキム・スタンリー・ロビンスンの火星三部作などが有名だ。ところが、映画やテレビではあまり扱われていない。人気のテレビシリーズ、『スター・トレック』と『ドクター・フー』のいくつかのエピソードと、『アライバル／侵略者』などのあまりよく知られていない映画に出てくるくらいのものだ。これらの少数の例を除いて、惑星の生物圏を変えるという壮大な計画は、小説に任されたテーマのようだ。テラフォーミングは可能なのだろうか？

イーロン・マスクは可能だと考えているようだ。スペースXの創設者でもあるマスクは、火星の極地の上空で数千個の核爆弾を爆発させて氷を溶かし、その主成分と推定されている二酸化炭素と水を蒸発させて火星の大気に拡散させることをはじめとする、非現実的な計画を公に論じている。マスクによれば、核爆弾を高高度で爆発させれば、環境中に放出される放射線の量を制限できるというのだ。他の人々は、大量の核爆弾は使わない、すでに実証済みのテラフォーミング手法——すなわち、私たちが地球で行っている、二酸化炭素を大気中に無制限に放出し、その結果気候変動を起こすという残念な手法——を利用しようと提案している。たしかに、私たちは自分たちの惑星の無制御テラフォーミング（と言うより「テラアンフォーミング」）を行っている。査読付きの天文学のオンラインジャーナル『ネイチャー・アストロノミー』で発表された非常に興味深い案は、宇宙船の温度維持用に使われているものと類似のエアロゲル〔訳注　超臨界乾燥法によりゲルの溶媒を除去した多孔性の物質〕を使って、火星表面の数箇所である程度の高温を維持し、土壌内部に閉じ込められた揮発性物質を解放しようというものだ。二酸化ケイ素からなるシリカエアロゲルは可視光に対して透明で、太陽光からのエネルギーを通過させるが、赤外線に対しては不透明になるように製造することができる。そうすると、エアロゲルの下の凍結した土壌に可視光が吸収されて生じた熱が閉じ込められ、土壌が暖まり、内部に凍結されていた気体を蒸発させることができるというのである。[7] 独創的な人々は独創的なアイデアを思いつくものだ。だが、この方法に現実味はあるのだろうか？　理論的にはある。だが実際にうまくいくかどうかは、封じ込められている二酸化炭素の量と、そのうち解放できるのは何％ぐらいかにかかっており、この点に関して、さまざまな文献が挙げているデータには一貫性がない。[8] 別の惑星を地球のように変貌させるには、最初にそこに行くためにミッションを開始するのと同じくらいの努力が必要になるはずだということに注意してほしい。惑星は非常に大きく、その大気では複雑な物理現象が起こっており*、惑星をその現状から望みのゴールである「第2の地球」まで変貌させるのに必要な一連のステップを決めるとなると、それは惑星ごとにまったく違うものになるだろう。

　惑星丸々1つを変化させるのはハードルが高すぎるなら、もっと小さい衛星を居住可能にすればいいかもしれない。現在の数十億人からなおも急増を続ける地球上の人間を住まわせるのに地球の全面積が必要なわけではないことを心に留めておいてほしい。地球の表面の約70%は水であり、陸地は約1億5000万平方キロメートルだが、陸地の3分の1は砂漠だ。比較のために申し上げると、月の表面は、水と呼べるものは存在しないが、約3700万平方キロメートルの面積がある――1万人程度の乗組員が「家」と呼ぶに十分な広さだ。もちろん、これにはさまざまな問題がある。大抵の衛星の表面重力は惑星に比べて極端に小さいので、大気を作ったとしても徐々に宇宙に漏れていくはずだというのも、特に重要な問題の1つだ。これに対処するというのが「シェルワールド」である。

　工学者のケネス・ロイが提案したシェルワールドは、ベースは普通の小さな衛星なのだが、グラフェン、またはケブラーと鋼鉄の組み合わせなどの比較的単純な素材でできた保護用シェルにすっぽり包まれている。シェル内部では、地球のような大気と生物圏を作り、それを維持することができる。ロイの計算によれば、火星の大きさをしたシェルは地球の大気の約7%の質量しか必要なく、紫外線と太陽放射からしっかり守ってくれて、おまけに、比較的少量の原材料から短期間で製作できる。それでもやはり、実際に作るのは技術的に非常に困難だろうが、他の方法に比べればはるかに現実的だろう。

　人間が暮らしやすいように惑星の環境を作り変えるのは難しすぎる、あるいは、不可能なら、逆の取り組みはどうだろう？　旅の終わりに彼らを待ち受ける環境がどのようなものであれ、そのなかで存続できるように人間を変貌させることはできるだろうか？　ここでも答えはやはり、「もしかしたらできるかもしれない」だ。ヒトゲノム計画が成功した今、人間の細胞を「猫」や「犬」ではなくて「人間」になるようにプログラムしている遺伝暗号がどのようなものなのかという研究が進んでいる。乳がんや1型糖尿病などの難病に関係する遺伝子についても理解が深まっている。たとえば、遺伝性乳がんの原因として多いのは、ＢＲＣＡ1またはＢＲＣＡ2遺伝子の突然変異だ。通常、これらの遺伝子は損傷したＤＮＡを修復するタンパク質の生成を助ける働きをするが、既知の突然変異体のなかには、異常な細胞成長とがんを引き起こすものがある。[10]この変異体は非常によく知られており、遺伝子にこの異常を持つ多くの女性が、がんの発症を待たずに予防手術を受けている。特定の遺伝子とがんなどの病気との関係を突き止める研究が進んでいるほか、突然変異を修復したり、突然変異が絶対起こらないようにしたりする方法が探求されている。

農業が発明されて以来、人間は作物の選択や交配によって植物のゲノムを変え、多くの食物の高収量品種を作り出してきたが、それらの品種は今では私たちの食事の中心的な材料となっている。いくつか挙げると、トウモロコシ、小麦、大豆、そしてバナナがそうだ。遺伝子配列の解読が可能になってからは、これらの遺伝子を意図的に編集する方法が突き止められるのは時間の問題に過ぎなくなった。普及が進む遺伝子組み換え作物の例として、Ｂｔコーンについて考えてみよう。Ｂｔはバチルス・チューリ

＊　あなたの地域の天気予報は、どのくらい正確ですか？

ンゲンシスという細菌の名称を略したものだ。この細菌は、ある種の昆虫にとって致命的な毒性のある物質を作り出す性質がある。Ｂｔが持つ、殺虫成分を作る遺伝子をトウモロコシ（コーン）に組み込むと、そのトウモロコシは昆虫の食害を受けにくくなり、無事に人々の食卓にのぼり、動物の飼料に使われる。アメリカで消費されているトウモロコシの多くが、好むと好まざるとにかかわらずＢｔコーンである。たいていの技術がそうであるように、遺伝子組み換えも改良が進み、高効率化した手法が登場してきた。ＣＲＩＳＰＲ＊〔訳注　ＣＲＩＳＰＲと呼ばれるＤＮＡの特殊な繰り返し構造を利用して、ＤＮＡを思いのままカットアンドペーストする技術〕がその1つだ。これらの新手法は、手間も時間もかかった従来の手法を大幅に単純化する。ＣＲＩＳＰＲのおかげで、今では規模の大小にかかわらず、世界中の研究所の実験室で遺伝子編集研究が行われている。このような技術を利用して誰かが人間の遺伝子の編集を始めるのは避けられないことだった。しかも、生きた人間の遺伝子を変えることは、その一代限りの編集では終わらない恐れがある。編集された遺伝子が、その人間のゲノムの永続的な一部になり、遺伝子編集によって現れた新しい性質が、通常の生殖で将来の世代へと受け継がれるような事態が必然的に起こる素地ができてしまった。

２０１８年、中国のある科学者が、人間の複数の胎児の遺伝子を、受精卵の段階でまさにそのように操作したと発表すると、科学界は震撼した[11]。その後、倫理や道徳の観点から非難の嵐が沸き起こった結果、その科学者は職を追われた。彼の科学者としての経歴もおそらく損なわれてしまっただろう。そして、それには正当な理由があると私は考える。この分野はあまりにも新しく、そのような操作の長期的な影響はまだ十分理解されていない。害を及ぼす可能性が大きすぎ、この新技術が実験室を飛び出して大勢の人間に対して使われるのは現時点では時期尚早だ。とはいえ、生まれた子の寿命を制限してしまう深刻な先天性障害の多くを未来の世代で撲滅する絶対に失敗しない方法があったなら、それはやはり、合法的で実行可能な選択肢と見なすべきだろう――将来は。そして将来、星間移住者たちが、居住可能だが地球には似ていない惑星に到着するとき、この技術はすでに実証済みで利用可能になっているかもしれない――もしもそうなら、それを使って、新しい環境でうまく生きられるように、未来の世代まで含めて人間を遺伝的に変えることができるだろう。大気中の酸素の量が少なすぎるなら、ゲノムを操作して、酸素が足りなくてもやっていけるようにしよう。重力が小さすぎて、若くして骨粗鬆症になるのを防げないなら、遺伝子編集によって、骨に必要な負荷荷重を小さくし、低重力状態でもカルシウムが十分吸収されて骨密度が維持できるようにすればいい。できることはいくらでもある。

このテーマを深く掘り下げたSF小説は多数存在する。たとえば、ロイス・マクマスター・ビジョルドの『自由軌道』(小木曽絢子訳、東京創元社)、デイヴィッド・ブリンの『スタータイド・ライジング』(酒井昭伸訳、早川書房)、オクテイヴィア・バトラーの『夜明け(Dawn)』(未邦訳)などだ。

SFは、私たちが熟考すべき警告も発している。『ガタカ』(訳注 1997年公開のアメリカのSF映画。アンドリュー・ニコル監督作品)は、私がこれまでに見たなかで、最も深く掘り下げられている一方で最も気が滅入る映画の1つだ。『ガタカ』が描くあまりに現実的な未来では、富裕層が自分の子どもたちに

＊ CRISPRとは、「Clustered Regularly Interspaced Short Palindromic Repeats」の略である(なぜ頭字語で呼ばれているか、これを見ればおわかりいただけるだろう)。

遺伝子操作を施して、あらゆる点――容姿、運動能力、知性、視力など――でほぼ完璧にし、産児制限活動家マーガレット・サンガー[12]をはじめとする優生学支持者らの思想をディストピア的未来に実現させている。ストーリーは、遺伝子操作を受けていない1人の人間と、彼が生涯の夢を叶えるためにせねばならない苦労を中心に展開する。それは、私なら、とても生きていたいなどとは思えない未来だ。多くの技術――たとえば銃や原子爆弾など――と同様、遺伝子工学の利用に関する倫理も、社会や個人が慎重に検討しなければならない。だが、『ガタカ』的な未来を作り出すことと、この技術を使って1型糖尿病を撲滅することは別のことだ――そして、宇宙船に乗って地球からやってきた大勢の人間たちを、地球とは異なる世界に適合させるためにこの技術を使うことは、容認できる利用法の1つである。

目的地にいる地球外生命体

そしてさらに、地球外生命体の問題がある。SFでは、宇宙には原始的な生物や微生物だけではなく、知性を持ち道具を使う、私たちによく似た生命体も存在する。この知性ある生命体の描かれ方は、小説や短編と、テレビや映画で大きく異なっている。クロマキー合成技術の登場に続き、最近のコンピュータ・エンハンスメント〔訳注　ここでは、コンピュータを利用した画像の改善や加工のこと〕のブレイクスルーが起こるまでは、人間とまったく違う姿の異星人をテレビや映画で描くことはほとんど不可能だった。テレビに登場する地球外生命体が大抵人間そっくりなのはそのためだ。『スター・ウォーズ』の地球外生命体は、ほとんどが他の惑星からやってきた人間で、奇妙な服を着た二足歩行生物は極稀にしか出てこないのは偶然ではない。地球外生命体を画面に作り出すために当時使えた特殊効果と、衣装に割り当てられた予算の範囲内では、それが精一杯だったのである。『スター・トレック』の宇宙では、主人公たちが出会った地球外生命体のほとんどが人間のような外見をしているという制作の都合で生じた状況を、ストーリーの側から説明するために、ライターたちが銀河の歴史を作り上げたのだった。ところが今では、最近の技術に支えられた真剣なSF映画のなかに、人間とはまったく異質な生命体を見事に描いた優れた作品も出てきている。

2016年の『メッセージ』について考えてみよう。この映画では、異星人たちが地球にやってくるが、彼らは、外見、行動、そしてコミュニケーションの方法も人間とはまったく違う。主人公のルイーズ・バンクスは、彼らとコミュニケーションを取るための秘密をついに明らかにするが、彼らの言語は話者の脳の働きを作り変え、知覚も物理的世界も、それまでに一度たりとも想像されたこともなく、想像することも不可能だった形に変貌させてしまうものだった。テッド・チャンの短編小説を基に制作された『メッセージ』は、地球外生命体との最初の接触を描いた映画としては最も現実的なものの1つと言えるだろう。その現実味は、地球外生命体の具体的な性質が描かれているから生じるのではなく、その映画が引き起こす「異質性」の感覚から生まれるものだ。

SF文学の世界では、独創性を発揮できる余地がもっと大きい。というのも、視覚的なイメージを生み出すのは読者の精神なので、映画で使われる特殊効果のようなものに制約されないからだ。マレイ・ラインスターによる1946年の中編小説『最初の接触』(伊藤典夫訳、早川書房『伊藤典夫翻訳SF傑作選 最初の接触』)では、地球を出発して星間飛行をする宇宙船が、ほぼ同等の技術力を持つと思《おぼ》しき異星人の宇宙船に遭遇する。両者は、遭遇が敵対的になりがちな宇宙において、平和的にやりとりする方法を見出す。メアリー・ドリア・ラッセルの『ザ・スパロウ（The Sparrow）』（未邦訳）は、人間に非常に近いが完全に異質な種との最初の接触を描いたものだ。地球から旅立ち、彼らに最初に接触したチームのなかで、地球に生還した唯一のメンバーが主人公なのだが、帰還した彼は身も心もひどく傷ついており、読者は彼の波乱万丈の経験に感情を揺さぶられる。ラッセルは、読者を動揺させ、思考を刺激する筋書きを周到に作り上げた。しかし、異星人との接触を実現することが可能な宇宙船や技術の現実的な描写を求めている読者には、『ザ・スパロウ』は期待外れだろう。この作品のテーマはあくまで人間であって、そもそもハードウェアの描写には力点が置かれていない。ラリイ・ニーヴンとジェリー・パーネルの1974年の共著、『神の目の小さな塵』（池央耿訳、東京創元社）は、異星人との最初の接触を描くと同時に、さまざまな技術の描写も非常に信頼性が高い。この接触は、はじめのうちは平和的だと思われたが、やがて敵対的なものだったとわかる。じつは異星人「モウティー」の真のミッションは地球征服だったのだ。SF小説では人間と異星人の敵対的な遭遇が描かれることが多いが、それには2つ理由があるようだ。1つめは、私たち自身の歴史では、2つの異なる文化の最初の接触が結局は対立に終わってしまうことが多いためだ。2つめは、対立が描かれている小説のほうが、読むのが面白い傾向があるからである。

宇宙のどこかに、居住可能、あるいは、居住可能に近い条件の惑星があるのなら、そこには地球のものとは違う生命体*も存在しているだろう。信じられないかもしれないが、地球外生命体の研究を中心に据えた科学分野が丸々1つ存在する――宇宙生物学だ。私たちは、そんな生命体にはまだ出会ったことはないのだが。調べられる試料が存在しないからといって、宇宙生物学者たちには何もすることがないなどと思ってはいけない。その逆である。彼らは今、多くの宇宙ミッション、とりわけ火星に行く計画の立案に関与しているほか、太陽系外惑星関係の事業全般に参加している。地球外生命体を理解し、太陽系外惑星のうちのどれを新たに研究対象とすべきかを的確に判断するためには、生物が展開し繁栄できる環境について理解を深めることが鍵となる。

地球以外のところに存在する生命体について議論していると、ごく自然に、「宇宙のどこか」にいる他の知性ある生命体とはどんなものなのか、そして、そのような生命体に人間が遭遇する可能性があるのだろうかという疑問が浮かんでくる。天の川銀河には4000億個以上の恒星と、少なくともそれと同じぐらいの数の衛星が存在すること、そして毎週のように、恒星の居住可能域内に新たに惑星が発見されており、さらに、宇宙は約130億歳だということを考えると、天の川銀河のなかで私たち以外に生命体が存在していないということはなさそうだ。それに、天の川銀河は、知られている宇宙を作り上げている数十億個の銀河の1つにすぎないのだから、宇宙のどこかに他の知性ある生命体が存在しており、星を眺め、自分たちは宇宙のなかで唯一の生命体なのだろうかと訝《いぶか》っている可能性は一段と高まる。

それにもかかわらず、ここ以外のどこかに、知性のあるなしにかかわらず、生命体が存在するという

＊ 居住可能なのに生物が存在しない天体など、想像するのは難しい。現在地球が居住可能である主な理由は、これまでの数十億年にわたる地球上の生物がもたらした影響が積み重なったおかげである。とはいえ、未来の宇宙探検家たちが、海と乾燥した陸があるのに、生物はまったく存在しない惑星を発見する可能性があるのは確かだ――しかし、それは地球の生物にはほぼ確実に適さない場所だろう。

兆候が見つかったことは一度もない。「地球外知的生命体探査（ＳＥＴＩ）」という名の下に、半世紀以上にわたって、多数の電波望遠鏡が異星人が送った電波信号をキャッチするために空をスキャンしているが、確実なものは何も見つかっていない[13]。ＳＥＴＩ協会の名誉会長であるジル・ターター博士は、探査方法は（まだ）変えていないものの、最近では研究者たちに、これからは、ＳＥＴＩを知性を発見するための手段ではなく、知性の存在を伴うはずの技術を示唆する証拠を探すための手段と考えてほしいと呼びかけている。だがやはり、宇宙のどこかにいるかもしれない知性を持った種が、技術を持つには決して至ることはない運命で、そのため私たちには彼らを見出すことは絶対にできないという可能性だってあるのだ。

どうして私たちは、まだ何も発見していないのだろう？　人類は、技術文明を持つようになってからまだ２０００〜３０００年しか経っていないが、その気になれば、電波発信局を作って、人類の存在を高らかに告げて、何十光年、あるいは何百光年も離れたところでキャッチしてもらおうとすることは可能だ。私たちのこれまでの科学と技術の進歩のペースを踏まえ、今後も人間は同じか、同程度のペースで進歩し続けると仮定すると、今後２００年以内に私たちは太陽系を探査し尽くし、そのなかで移住を果たし、さらに、その後まもなく、よその恒星系への第一歩を踏み出している可能性はそこそこある。だが、控えめに考えて、本書でご紹介したような宇宙船を建造し、技術を実現するのは予想よりも困難だろうと仮定すると、星間飛行をする最初の有人宇宙船を私たちが打ち上げるのは西暦３０００年以降になるだろう。控えめな見方を続け、宇宙船１機が目的地に到着するまで約５００年かかると仮定しよう。だとすると、人間が近傍の多くの恒星系に実際に移住しているのは西暦１００００年ごろ――今から８０００年後――のことだろう。人間から見れば、それはとても長い時間だが、天文学的観点からは大した長さではない。

宇宙は１３０億年以上前に誕生した。私たちの恒星と地球は、40億年以上ここに存在している。10億年は１００万年の１０００倍だ。人間が居住域を近傍の恒星系に広げるという長期的な活動が、人間の近代的な暦が時を数え始めてから1万年もかかるとしても、その1万年は銀河の歴史のなかで見ればほんの一瞬に過ぎない。天空をちりばめる恒星のあいだのどこかに、知性を持ち、道具を使い、好奇心旺盛な生命体がいたとし、さらに、彼らの技術の進歩のペースが人間と同じぐらいだったとすると、私たちはすでに彼らの信号をキャッチしているはずだというだけでなく、ここで、あるいは、天の川銀河のほぼすべての恒星系のなかや周囲で彼らを見ているはずだ。しかし、私たちはそんな信号も不思議な生命体も、見ても聞いてもいない。

この、どう見ても矛盾でしかない状況は、フェルミのパラドックスと呼ばれている。物理学に数多の貢献をし、わけても、世界初の原子炉を製作したことで有名なエンリコ・フェルミにちなむ名称だ。フェルミのパラドックスについては、これまでにありとあらゆる本が書かれており、ああだこうだと理屈をこねて、宇宙から聞こえてくるのは、呆然となるような沈黙だけだという事実を説明しようとしているが、結局、この宇宙は孤独で静かなところらしいと思われるばかりだ。ここでは、これを、科学の重大な未解決問題の1つとして残しておくことにしよう――だが、この問題は、未来の恒星間探査を行うすべての人間にとって、極めて深い意味を持っている。

異星人が地球を訪れている可能性

ここまで来たところで、読者のなかには、「でも、空飛ぶ円盤はどうなんですか?」と抗議したい人もおられるだろう。お答えしよう。科学者は何にでも懐疑的になるタイプの人間なのだ。科学が適切に行われているときは(どうみても、必ずしもそうではない)、それに対して異議を唱え、それを検証し、そして考えられるすべてのやり方で詳細に分析できる証拠が提示され、その後初めて、その起源/振舞い/目的についての理論が提案できる。映像に捉えられたり、ひょっとするとレーダーでも検出されたかもしれない、空に見える謎めいた光、あるいは奇妙に振る舞う飛行物体があったとしても、地球外生命体が地球に来ているということにはならない。よその天体からやってきた異星人とはまったく無関係にそれらを説明できる仮説がたくさんある。フェルミのパラドックスはしばらく脇に措《お》くことにして、空飛ぶ円盤について議論するとき、確率に関する簡単な思考実験をやってみると参考になるかもしれない。つまり、異星人が今地球にやってくる確率はどれぐらいかを考えてみるのだ。

地球上の生物の起源についての支配的な説が正しくて、人間が今人間として存在する理由は次のように考えて間違いないと仮定しよう。つまり、適者生存の主導権争いを経て、多くの大量絶滅と、たとえば6500万年前に恐竜を絶滅させたらしい隕石落下などの事件の歴史を経て、数十億年をかけて私たちは進化し、知性を持ち、知覚を持ち、道具を使うことができる種、人間となったのだと。この進化にかかった時間は、35から40億年ほどで、人間という種が存在したのは、そのうち10万年ほどでしかない。そして、私たちが文明を持つようになり、宇宙のなかでの自分たちの位置を理解し、天文学を行い、自分たちの惑星を旅して回ることができるさまざまな機械を製造してきた期間は、500年より少し長いくらいでしかない。そして、宇宙船が実現してから、まだ100年経っていないのだ。40億年のうち、たった100年である。

さて、ここでさらに、人間ではない他の種が、天の川銀河を作り上げている数十億個の恒星のうちのどれかを周回している惑星の上で、私たちと似たような進化を遂げ、恒星間の途方もない距離を移動して地球に到達する方法を発見したと仮定しよう――だが、本書ももう残り少なくなってきた今、読者のみなさんには、この仮定の内容が実際にはどれだけ困難かがよくわかるはずだ。このような地球外生命体が、私たちが「技術」だと認識できるような技術を使って（空飛ぶ円盤が目撃されたと騒がれている話の大半で、問題の飛行物体は、私たちがそう遠くない将来に製作できそうに見える）、私たちも宇宙船についてじっくり考えるようになったこの100年の期間を狙ったかのように地球にやってくる可能性はどのくらいだろう？　地球が進化してきた40億年のうちの100年間だ。恐竜は6500万年以上にわたって地球に君臨していたと推測されている。空飛ぶ円盤に乗った異星人が存在するとしたら、彼らは恐竜の時代に地球にやってきた可能性のほうがはるかに高くないだろうか？　私たちよりも1000年分ほど進んだ技術を持った異星人たちが、今、ここに来ているという可能性は無視できるくらい小さい。あまりに小さくて、事実上ほとんどゼロに等しい。

空飛ぶ円盤は別の天体からやってきた異星人だという確実な証拠をもって、誰かが前に出てくるまでは、これらの目撃情報は、興味深い話としてしまい込んでおいて、異星人たちが地球を訪れている証明としては使わないのが一番いいだろう。異星人が地球を訪れている可能性に関する、より詳細な議論を知りたい方は、私のオンラインエッセー「異星人たちは私たちの身近なところに来てはいない（The

Aliens Are Not among Us)[14]」をお読みください。

ＳＦが使っている大胆な予測は役に立つし、不可欠だ

ＳＦが、宇宙探査に対する非現実的な期待、特に、星間旅行が実現されるのはそう遠くないだろうという期待を必要以上にあおるという問題はあるかもしれないが、ＳＦに出てくる大胆な未来図は、大いに役に立ってきた。私はあえて、現在の私たちの宇宙探査能力がここまでの水準に達するために、それは不可欠なものだったと言わせていただきたい。『月世界旅行』（１８６５年）で著者のジュール・ヴェルヌは、３人の乗組員がフロリダから打ち上げられた弾道投射物体（大砲で発射）で月旅行をし、帰還時にはパラシュートで減速して安全に海に着水した物語を描いた。どこかで聞いたような話ではないか？　アポロ11号では3人の乗組員がフロリダから打ち上げられたロケットで月に行き、帰還時には、減速手段としてパラシュートを使って海に着水した。アポロ以前に書かれたＳＦ小説の多くが、実際の宇宙旅行がどのようなものになるかを大筋では正しく捉えていたが、多くが、というより恐らくアポロ以前のＳＦ小説の大半が、何らかの側面、あるいは多くの側面で的外れだったようだ。だが、それはそれでいいのだ――良いＳＦ小説は、１００％正確である必要はない。何よりもまず、ＳＦは人を引き付ける魅力がなければならず、さらに、思考力を刺激し、楽しめるものでなければならない。アポロ以来、宇宙探査における次の大きな一歩――人類による火星探査――を描いた、技術面の記述が理に適っているＳＦ小説が多数出版されている。なかでも『火星（Mars）』（ベン・ボーヴァ著、未邦訳）、『レッド・マーズ』（キム・スタンリー・ロビンスン著、大島豊訳、東京創元社）、そしてもちろん、『火

星の人』（アンディ・ウィアー著、小野田和子訳、早川書房）が特に優れている。* 星間探査を現実的に描こうと努力している多くの小説、映画、そしてテレビドラマは本書の随所で挙げてきた。

娯楽としての役割のほかに、SFは他に2つ、未来の宇宙探査に対して、インパクトの強い影響を及ぼす貢献を行ってきた。それらは、今後起こることが容易に受け入れられるように文化を準備すること と、次世代の科学者と技術者の情熱をかき立てることだ。20世紀前半のSFがヴェルナー・フォン・ブラウンのような先見の明のある人物たちにインスピレーションを与えたことは疑いない。フォン・ブラウンはドイツのロケット科学者として第二次世界大戦中V2ロケットで世界を恐怖に陥れたほか、戦後は見る人を鼓舞する威風堂々としたサターンV型ロケットを開発し、宇宙飛行士たちを月へと運んだ。

宇宙探査分野に取り組んでいる今の世代のシニアサイエンティストやシニアエンジニアたちは、初期の宇宙計画で成功が続いたことに加え、SFがインスピレーションを与えてくれたのだと、堂々と認めるだろう。私もその1人だ。ニール・アームストロングが月面歩行をしたとき、私は7歳だった。ロバート・A・ハインライン、アーサー・C・クラーク、そしてアイザック・アシモフの作品に出会ったのは11歳のときだった。そして13歳かそこらで、NASAで働けるように物理学を学ぼうと心に決めた。そのような人は他にも大勢いる。

---

* あつかましいですが自己宣伝を。火星探査をテーマにしたSF小説で、故ベン・ボーヴァと私の共著、『レスキュー・モード（Rescue Mode）』（未邦訳）もぜひお読みください。

2010年ごろ、ワシントンDCのNASAの幹部たちは、NASAの職員たちが何にインスピレーションを受けて科学技術分野に進み、NASAで働くことにしたのかを知りたいと考えた。彼らは民間のコンサルティング会社に委託し、NASA全体のなかから特に革新的な仕事をしている者を選び出して聞き取り調査を行い、各人に一連の性格診断質問に答えさせるなど、さまざまな手法を使い、何がきっかけで革新者となって国家の宇宙計画に貢献しようと決意したのか探ろうとした。私はこのとき、数少ないこの調査の参加者の1人に選ばれたことを誇りに思う。全米に分布している数千人のNASA職員から約30人が選ばれた。聞き取り調査、性格診断質問集への回答、そして経歴調査を終えたあと、私たちはワシントンにあるNASA本部で行われる2日間のワークショップに招待された。その目的は、結果を確認することと、他の人々を動機付け、その人たちにインスピレーションを与えるにはどうすればいいかを議論することだった。

この2日間のイベントのなかで、コンサルティング会社がこのグループがどのような人々からなるのかについてプレゼンテーションを行った。それは、年齢、民族性、教育水準、出生地等に関しては極一般的なものだったが、話が興味深くなったのは、個人の集団としての私たち約30人の1人ひとりが、科学を学んだ動機について説明した際に使った単語のクラウドチャートが示されたときだ（クラウドチャートとは、例えばこの場合なら、使用頻度が高い単語を、その使用頻度に比例した大きさのフォントで示したチャートである）。誰もが期待するように、「発見」、「探査」、「科学」そして「アポロ」がチャートに挙がっていた。ところが、そのページの真ん中、約30%を占めるスペースが空白になっていた。プレゼンターは、科学を学び、そしてNASAで働くことに決めた際の動機となった因子としてほぼ全員が挙げた単語が2つありましたと話して、私たちの好奇心をくすぐった。他のどんな単語よりもはるかに頻繁に使われた2つの単語である。読者のみなさんは、この2つの単語は何だったと思われるだろうか？

「スター」と「トレック」だ。

そこに集まった者たちの年齢には数十年の幅があったが、プレゼンターが言うには、『スター・トレック』は長年にわたり何度も新たな作品が登場しているせいで、世代の違いを超えてインスピレーションを与え続けているとのことだった。最年長の者たちにとって、それはカーク船長とミスター・スポックが出てくる古典的な『スター・トレック』であり、それより少し若い世代には、ピカード艦長とカウンセラー・トロイの『新スター・トレック』だった。その他の人々にとって、それは『スター・トレック ヴォイジャー』のジェインウェイ艦長か、あるいは、『スター・トレック ディープ・スペース・ナイン』のシスコであった。私たちは自分がどんな教育を受け、どんな仕事に就くかを、『スター・トレック』の宇宙という、技術によって実現した肯定的な未来に基づいて選ぶように動機付けられた一連の世代だった。

いつの日か私たちを太陽以外の恒星に連れて行ってくれるかもしれない科学技術に取り組むなかで、重要なのは、そのような技術の開発にはさまざまな分野からやってきた、インスピレーションに満ち、意欲に燃える者たちからなるチームが必要だということを忘れないことだ。そのチームには、科学者でもなければ技術者でもない人々も大勢含まれるだろう（たとえば、『スター・トレック』の生みの親とされるプロデューサー、ジーン・ロッデンベリーや、『スター・トレック』のテレビシリーズの台本を執筆した多くの才能あるライターたちのように）。あちこちの恒星を訪れられるような状況になるには、まず人々がそのような状況にしようというビジョンを持たねばならないが、ＳＦは、本書で紹介したすべてのシステムや技術の開発と同じくらい、それを実現させるために重要なものではないだろうか。

エピローグ

星間旅行の実現に向けて

恒星と恒星のあいだに横たわる途方もない距離を越えるには、現在利用できるあらゆるものをはるかに超越した技術が必要になるだろうが、だからと言って、その計画を始めるのが時期尚早というわけではない。このような大胆な旅をするための最初の宇宙船の技術面での祖先に当たるものは、人間が地球を越えて太陽系のなかへと活動を広げつつある今、着々と開発が進んでいる。

スペースX、ブルーオリジン、そしてヴァージン・ギャラクティックなどの企業による商業的な宇宙の興隆により、宇宙旅行がより安価になり、星間旅行に必要な存続し得る宇宙インフラの建造の可能性も出てきた。原子力ロケットを製造するのに必要な技術はすでに利用可能となっているし、火星や、それよりも遠い目的地に向かう有人宇宙飛行の準備が実際に進められているので、それらの技術の成果が宇宙で実証される日も近いだろう。いくつもの太陽帆が宇宙飛行を成功させており、より大型で高性能のものが間もなく実用化される。帆をさらに高速まで加速するのに必要なレーザーの実証試験が実施されるのと並行して、その小型化が進められており、宇宙での利用の素地が整いつつある。核融合電力が地球上で継続的に利用可能な電力源となるためのブレイクスルーが間もなく起こりそうなところまで、この分野の研究も進んでいるようだ。これを宇宙で利用できるように小型化することは当然の次のステップだ。パズルを完成させるために必要な、技術面のピースはどれも成熟しつつある。

天の川銀河内の無数の太陽系外惑星についての理解が進むにつれ、多くの人々が「私たち、系外惑星に行けるの？」と尋ねるだろう。その答えは、「行けますよ――でも……」だ。私たち、あるいは、私たちの機械が系外惑星に行けるようになる前に、私たちは星間空間にふさわしい生物として人類が存続できるように、太陽と原子のエネルギーを利用して、真の星間文明の世話係とならなければならない。星間旅行が可能なことは明らかだが、それを実現するのは極めて困難だろう――だが、間違いなく実現できる！

謝辞

何年前かは内緒だが、物理学者になったばかりのころ、私はNASAの星間推進研究プロジェクトのリーダーを務める機会を得た（そのあいだ、これまでの人生で一番いい名刺を持つことができた！）。リーダーに就任して真っ先に、私は当時同僚だったロバート・フォワード博士に連絡した。彼の苗字が暗示しているとおり、ボブ〔訳注　ロバートの愛称〕・フォワードは私がこれまでに一緒に仕事をやった最も独創的な科学者の1人だった〔訳注「フォワード」には、「進歩的な、時代を先取りした」という意味がある〕――星間旅行は既知の物理学の範囲内で可能だと論じた最初期の画期的な技術論文の多くは彼が発表したものだ。当時私がボブと共同研究していたのは、星間推進とは別の技術（テザー推進）だったが、彼は寛大にも、私が新たな研究プロジェクトを立ち上げる最初の一歩を導いてくれた。米国政府の次の財政年度が始まってプロジェクトの資金が入ってくるのを待っているあいだ、私には使える資金がまったくなく、技術的な研究を軌道に乗せるための契約を業者と交わすことすらできなかった。だが、ありがたいことに、これとはまったく別の予算が付いたあるプログラムが利用できることになり、その年の夏のあいだNASAのプロジェクトで私の顧問として大学の教員1名を雇う余裕ができた。その顧問として、ボブはニューヨーク市立工科大学（シティテック）のグレゴリー・マトロフ博士を薦めてくれたのである。しかし、私はその人には一度も会ったことがなかった。

ボブがお互いを紹介してくれた結果、マトロフ博士（グレッグ）は夏季研究員に申し込んでくれることになった。数カ月後、彼は妻のC・バングズと共にNASAのマーシャル宇宙飛行センターにやってきて着任した。グレッグはユージン・F・マローブとの共著で、星間旅行分野に大きな影響を及ぼした『スターフライト・ハンドブック——パイオニアのための星間旅行ガイド（The Starflight Handbook: A Pioneer's Guide to Interstellar Travel）』（未邦訳）を出版していた。私にとってこの本こそ、太陽以外の恒星への旅に関するすべてについての出発点となったものだ。星間推進研究プロジェクトはたった2年ほどしか続かず、その後私は正式に別の研究へと移った。グレッグとC・バングズはニューヨークに戻り、彼と私のNASAにおける共同研究は終了した。

だが、この忘れがたき夏、グレッグ、C・バングズ、そして私の、数十年にわたる友情と数々の私的な共同研究が始まった。そのなかで、共著による技術論文や著書がたくさん生まれたが、そのいくつかには、世界的に有名なアーティストであるC・バングズによる素晴らしいイラストが添えられた。グレッグとC・バングズを通して、私は小さいながらも熱烈な星間旅行支持者のコミュニティーに参加することができ、おかげで今日に至るまで、技術研究への意欲をかき立てられ続けている。とはいえ、私がこのコミュニティーに関わっているのは、もっぱら本業の外において——つまり、夜間と週末だけ——である。グレッグの指導は、過去においても現在においても、私の人生への祝福である。

ボブ・フォワードの死は、このコミュニティーにとってあまりにも早すぎた。２００２年、私をグレッグとC・バングズに紹介した直後、彼は亡くなった。生前彼がこの分野に行った数々の貢献は、今後何世紀にもわたり、多くの技術論文に引用され続けるだろう。

誰もが彼らのような優れた師に恵まれるわけではない。自分は幸運だと思えることに私は心から感謝する。

本書の内容を見直すのを手伝ってくださり、私が間違えたところがないか、大切なことを書き忘れていないか、確認するのに協力してくださった人々にここでお礼を申し上げたい。

・ジム・ベル（元原子力工学者）
・ダレン・ボイド（NASA宇宙通信専門家）
・ビル・クック（NASA流星体環境室室長）
・エリック・デイヴィス（エアロスペース・コーポレーション）
・ロバート・E・ハンプソン（ウェイクフォレスト大学医学部大学院教授）
・アンドリュー・ヒギンズ（マギル大学教授）
・ビル・キール（アラバマ大学教授）
・ロン・リッチフォード（NASA MSFC宇宙推進システムズ部門主任技師）
・ケン・ロイ（元専門技師）
・ジョン・スコット（NASA JPL宇宙電力および推進部門技師長）

・キャシー・スミス（ケンブリッジ・テクノロジーズ）
・ネイサン・ストレンジ（NASA JPL）
・アンジェル・タナー（ミシシッピ州立大学教授）
・スラヴァ・テュリシェフ（NASA JPL特別研究員科学者）
・サニー・ホワイト（リミットレス・スペース協会先端研究開発部部長）

インターステラー・リサーチグループ（旧テネシーバレー・インターステラー・ワークショップ）の友人たちや同僚たちに謝意を述べないわけにはいかない。アメリカ南東地域で星間探査関連技術の専門会議を開催するという無謀なアイデアでしかなかったものを、国際的に知られ、世界中から参加者が集う定期開催の専門会議に変貌させただけでなく、そこから1つの組織を立ち上げ、大学生に奨学金を提供し、画期的な研究論文を出版し、星間旅行という夢を常に新鮮に保つという偉業を彼らは成し遂げた。世界にはこのような夢想家がもっと大勢必要だ。

さらに、このほか大勢の、相談に乗ってくださったり、アイデアが浮かぶきっかけをくださった方々、私と連帯感を持ってくださったり、丁々発止の議論をさせてくださった方々、友だちになってくださり、何年にもわたって支えてくださった、先見の明のある科学者、技術者、未来志向の人々、そしてSF作家のみなさんに感謝いたします。この方々の存在がなければ、私の人生と物理学者としての経歴は今とはまったく違って、大して面白くもなく、少し楽かもしれないがやりがいのない、つまらないものになっていたでしょう。この方々の一部を以下に挙げさせていただきたい。

・NASAの同僚たち——ジョー・ボノメッティ、カーマイン・デサンクティス、ロバート・フリスビー、グレッグ・ガルベ、ダン・ゴルディン、アンディ・ヒートン、ステファニー・リーファー、サンディ・モンゴメリ、レイ・アン・マイアー、クリス・ラップ、カーク・ソレンセン、そしてNASAの宇宙空間推進技術プロジェクトに貢献してくださったすべての人々——スティーヴ・クック、レスリー・カーティス、ゲーリー・ライルス、そしてNASA先端宇宙輸送チームのみなさん——ブライアン・ギルクリスト、ジョー・キャロル、ロブ・ホイト、そしてNASAのNEA Scoutおよびソーラークルーザー・プロジェクトおよびミッション・チーム(さらに、記載漏れしてしまったすべてのみなさん。うっかり記し損ねたことをお詫びします)。

・星間研究コミュニティー全体——ジム・ベンフォード、ジャンカルロ・ゲンタ、ポール・ギルスター、ハロルド・ゲリッシュ、メイ・ジェミソン、フィリップ・ルービン、クラウディオ・マッコーネ、ロンダ・スティーヴンソン、ジョバンニ・ヴァルペッティ、そしてピート・ワーデン。

・私の人生に影響を及ぼしたSF作家のみなさん——スティーヴン・バクスター、ベン・ボーヴァ、アーサー・C・クラーク、ジム・ホーガン、ジャック・マクデヴィット、ラリイ・ニーヴン、ジェリー・パーネル、デイヴィッド・ウェーバー、トニー・ワイスコフ、そしてベインブックスのすべての偉大な作家と編集者たち。

・深い理解を示してくれる私の家族——常に深い愛情で支えてくれる妻のキャロル。私を気遣い励ましてくれる子どもたち、カールとレスリー。そしてもちろん、自分の情熱に従うようにと勇気づけてくれた私の両親、チャールズとジューンのジョンソン夫妻。

私の代理人のローラ・ウッドと、出版社に提出する前に草稿の形を整えるのを助けてくれた学生インターンの技術編集者ダニエル・マグリーにも心から感謝申し上げる。

参考文献

Adams, Douglas. *The Hitchhiker's Guide to the Galaxy*. New York: Harmony Books, 1979.（『銀河ヒッチハイク・ガイド』ダグラス・アダムス著、安原和見訳、河出書房新社、2005年）

"Advantages of Fusion." ITER. https://www.iter.org/sci/Fusion#:~:text=Abundant%20energy%3A%20Fusing%20atoms%20together,reactions%20（at%20equal%20mass）. Accessed October 28, 2020.

Alcubierre, Miguel. "The Warp Drive: Hyper-fast Travel within General Relativity." *Classical and Quantum Gravity* 11, no. 5（n.d.）. https://doi.org/10.1088/0264-9381/11/5/001.

Arikawa, Yasunobu, Sadaoki Kojima, Alessio Morace, Shohei Sakata, Takayuki Gawa, Yuki Taguchi, Yuki Abe, et al. "Ultrahigh-contrast Kilojoule-class Petawatt LFEX Laser Using a Plasma Mirror." *Applied Optics* 55, no. 25（2016）: 6850–57.

Bae, Young K. "Prospective of Photon Propulsion for Interstellar Flight." *Physics Procedia* 38（2012）: 253–79.

Benford, Gregory, and James Benford. "An Aero-Spacecraft for the Far Upper Atmosphere Supported by Microwaves." *Acta Astronautica* 56, no. 5（2005）: 529–35.

——. "Flight of Microwave-driven Sails: Experiments and Applications." In *AIP Conference Proceedings* 664, no. 1（2003）: 303–12.

Benton, Michael J. *When Life Nearly Died: The Greatest Mass Extinction of All Time*. Thames & Hudson, 2003.

Bertolotti, Mario. *The History of the Laser*. CRC Press, 2004.

Bierly III, Paul E., and J-C. Spender. "Culture and High Reliability Organizations: The Case of the Nuclear Submarine." *Journal of Management* 21, no. 4（1995）: 639–56.

Biesbroek, Robin, and Guy Janin. "Ways to the Moon." *ESA Bulletin* 103（2000）: 92–99.

Borst, Lyle Benjamin. "The Atomic Locomotive." *Life Magazine* 36, no. 25（June

21, 1954): 78–79.

Boxberger, A., A. Behnke, and G. Herdrich. "Current Advances in Optimization of Opcrative Regimes of Steady State Applied Field MPD Thrusters." In *Proceedings of the 36th International Electric Propulsion Conference, Vienna, Austria*, pp. 15–20. 2019.

"BRCA Gene Mutations: Cancer Risk and Genetic Testing Fact Sheet." National Cancer Institute. https://www.cancer.gov/about-cancer/causes-prevention/genetics/brca-fact-sheet. Accessed December 20, 2020.

"Breakthrough Initiatives." https://breakthroughinitiatives.org/. Accessed November 2, 2020.

"A Brief History of Solar Sails." NASA website. July 31, 2008. https://science.nasa.gov/science-news/science-at-nasa/2008/31jul_solarsails#:~:text=Almost%20400%20years%20ago%2C%20German,fashioned%22%20to%20glide%20through%20space.

Bryson, Steve, Michelle Kunimoto, Ravi K. Kopparapu, Jeffrey L. Coughlin, William J. Borucki, David Koch, Victor Silva Aguirre, et al. "The Occurrence of Rocky Habitable-Zone Planets around Solar-like Stars from Kepler Data." *The Astronomical Journal* 161, no. 1 (2020): 36. https://doi.org/10.3847/1538-3881/abc418.

Bushak, Lecia. "Induced Hypothermia: How Freezing People after Heart Attacks Could Save Lives." *Newsweek*. December 20, 2014. https://www.newsweek.com/2015/01/02/induced-hypothermia-how-freezing-people-after-heart-attacks-could-save-lives-293598.html.

Capos, Claudia. "A New Drug Slows Aging in Mice. What about Us?" *Michigan Health Lab*, University of Michigan. January 17, 2020. https://labblog.uofmhealth.org/lab-report/a-new-drug-slows-aging-mice-what-about-us.

Carillo, Petronia, Biagio Morrone, Giovanna Marta Fusco, Stefania De Pascale, and Youssef Rouphael. "Challenges for a Sustainable Food Production System on Board of the International Space Station: A Technical Review." *Agronomy* 10, no. 5 (2020): 687. https://doi.org/10.3390/agronomy10050687.

Colon, Raul. "Flying on Nuclear: The American Effort to Built a Nuclear Powered Bomber." August 6, 2007. http://www.aviation-history.com/articles/nuke-

american.htm.

Daukantas, Patricia. "Breakthrough Starshot." *Optics and Photonics News* 28, no. 5 (2017): 26–33.

Dick, Phillip. "The Android and the Human." Speech delivered at the Vancouver Science Fiction Convention, University of British Columbia, December 1972.

Dick, Steven J. "Discovering a New Realm of the Universe: Hubble, Galaxies, and Classification." *Space, Time, and Aliens* (2020): 611–25. https://doi.org/10.1007/978-3-030-41614-0_36.

"Did You Know . . ." NASA website. June 7, 2013. https://www.nasa.gov/mission_pages/ibex/IBEXDidYouKnow.html.

Dyson, George. *Project Orion: The Atomic Spaceship, 1957–1965*. Allen Lane, 2002.

"Exoplanet Exploration: Planets beyond Our Solar System." NASA website. December 17, 2015. https://exoplanets.nasa.gov/.

Forward, Robert L. "Roundtrip Interstellar Travel Using Laser-pushed Lightsails." *Journal of Spacecraft and Rockets* 21, no. 2 (1984): 187–95.

——. "Starwisp—An Ultra-Light Interstellar Probe." *Journal of Spacecraft and Rockets* 22, no. 3 (1985): 345–50.

Gagarin, Yuri. *Road to the Stars*. University Press of the Pacific, 2002.

"Gallons Used per Person per Day." City of Philadelphia. https://www.phila.gov/water/educationoutreach/Documents/Homewateruse_IG5.pdf. Accessed November 20, 2020.

Gladwell, Malcolm. *Blink: The Power of Thinking without Thinking*. Back Bay Books, 2007.（『第1感：「最初の2秒」の「なんとなく」が正しい』マルコム・グラッドウェル著、沢田博／阿部尚美訳、光文社、2006年）

Gosling, J. T., J. R. Asbridge, S. J. Bame, and W. C. Feldman. "Solar Wind Speed Variations: 1962–1974." *Journal of Geophysical Research* 81, no. 28 (1976): 5061–70.

Graybiel, Ashton, Joseph H. McNinch, and Robert H. Holmes. "Observations on Small Primates in Space Flight." *Xth International Astronautical Congress London 1959–1960*, 394–401. https://doi.org/10.1007/978-3-662-39914-9_35.

Gsponer, Andre. "Physics of High-Intensity High-energy Particle Beam Propagation in Open Air and Outer-space Plasmas." September 2004. https://arxiv.org/abs/physics/0409157.

Habitable Exoplanets Catalog. Planetary Habitability Laboratory at UPR Arecibo. http://phl.upr.edu/projects/habitable-exoplanets-catalog. Accessed October 9, 2020.

Hadfield, Chris. *An Astronaut's Guide to Life on Earth*. Pan Macmillan, 2013.（『宇宙飛行士が教える地球の歩き方』クリス・ハドフィールド著、千葉敏生訳、早川書房、2015年）

Hamley, John A., Thomas J. Sutliff, Carl E. Sandifer, and June F. Zakrajsek. "NASA RPS Program Overview: A Focus on RPS Users."（2016）. https://ntrs.nasa.gov/citations/20160009220.

Hein, Andreas M., Cameron Smith, Frédéric Marin, and Kai Staats. "World Ships: Feasibility and Rationale." *Acta Futura* 12（April 2020）: 75–104. https://arxiv.org/abs/2005.04100.

Howell, Elizabeth. "To All the Rockets We Lost in 2020 and What We Learned from Them." Space.com. *Space*（December 29, 2020）. https://www.space.com/rocket-launch-failures-of-2020.

"Human Needs: Sustaining Life During Exploration." NASA website. https://www.nasa.gov/vision/earth/everydaylife/jamestown-needs-fs.html. Accessed November 20, 2020.

"Hyperdrive." StarWars.com. https://www.starwars.com/databank/hyperdrive#:~:text=Hyperdrives%20allow%20starships%20to%20travel,precisely%20calculated%20to%20avoid%20collisions. Accessed November 24, 2020.

"Interstellar Probe: Humanity's Journey to Interstellar Space." NASA/Johns Hopkins Applied Physics Laboratory. http://interstellarprobe.jhuapl.edu/. Accessed October 17, 2020.

Jakosky, B., and C. Edwards. "Inventory of CO_2 Available for Terraforming Mars." *Nature Astronomy* 2（2018）: 634–39.

Johnson, B., T. Bowling, A. J. Trowbridge, and A. M. Freed. "Formation of the Sputnik Planum Basin and the Thickness of Pluto's Subsurface Ocean."

Geophysical Research Letters 43, no. 19 (2016): 10,068–77.
Johnson, Les. "The Aliens Are Not among Us." Baen Books Science Fiction & Fantasy, 2011. https://baen.com/aliens.
——, and Joseph E. Meany. *Graphene: The Superstrong, Superthin, and Superversatile Material That Will Revolutionize the World.* Prometheus Books, 2018.
——, Frank M. Curran, Richard W. Dissly, and Andrew F. Heaton. "The Solar Cruiser Mission—Demonstrating Large Solar Sails for Deep Space Missions." 70th International Astronautical Congress, Washington, DC, 2019.
——, Julie Castillo-Rogez, and Tiffany Lockett. "Near Earth Asteroid Scout: Exploring Asteroid 1991VG Using A Smallsat." 70th International Astronautical Congress, Washington, DC, 2019.
——, Mark Whorton, et al. "NanoSail-D: A Solar Sail Demonstration Mission." *Acta Astronautica* 68 (2011): 571–75.
——, and Robert Hampson. *Stellaris: People of the Stars.* Baen Books, 2019.
Jones-Bonbrest, Nancy. "Scaling Up: Army Advances 300kW-Class Laser Prototype." https://www.army.mil/article/233346/scaling_up_army_advances_300kw_class_laser_prototype. Accessed December 4, 2020.
Kare, Jordin T., and Kevin L. G. Parkin. "A Comparison of Laser and Microwave Approaches to CW Beamed Energy Launch." In *AIP Conference Proceedings* 830, no. 1 (2006): 388–99.
Kemper, Nicolas. "Building a Cathedral." *The Prepared.* April 28, 2019. https://theprepared.org/features/2019/4/28/building-a-cathedral.
Kulkarni, Neeraj, Philip Lubin, and Qicheng Zhang. "Relativistic Spacecraft Propelled by Directed Energy." *The Astronomical Journal* 155, no. 4 (2018): 155.
Lasue, Jeremie, Nicolas Mangold, Ernst Hauber, Steve Clifford, William Feldman, Olivier Gasnault, Cyril Grima, Sylvestre Maurice, and Olivier Mousis. "Quantitative Assessments of the Martian Hydrosphere." *Space Science Reviews* 174, no. 1–4 (2013): 155–212.
"Lung Volumes and Vital Capacity—Cardio-Respiratory System—Eduqas—GCSE Physical Education Revision—Eduqas—BBC Bitesize." *BBC News.* https://www.bbc.co.uk/bitesize/guides/z3xq6fr/revision/2. Accessed November 20,

2020.
Maccone, Claudio. "Galactic Internet Made Possible by Star Gravitational Lensing." *Acta Astronautica* 82, no. 2 (February 2013): 246–50. https://doi.org/10.1016/j.actaastro.2012.07.015.
MacDonnell, J. A. M. *Cosmic Dust*. Chichester: Wiley, 1978.
Maclay, G. J., and E. W. Davis. "Testing a Quantum Inequality with a Meta-analysis of Data for Squeezed Light." *Foundations of Physics* 49, 797–815 (2019). https://doi.org/10.1007/s10701-019-00286-8.
Mansell, Justin, David A. Spencer, Barbara Plante, Alex Diaz, Michael Fernandez, John Bellardo, Bruce Betts, and Bill Nye. "Orbit and Attitude Performance of the LightSail 2 Solar Sail Spacecraft." In *AIAA Scitech 2020 Forum* (2020): 2177.
Massa, Mike. *Securing the Stars: The Security Implications of Human Culture during Interstellar Flight*. Edited by Les Johnson and Robert E. Hampson. Baen Books, 2019.
Matloff, Gregory L. "Graphene, the Ultimate Interstellar Solar Sail Material." *Journal of the British Interplanetary Society* 65 (2012): 378–81.
Mattingly, Brandon, Abinash Kar, Matthew Gorban, William Julius, Cooper K. Watson, M. D. Ali, Andrew Baas, et al. "Curvature Invariants for the Alcubierre and Natário Warp Drives." *Universe* 7, no. 2 (2021): 21.
McClure, Patrick R., David I. Poston, Marc A. Gibson, Lee S. Mason, and R. Chris Robinson. "Kilopower Project: The KRUSTY Fission Power Experiment and Potential Missions." *Nuclear Technology* 206, supp. 1 (2020): 1–12.
McNutt, Ralph L., Robert F. Wimmer-Schweingruber, Mike Gruntman, Stamatios M. Krimigis, Edmond C. Roelof, Pontus C. Brandt, Steven R. Vernon, et al. "Near-Term Interstellar Probe: First Step." *Acta Astronautica* 162 (2019): 284–99. https://doi.org/10.1016/j.actaastro.2019.06.013.
Montgomery IV, Edward E. "Power Beamed Photon Sails: New Capabilities Resulting from Recent Maturation of Key Solar Sail and High Power Laser Technologies." In *AIP Conference Proceedings* 1230, no. 1 (2010): 3–9.
National Research Council; Division on Engineering and Physical Sciences; Space Studies Board; Aeronautics and Space Engineering Board; Committee on a

Decadal Strategy for Solar and Space Physics (Heliophysics). "Solar and Space Physics: A Science for a Technological Society." A Science for a Technological Society | The National Academies Press, August 15, 2012. https://doi.org/10.17226/13060.

Nieto, Michael Martin, Michael H. Holzscheiter, and Slava G. Turyshev. "Controlled Antihydrogen Propulsion for NASA's Future in Very Deep Space." 2004. https://arxiv.org/abs/astro-ph/0410511.

Normile, Dennis. "Chinese Scientist Who Produced Genetically Altered Babies Sentenced to 3 Years in Jail." *Science* (December 30, 2019). https://www.sciencemag.org/news/2019/12/chinese-scientist-who-produced-genetically-altered-babies-sentenced-3-years-jail.

O'Meara, Stephen James. *Deep-Sky Companions: The Messier Objects*. Cambridge University Press, 2014.（『メシエ天体カタログ』ステファン・ジェームズ・オメーラ著、磯部琇三監訳、ニュートンプレス、2000年）

Ocampo, Robert P. "Limitations of Spacecraft Redundancy: A Case Study Analysis." In *44th International Conference on Environmental Systems*. 2014.

Opher, M., F. Alouani Bibi, G. Toth, J. D. Richardson, V. V. Izmodenov, and T. I. Gombosi. "A Strong, Highly-Tilted Interstellar Magnetic Field near the Solar System." *Nature* 462, no. 7276 (2009): 1036–38. https://doi.org/10.1038/nature08567.

Parkin, Kevin L. G. "The Breakthrough Starshot System Model." *Acta Astronautica* 152 (2018): 370–84.

Patrascu, Daniel. "Nuclear Powered Cars of a Future That Never Was." *Autoevolution* (August 26, 2018). https://www.autoevolution.com/news/nuclear-powered-cars-of-a-future-that-never-was-128147.html.

Petigura, E. A., A. W. Howard, and G. W. Marcy. "Prevalence of Earth-Size Planets Orbiting Sun-like Stars." *Proceedings of the National Academy of Sciences* 110, no. 48 (2013): 19273–78. https://doi.org/10.1073/pnas.1319909110.

"The Pioneer Missions." NASA website. March 3, 2015. https://www.nasa.gov/centers/ames/missions/archive/pioneer.html.

Pyle, Rod. "Farthest Galaxy Detected," California Institute of Technology. September 3, 2015. https://www.caltech.edu/about/news/farthest-galaxy-

detected-47761.
Roy, Kenneth I., Robert G. Kennedy III, and David E. Fields. "Shell Worlds." *Acta Astronautica* 82, no. 2 (2013): 238–45.
Sanger, Margaret. "My Way to Peace." Speech delivered January 17, 1932. http://www.nyu.edu/projects/sanger/webedition/app/documents/show.php?sangerDoc=129037.xml.
Scott, Jonathan. *The Vinyl Frontier: The Story of NASA's Interstellar Mixtape*. United Kingdom: Bloomsbury Publishing, 2019.
"The Space Shuttle and Its Operations." NASA website. https://www.nasa.gov/centers/johnson/pdf/584722main_Wings-ch3a-pgs53-73.pdf. Accessed December 30, 2021.
Spiga, Aymeric, Sebastien Lebonnois, Thierry Fouchet, Ehouarn Millour, Sandrine Guerlet, Simon Cabanes, Alexandre Boissinot, Thomas Dubos, and Jérémy Leconte. "Global Climate Modeling of Saturn's Troposphere and Stratosphere, with Applications to Jupiter." July 2018. 42nd COSPAR Scientific Assembly. Held July 14–22, 2018, in Pasadena, California, USA, Abstract id. B5.2-33-18; 2018cosp . . . 42E3216S.
Spitzer, Lyman. "The Beginnings and Future of Space Astronomy." *American Scientist* 50, no. 3 (1962): 473–84.
Stocks, J., and P. H. Quanjer. "Reference Values for Residual Volume, Functional Residual Capacity and Total Lung Capacity: ATS Workshop on Lung Volume Measurements; Official Statement of The European Respiratory Society." *European Respiratory Journal* 8, no. 3 (1995): 492–506.
Tsuda, Yuichi, Osamu Mori, Ryu Funase, Hirotaka Sawada, Takayuki Yamamoto, Takanao Saiki, Tatsuya Endo, Katsuhide Yonekura, Hirokazu Hoshino, and Jun'ichiro Kawaguchi. "Achievement of IKAROS—Japanese Deep Space Solar Sail Demonstration Mission." *Acta Astronautica* 82, no. 2 (2013): 183–88.
Turyshev, Slava G., Michael Shao, Viktor T. Toth, Louis D. Friedman, Leon Alkalai, Dmitri Mawet, Janice Shen, et al. "Direct Multipixel Imaging and Spectroscopy of an Exoplanet with a Solar Gravity Lens Mission." Cornell University. 2020. https://arxiv.org/abs/2002.11871.
Viser, Matt. "FOLLOW-UP: What Is the 'Zero-point Energy' (or 'Vacuum

Energy') in Quantum Physics? Is It Really Possible that We Could Harness This Energy?" *Scientific American Online* (August 18, 1997). https://www.scientificamerican.com/article/follow-up-what-is-the-zer/. Accessed November 25, 2020.

"Voyager." NASA / Jet Propulsion Laboratory, California Institute of Technology. https://voyager.jpl.nasa.gov/. Accessed March 20, 2020.

Wall, Mike. "The Most Extreme Human Spaceflight Records." *Space* (April 23, 2019). https://www.space.com/11337-human-spaceflight-records-50th-anniversary.html.

"Water Use in Europe—Quantity and Quality Face Big Challenges." European Environment Agency. August 30, 2018. https://www.eea.europa.eu/signals/signals-2018-content-list/articles/water-use-in-europe-2014#:~:text=On%20average%2C%20144%20litres%20of,supplied%20to%20households%20in%20Europe.

"Whatever Happened to Photon Rockets?" *Astronotes*. December 5, 2013. https://armaghplanet.com/whatever-happened-to-photon-rockets.html.

Wells, Herbert George. *The Discovery of the Future*. London: T. Fisher Unwin, 1902.

Wickramatunga, Robert. "United Nations Office for Outer Space Affairs." The Outer Space Treaty. https://www.unoosa.org/oosa/en/ourwork/spacelaw/treaties/introouterspacetreaty.html. Accessed December 4, 2020.

Wiegmann, Bruce M. "The Heliopause Electrostatic Rapid Transit System (HERTS)-Design, Trades, and Analyses Performed in a Two Year NASA Investigation of Electric Sail Propulsion Systems." In *53rd AIAA/SAE/ASEE Joint Propulsion Conference*, p. 4712. 2017.

Williams, David R. "Explorer 9." NASA Space Science Data Coordinated Archive. https://nssdc.gsfc.nasa.gov/nmc/spacecraft/display.action?id=1959-004A. Accessed December 4, 2020.

Wolszczan, A., and D. Frail. "A Planetary System around the Millisecond Pulsar PSR1257 + 12." *Nature* 355 (1992): 145–47. https://doi.org/10.1038/355145a0.

Wordsworth, R., L. Kerber, and C. Cockell. "Enabling Martian Habitability with Silica Aerogel via the Solid-state Greenhouse Effect." *Nature Astronomy* 3

(2019): 898–903. https://doi.org/10.1038/s41550-019-0813-0.

Zitrin, Adi, Ivo Labbé, Sirio Belli, Rychard Bouwens, Richard S. Ellis, Guido Roberts-Borsani, Daniel P. Stark, Pascal A. Oesch, and Renske Smit. "Lyα Emission from a Luminous z=8.68 Galaxy: Implications for Galaxies as Tracers of Cosmic Reionization." *The Astrophysical Journal Letters* 810, no. 1 (2015): L12 (September 3, 2015).

原注

第1章　宇宙はどんなところで、何があるのか？

1. A. Wolszczan and D. Frail, "A Planetary System around the Millisecond Pulsar PSR1257 + 12," *Nature* 355 (1992): 145–47, https://doi.org/10.1038/355145a0.
2. "Exoplanet Exploration: Planets beyond Our Solar System," NASA website, December 17, 2015, https://exoplanets.nasa.gov/; L. Kaltenegger, J. Pepper, P. M. Christodoulou, et al., "Around Which Stars Can TESS Detect Earth-like Planets? The Revised TESS Habitable Zone Catalog," *The Astronomical Journal* 161, no. 5 (2021): 233, https://iopscience.iop.org/article/10.3847/1538-3881/abe5a9.
3. Habitable Exoplanets Catalog, Planetary Habitability Laboratory at UPR Arecibo, http://phl.upr.edu/projects/habitable-exoplanets-catalog, accessed October 9, 2020; Steve Bryson, Michelle Kunimoto, Ravi Kopparapu, et al., "The Occurrence of Rocky Habitable-Zone Planets around Solar-like Stars from Kepler Data," *The Astronomical Journal* 161, no. 1 (2020): 36, https://doi.org/10.3847/1538-3881/abc.
4. E. A. Petigura, A. W. Howard, and G. W. Marcy, "Prevalence of Earth-size Planets Orbiting Sun-like Stars," *Proceedings of the National Academy of Sciences* 110, no. 48 (2013): 19273–78, https://doi.org/10.1073/pnas.1319909110.
5. Stephen James O'Meara, *Deep-Sky Companions: The Messier Objects* (Cambridge University Press, 2014).（『メシエ天体カタログ』ステファン・ジェームズ・オメーラ著、磯部琇三監訳、ニュートンプレス、2000年）
6. Steven J. Dick, "Discovering a New Realm of the Universe: Hubble, Galaxies, and Classification," *Space, Time, and Aliens*, 2020, 611–25, https://doi.org/10.1007/978-3-030-41614-0_36.
7. Rod Pyle, "Farthest Galaxy Detected," California Institute of Technology, September 3, 2015, https://www.caltech.edu/about/news/farthest-galaxy-detected-47761.
8. J. A. M. MacDonnell, *Cosmic Dust* (Chichester: Wiley, 1978).
9. NASA SP-4008, *Astronautics and Aeronautics* (1967): 270–71.

10. J. T. Gosling, J. R. Asbridge, S. J. Bame, and W. C. Feldman, "Solar Wind Speed Variations: 1962–1974," *Journal of Geophysical Research* 81, no. 28 (1976): 5061–70.
11. "Did You Know . . . ," NASA website, June 7, 2013, https://www.nasa.gov/mission_pages/ibex/IBEXDidYouKnow.html.
12. M. Opher, F. Alouani Bibi, G. Toth, et al., "A Strong, Highly-Tilted Interstellar Magnetic Field near the Solar System," *Nature* 462, no. 7276 (2009): 1036–38, https://doi.org/10.1038/nature08567.

第2章　宇宙探査の試みと課題

1. Elizabeth Howell, "To All the Rockets We Lost in 2020 and What We Learned from Them," *Space* (December 29, 2020), https://www.space.com/rocket-launch-failures-of-2020.
2. Walter Dornberger, *Peenemünde (Dokumentation)* (Berlin: Moewig, 1984).
3. Robin Biesbroek and Guy Janin, "Ways to the Moon," *ESA Bulletin* 103 (2000): 92–99.
4. Ashton Graybiel, Joseph H. McNinch, and Robert H. Holmes, "Observations on Small Primates in Space Flight," *Xth International Astronautical Congress London 1959–1960*, 394–401, https://doi.org/10.1007/978-3-662-39914-9_35.
5. David R. Williams, "Explorer 9." NASA Space Science Data Coordinated Archive, https://nssdc.gsfc.nasa.gov/nmc/spacecraft/display.action?id=1959-004A (accessed December 4, 2020).
6. Yuri Gagarin, *Road to the Stars* (University Press of the Pacific, 2002).
7. "The Pioneer Missions," NASA website, March 3, 2015, https://www.nasa.gov/centers/ames/missions/archive/pioneer.html.
8. Jonathan Scott, *The Vinyl Frontier: The Story of NASA's Interstellar Mixtape* (Bloomsbury Publishing, 2019).
9. Aymeric Spiga, Sebastien Lebonnois, Thierry Fouchet, et al., "Global Climate Modeling of Saturn's Troposphere and Stratosphere, with Applications to Jupiter," July 2018. 42nd COSPAR Scientific Assembly. Held July 14–22, 2018, in Pasadena, California, USA, Abstract id. B5.2-33-18; 2018cosp . . .

42E3216S.
10. B. Johnson, T. Bowling, A. J. Trowbridge, and A. M. Freed, "Formation of the Sputnik Planum Basin and the Thickness of Pluto's Subsurface Ocean," *Geophysical Research Letters* 43, no. 19 (2016): 10,068–77.
11. "Voyager," NASA / Jet Propulsion Laboratory, California Institute of Technology, https://voyager.jpl.nasa.gov/ (accessed March 20, 2020).
12. "Interstellar Probe: Humanity's Journey to Interstellar Space," NASA / Johns Hopkins Applied Physics Laboratory, http://interstellarprobe.jhuapl.edu/ (accessed October 17, 2020).
13. Ralph L. McNutt, Robert F. Wimmer-Schweingruber, Mike Gruntman, et al., "Near-Term Interstellar Probe: First Step," *Acta Astronautica* 162 (2019): 284–99, https://doi.org/10.1016/j.actaastro.2019.06.013.
14. Lyman Spitzer, "The Beginnings and Future of Space Astronomy," *American Scientist* 50, no. 3 (1962): 473–84.
15. Slava G.Turyshev, Michael Shao, Viktor T. Toth, et al., "Direct Multipixel Imaging and Spectroscopy of an Exoplanet with a Solar Gravity Lens Mission," Cornell University (2020). https://arxiv.org/abs/2002.11871.
16. John A. Hamley, Thomas J. Sutliff, Carl E. Sandifer, and June F. Zakrajsek, "NASA RPS Program Overview: A Focus on RPS Users" (2016), https://ntrs.nasa.gov/citations/20160009220.
17. Patrick R. McClure, David I. Poston, Marc A. Gibson, et al., "Kilopower Project: The KRUSTY Fission Power Experiment and Potential Missions," *Nuclear Technology* 206, supp. 1 (2020): 1–12.
18. National Research Council, Division on Engineering and Physical Sciences, Space Studies Board, et al., "Solar and Space Physics: A Science for a Technological Society," A Science for a Technological Society | The National Academies Press (August 15, 201), https://doi.org/10.17226/13060.

第3章　星間旅行の難しさと、それでも挑戦すべき理由

1. Wells, H. G., *The Discovery of the Future*. London: T. Fisher Unwin, 1902.
2. Nicolas Kemper, "Building a Cathedral," *The Prepared* (April 28, 2019), https://theprepared.org/features/2019/4/28/building-a-cathedral.

3. The Dorothy Jemison Foundation website, https://jemisonfoundation.org/100-yss/ (accessed September 23, 2021).
4. Michael J. Benton, *When Life Nearly Died: The Greatest Mass Extinction of All Time* (Thames & Hudson, 2003).

第4章　旅行するのは、ロボット？　人間？　その両方？

1. Phillip Dick, "The Android and the Human," speech delivered at the Vancouver Science Fiction Convention, University of British Columbia, December 1972.
2. Malcolm Gladwell, *Blink: The Power of Thinking without Thinking* (Back Bay Books, 2007).（『第1感：「最初の2秒」の「なんとなく」が正しい』マルコム・グラッドウェル著、沢田博／阿部尚美訳、光文社、2006年）
3. Andreas M. Hein, Cameron Smith, Frédéric Marin, and Kai Staats, "World Ships: Feasibility and Rationale," *Acta Futura* 12 (April 2020): 75–104, https://arxiv.org/abs/2005.04100.
4. Mike Massa, *Securing the Stars: The Security Implications of Human Culture during Interstellar Flight*, ed. Les Johnson and Robert E. Hampson (Baen Books, 2019).

第5章　ロケットで行く

1. Chris Hadfield, *An Astronaut's Guide to Life on Earth* (Pan MacMillan, 2013).（『宇宙飛行士が教える地球の歩き方』クリス・ハドフィールド著、千葉敏生訳、早川書房、2015年）
2. "The Space Shuttle and Its Operations," NASA, https://www.nasa.gov/centers/johnson/pdf/584722main_Wings-ch3a-pgs53-73.pdf (accessed December 30, 2021).
3. Les Johnson and Joseph E. Meany, *Graphene: The Superstrong, Superthin, and Superversatile Material That Will Revolutionize the World* (Prometheus Books, 2018).
4. A. Boxberger, A. Behnke, and G. Herdrich, "Current Advances in Optimization of Operative Regimes of Steady State Applied Field MPD Thrusters," In *Proceedings of the 36th International Electric Propulsion*

Conference, Vienna, Austria, pp. 15–20 (2019).
5. "Whatever Happened to Photon Rockets?" *Astronotes* (December 5, 2013). https://armaghplanet.com/whatever-happened-to-photon-rockets.html.
6. "Advantages of Fusion," ITER, https://www.iter.org/sci/Fusion#:~:text=Abundant%20energy%3A%20Fusing%20atoms%20together,reactions%20(at%20equal%20mass) (accessed October 28, 2020).
7. Michael Martin Nieto, Michael H. Holzscheiter, and Slava G. Turyshev, "Controlled Antihydrogen Propulsion for NASA's Future in Very Deep Space" (2004), https://arxiv.org/abs/astro-ph/0410511.
8. Paul E. Bierly III and J-C Spender, "Culture and High Reliability Organizations: The Case of the Nuclear Submarine," *Journal of Management* 21, no. 4 (1995): 639–56.
9. Raul Colon, "Flying on Nuclear: The American Effort to Built a Nuclear Powered Bomber," (August 6, 2007), http://www.aviation-history.com/articles/nuke-american.htm.
10. Lyle Benjamin Borst, "The Atomic Locomotive," *Life Magazine* 36, no. 25 (June 21, 1954): 78–79.
11. Daniel Patrascu, "Nuclear Powered Cars of a Future That Never Was," *Autoevolutio*n (August 26, 2018), https://www.autoevolution.com/news/nuclear-powered-cars-of-a-future-that-never-was-128147.html.
12. George Dyson, *Project Orion: The Atomic Spaceship, 1957–196*5 (Allen Lane, 2002).
13. Robert Wickramatunga, "United Nations Office for Outer Space Affairs," The Outer Space Treaty, https://www.unoosa.org/oosa/en/ourwork/spacelaw/treaties/introouterspacetreaty.html (accessed December 4, 2020).

第6章　光で行く

1. "A Brief History of Solar Sails," NASA website, July 31, 2008, https://science.nasa.gov/science-news/science-at-nasa/2008/31jul_solarsails#:~:text=Almost%20400%20years%20ago%2C%20German,fashioned%22%20to%20glide%20through%20space.
2. Gregory L. Matloff, "Graphene, the Ultimate Interstellar Solar Sail Material,"

Journal of the British Interplanetary Society 65 (2012): 378–81.

3. Les Johnson, Mark Whorton, et al., "NanoSail-D: A Solar Sail Demonstration Mission," *Acta Astronautica* 68 (2011): 571–75.
4. Justin Mansell, David A. Spencer, Barbara Plante, et al., "Orbit and Attitude Performance of the LightSail 2 Solar Sail Spacecraft," in *AIAA Scitech 2020 Forum* (2020): 2177.
5. Yuichi Tsuda, Osamu Mori, Ryu Funase, et al., "Achievement of IKAROS—Japanese Deep Space Solar Sail Demonstration Mission," *Acta Astronautica* 82, no. 2 (2013): 183–88.
6. Les Johnson, Julie Castillo-Rogez, and Tiffany Lockett, "Near Earth Asteroid Scout: Exploring Asteroid 1991VG Using A Smallsat," 70th International Astronautical Congress, Washington, DC, 2019.
7. Les Johnson, Frank M. Curran, Richard W. Dissly, and Andrew F. Heaton, "The Solar Cruiser Mission—Demonstrating Large Solar Sails for Deep Space Missions," 70th International Astronautical Congress, Washington, DC, 2019.
8. Mario Bertolotti, *The History of the Laser* (CRC Press, 2004).
9. Yasunobu Arikawa, Sadaoki Kojima, Alessio Morace, et al. "Ultrahigh-Contrast Kilojoule-class Petawatt LFEX Laser Using a Plasma Mirror," *Applied Optics* 55, no. 25 (2016): 6850–57.
10. Nancy Jones-Bonbrest, "Scaling Up: Army Advances 300kW-Class Laser Prototype," https://www.army.mil/article/233346/scaling_up_army_advances_300kw_class_laser_prototype (accessed December 4, 2020).
11. Edward E. Montgomery IV, "Power Beamed Photon Sails: New Capabilities Resulting from Recent Maturation of Key Solar Sail and High Power Laser Technologies," in *AIP Conference Proceedings* 1230, no. 1 (2010): 3–9.
12. Neeraj Kulkarni, Philip Lubin, and Qicheng Zhang, "Relativistic Spacecraft Propelled by Directed Energy," *The Astronomical Journal* 155, no. 4 (2018): 155; Young K. Bae, "Prospective of Photon Propulsion for Interstellar Flight," *Physics Procedia* 38 (2012): 253–79.
13. Robert L. Forward, "Roundtrip Interstellar Travel Using Laser-pushed Lightsails," *Journal of Spacecraft and Rockets* 21, no. 2 (1984): 187–95.
14. Patricia Daukantas. "Breakthrough Starshot," *Optics and Photonics News* 28,

no. 5 (2017): 26–33.

15. Kevin L. G. Parkin, "The Breakthrough Starshot System Model," *Acta Astronautica* 152 (2018): 370–84.
16. Gregory Benford and James Benford, "An Aero-Spacecraft for the Far Upper Atmosphere Supported by Microwaves," *Acta Astronautica* 56, no. 5 (2005): 529–35.
17. "Breakthrough Initiatives," https://breakthroughinitiatives.org/ (accessed November 2, 2020).
18. Jordin T. Kare, and Kevin L. G. Parkin, "A Comparison of Laser and Microwave Approaches to CW Beamed Energy Launch," in *AIP Conference Proceedings* 830, no. 1 (2006): 388–99.
19. Robert L. Forward, "Starwisp—An Ultra-light Interstellar Probe," *Journal of Spacecraft and Rockets* 22, no. 3 (1985): 345–50.
20. Gregory Benford and James Benford, "Flight of Microwave-driven Sails: Experiments and Applications," in *AIP Conference Proceedings* 664, no. 1 (2003): 303–12.
21. Bruce M. Wiegmann, "The Heliopause Electrostatic Rapid Transit System (HERTS)-Design, Trades, and Analyses Performed in a Two Year NASA Investigation of Electric Sail Propulsion Systems," in *53rd AIAA/SAE/ASEE Joint Propulsion Conference* (2017): 4712.
22. Andre A. Gsponer, "Physics of High-intensity High-energy Particle Beam Propagation in Open Air and Outer-space Plasmas" (September 2004), https://arxiv.org/abs/physics/0409157.

第7章　星間宇宙船の設計

1. Jennifer Rosenberg, "Biography of Yuri Gagarin, First Man in Space," ThoughtCo (February 16, 2021), https://www.thoughtco.com/yuri-gagarin-first-man-in-space-1779362.
2. Claudio Maccone, "Galactic Internet Made Possible by Star Gravitational Lensing," *Acta Astronautica* 82, no. 2 (February 2013): 246–50, https://doi.org/10.1016/j.actaastro.2012.07.015.
3. "Human Needs: Sustaining Life During Exploration," NASA website, https://

www.nasa.gov/vision/earth/everydaylife/jamestown-needs-fs.html (accessed November 20, 2020).

4. Robert P. Ocampo, "Limitations of Spacecraft Redundancy: A Case Study Analysis," in *44th International Conference on Environmental Systems*, 2014.
5. Andreas M. Hein, Cameron Smith, Frédéric Marin, and Kai Staats, "World Ships: Feasibility and Rationale," *Acta Futura* 12 (April 2020):75–104, https://arxiv.org/abs/2005.04100.
6. J. Stocks and P. H. Quanjer, "Reference Values for Residual Volume, Functional Residual Capacity and Total Lung Capacity: ATS Workshop on Lung Volume Measurements; Official Statement of The European Respiratory Society," *European Respiratory Journal* 8, no. 3 (1995): 492–506; and "Lung Volumes and Vital Capacity—Cardio-Respiratory System—Eduqas—GCSE Physical Education Revision—Eduqas—BBC Bitesize," *BBC News*, https://www.bbc.co.uk/bitesize/guides/z3xq6fr/revision/2 (accessed November 20, 2020).
7. "Gallons Used per Person per Day," City of Philadelphia, https://www.phila.gov/water/educationoutreach/Documents/Homewateruse_IG5.pdf (accessed November 20, 2020).
8. "Water Use in Europe—Quantity and Quality Face Big Challenges," European Environment Agency (August 30, 2018), https://www.eea.europa.eu/signals/signals-2018-content-list/articles/water-use-in-europe-2014#:~:text=On%20average%2C%20144%20litres%20of,supplied%20to%20households%20in%20Europe.
9. "Human Needs," https://www.nasa.gov/vision/earth/everydaylife/jamestown-needs-fs.html.
10. Petronia Carillo, Biagio Morrone, Giovanna Marta Fusco, et al., "Challenges for a Sustainable Food Production System on Board of the International Space Station: A Technical Review," *Agronomy* 10, no. 5 (2020): 687, https://doi.org/10.3390/agronomy10050687.
11. Mike Wall, "The Most Extreme Human Spaceflight Records," *Space* (April 23, 2019), https://www.space.com/11337-human-spaceflight-records-50th-anniversary.html.

12. Les Johnson and Robert Hampson, *Stellaris: People of the Stars* (Baen Books, 2019).

第8章 科学についての無茶な憶測とSF

1. Miguel Alcubierre, "The Warp Drive: Hyper-fast Travel within General Relativity," *Classical and Quantum Gravity* 11, no. 5 (n.d.), https://doi.org/10.1088/0264-9381/11/5/001; and Brandon Mattingly, Abinash Kar, Matthew Gorban, et al., "Curvature Invariants for the Alcubierre and Natário Warp Drives," *Universe* 7, no. 2 (2021): 21.
2. G. J. Maclay and E. W. Davis, "Testing a Quantum Inequality with a Meta-analysis of Data for Squeezed Light," *Foundations of Physics* 49, 797–815 (2019), https://doi.org/10.1007/s10701-019-00286-8.
3. "Hyperdrive," StarWars.com. https://www.starwars.com/databank/hyperdrive#:~:text=Hyperdrives%20allow%20starships%20to%20travel, precisely%20calculated%20to%20avoid%20collisions (accessed November 24, 2020).
4. Matt Viser, "FOLLOW-UP: What Is the 'Zero-point Energy' (or 'Vacuum Energy') in Quantum Physics? Is It Really Possible that We Could Harness This Energy?" *Scientific American Online* (August 18, 1997), https://www.scientificamerican.com/article/follow-up-what-is-the-zer/ (accessed November 25, 2020).
5. Lecia Bushak, "Induced Hypothermia: How Freezing People After Heart Attacks Could Save Lives," *Newsweek* (December 20, 2014), https://www.newsweek.com/2015/01/02/induced-hypothermia-how-freezing-people-after-heart-attacks-could-save-lives-293598.html.
6. Claudia Capos, "A New Drug Slows Aging in Mice. What About Us?" *Michigan Health Lab*, University of Michigan (January 17, 2020), https://labblog.uofmhealth.org/lab-report/a-new-drug-slows-aging-mice-what-about-us.
7. R. Wordsworth, L. Kerber, and C. Cockell, "Enabling Martian Habitability with Silica Aerogel via the Solid-state Greenhouse Effect," *Nature Astronomy* 3 (2019): 898–903, https://doi.org/10.1038/s41550-019-0813-0.

8. B. Jakosky and C. Edwards, "Inventory of CO_2 Available for Terraforming Mars," *Nature Astronomy* 2 (2018): 634–39.
9. Kenneth I. Roy, Robert G. Kennedy III, and David E. Fields, "Shell Worlds," *Acta Astronautica* 82, no. 2 (2013): 238–45.
10. "BRCA Gene Mutations: Cancer Risk and Genetic Testing Fact Sheet," National Cancer Institute, https://www.cancer.gov/about-cancer/causes-prevention/genetics/brca-fact-sheet (accessed December 20, 2020).
11. Dennis Normile, "Chinese Scientist Who Produced Genetically Altered Babies Sentenced to 3 Years in Jail," *Science* (December 30, 2019), https://www.sciencemag.org/news/2019/12/chinese-scientist-who-produced-genetically-altered-babies-sentenced-3-years-jail.
12. Margaret Sanger, "My Way to Peace," speech delivered January 17, 1932, http://www.nyu.edu/projects/sanger/webedition/app/documents/show.php?sangerDoc=129037.xml.
13. J. C. Tarter, A. Agrawal, R. Ackermann, et al., "SETI Turns 50: Five Decades of Progress in the Search for Extraterrestrial Intelligence," in *Instruments, Methods, and Missions for Astrobiology XIII: Proceedings of the SPIE*, ed. Richard B. Hoover, Gobert V. Levin, Alexei Y. Rozanov, and Paul C. W. Davies, Vol. 7819 (2010), pp. 781902–13.
14. Les Johnson, "The Aliens Are Not among Us" (Baen Books Science Fiction & Fantasy, 2011), https://baen.com/aliens.

100年スターシップ（100 Year Starship）

長距離宇宙旅行を実施可能にするために必要な多数の分野への民間部門による持続性のある長期的な投資のための実行可能で持続可能なモデルを構築するためにアメリカ国防高等研究計画局（DARPA）とアメリカ航空宇宙局（NASA）が実施した1年間のプロジェクト。いくつかの民間団体に助成金を支給した。「100年以内に太陽系を脱出し、別の恒星系に達するために必要な能力を確立するのに必要な研究と技術を育成する事業計画の立案」という研究テーマに対して最大の助成金が支給された。

X線（X-ray）

100オングストローム以下の極めて短い波長を持つ電磁波。

アルファ粒子（alpha particle）

2個の陽子と2個の中性子からなる、正の電荷を持つ粒子。ヘリウムの原子核と同じ。

一般相対性理論（general theory of relativity）

アルベルト・アインシュタインが1915〜1916年に発表した、重力についての幾何学的理論。現代物理学における重力の記述法。

遺伝（genetic inheritance）

親の特徴が子に受け継がれる現象。

宇宙生物学（astrobiology）

地球以外の場所に生存する生物の探査や、地球外環境が生物に及ぼす影響について研究する生物学の一分野。

宇宙線（cosmic ray）

光速に近い速度で宇宙のなかを飛ぶ原子核の流れ。宇宙に存在する高エネル

ギー放射線。

運動エネルギー（kinetic energy）
物体の運動に伴うエネルギー。

エアロゲル（aerogel）
ゲル中の液体を気体に置換し、その結果生じた軽量かつ超多孔質の固体が元の形状を維持するようにしたもの。

エアロスペース・コーポレーション（Aerospace Corporation）
カリフォルニア州エル・セグンドの連邦政府出資研究開発センター（Federally Funded Research and Development Centers =FFRDC）を運営する非営利法人。軍、民間団体、企業の顧客に宇宙ミッションのあらゆる側面について技術面での指導と助言を提供する。

回折（diffraction）
光が不透明な物体の端のそばを通ったり、細い隙間を通過したりする際に、物体の影となって到達不可能に思えるような部分にも、光が広がって回り込む現象。

核分裂（nuclear fission）
原子核が分裂し、その結果大量のエネルギーが放出される現象。

核融合（nuclear fusion）
軽い原子核どうしが結びついて、重い原子核を形成する現象。特定の種類の軽元素の原子核どうしが核融合を起こすと、膨大な量のエネルギーが放出される。

ガンマ線（gamma ray）
原子核から発生する、短波長で高エネルギーの光。原子核の遷移によって発生し、原子核の外で発生するX線よりも高エネルギー。

キックステージ（kick stage）

多段式ロケットで、宇宙船を予定された軌道に入れるための微調整的推進に使う追加の速度を与えるための段。

揮発性物質（volatile）

比較的低温で蒸発しやすい物質。

グルーオン（gluon）

複数のクォークを結合させ、ハドロンを形成する働きをする、質量はゼロで電荷は中性の粒子。

ゲノム（genome）

ある生物の遺伝情報全体。細胞内にあるDNA分子のすべて。

弦理論（string theory）

すべての素粒子は一次元の弦の振動の現れであるという物理学の理論。

口径（aperture）

望遠鏡の対物レンズまたは主鏡の直径。

事象の地平面（event horizon）

ブラックホール周辺で、それを越えると、どんなものも決してその内側から逃げ出すことができなくなる境界面。

準惑星（dwarf planet）

太陽を周回する天体のうち、自ら球形になるだけの重力はあるが、他の天体の軌道を変えるほどの重力（すなわち質量）はないもの。

真空のエネルギー（vacuum energy）

全宇宙の至る所に存在する空間そのものが持っている背景エネルギー。

生物圏（biosphere）
地球で生物が存在し得るすべての部分。

船外活動（extravehicular activity）
宇宙船が地球の大気の外側にあるときに、乗船していた宇宙飛行士が宇宙船の外部に出て行う任意の活動。

前庭系（vestibular system）
前庭は内耳にある器官で、三半規管と共に平衡感覚を受容する。前庭は体の直線運動を感じ取るほか、体の傾斜を感じて体のバランスを取るように働く。前庭と三半規管からの信号は前庭神経によって脳に伝えられる。

太陽圏（heliosphere）
太陽または太陽風の影響を受ける宇宙の領域。

太陽電池アレイ（solar array）
太陽光を吸収し電力に変換する太陽電池パネルを複数並べて接続したものに複数の部品を組み合わせ、まとまった電力が得られるようにしたもの。

太陽帆（solar sail）
宇宙船の推進装置の一種で、太陽光を反射することによって推力を得るよう設計された平坦な材料（たとえばアルミメッキを施した樹脂など）からなる。

地球低軌道（Low Earth Orbit、略称LEO）
定義としては、地上2000キロメートル以下の高度で地球を周回する軌道だが、実際に使われるのは、地上約140～970キロメートルの高度を通る、通常は円形の軌道。オゾン層より上空なため空気が十分薄く、また、ヴァン・アレン帯の下側になるため宇宙からの放射線が遮られており、国際宇宙ステーションなどが使用している。

中性子星（neutron star）
小さく、高密度の天体で、主に密に詰まった中性子からなる。

超伝導体（superconductor）
特定の条件の下で、電気抵抗ゼロで電流を通すことができる物質。

低体温症（hypothermia）
恒温動物の深部体温〔訳注　体の中心部の温度〕が異常に下がり、身体機能が損なわれる状態。

テザー推進（tether propulsion）
宇宙船が惑星を周回するように進ませるために、強い磁場によって宇宙船を推進する手段の1つ。長い導線（テザー）に電流を通す。電流内の電子は負の電荷を持っているので、惑星の磁場が存在する場所で導線内を流れる際にローレンツ力を受ける。電子は導線の外には出られないため、ローレンツ力が導線を押すように働き、その際導線に接続しているすべてのものが押される。したがって、テザーに宇宙船が接続されておれば、宇宙船が推進される。

電気推進（electric propulsion）
後方にイオン化した粒子の流れを放出することにより、宇宙空間で物体を推進する方法。〔訳注　JAXAの小惑星探査機はやぶさ2などのイオン・エンジンもその一種〕

電気分解（electrolysis）
電解質の溶液に陽極と陰極を挿入して電流を流すことにより、陽極で酸化反応、陰極で還元反応を起こし、その結果として電解質を化学分解する方法。水を電気分解して水素と酸素を発生させる場合が多い。

電子銃（electron gun）
電子を発生させ、特定の方向にビームとして射出する装置。ビームを焦点に収束させるための電子レンズ系を持つ。

二次粒子カスケード（secondary particle cascade）
高エネルギー粒子が原子核と相互作用した結果、大量の二次粒子が発生し、その二次粒子もまた物質と相互作用をして多数の粒子を発生させるため、生じる

粒子の総数が爆発的に増大し、滝のような流れとなった状態。

ニュートリノ（neutrino）
電荷を持たず、質量は極めて小さいと考えられている素粒子。電子ニュートリノ、ミューニュートリノ、タウニュートリノの3種類が存在し、他の粒子とは稀にしか相互作用をしない。

白書（white paper）
政府が国民に周知するために刊行する詳細な公式報告書。

反物質（antimatter）
反粒子（ある物質を構成する素粒子と、質量とスピンが同じで電荷や磁気モーメントなどの符号が逆である素粒子）でできた物質。反粒子は、対になる素粒子と衝突すると、エネルギーを放出して対消滅する。

万物の理論（Theory of Everything）
すべてを包括しており、かつ整合性のある物理学の枠組みで、宇宙のすべての物理的側面を完全に説明し、それらをすべて結びつけることのできるものだが、まだ実在しない理論。

プランク長（Planck length）
プランク単位系における長さの単位。物理学者マックス・プランクによって提唱された。値は$1.616255(18)\times10^{-35}$mである。

ブレイクスルー・イニシアチブ（Breakthrough Initiatives）
ジュリア・ミルナーとユーリ・ミルナーの出資により2015年に設立された、科学に基づいた地球外生命体探査を促進するための総合プロジェクト。複数のプロジェクトに分かれており、その1つ、ブレイクスルー・スターショットでは、最も近い恒星に多数の探査機を光速の約20%の速度で送ることを目指している。

メタマテリアル（metamaterial）
自然界の物質には見られない振る舞いをする人工物質。

リミットレス・スペース協会（Limitless Space Institute）
登録された米国の非営利団体。人類の太陽系外探査を推進する目的で2019年に設立された。

粒子動物園（particle zoo）
物理学で、既知の「素粒子」のリストがかなり長大になることを動物園にさまざまな種の動物がいることになぞらえて半ば冗談で口語的に呼んだ言葉。

量子力学（quantum mechanics）
波動としての性質を持つ素粒子という概念に基づく物質の理論。素粒子のこのような性質に基づいて、物質の構造や相互作用を数学的に解釈することを可能にする理論であり、量子論と不確定性原理を内包している。

レーダー（radar）
対象物を検出し、その位置を特定するための装置で、通常は電波送信機とそれに同期した受信機（アンテナ）からなる。電波を放出し、その反射波を受信して処理し、画像表示する。

略語一覧

ASTP	先進宇宙輸送計画
au	天文単位
bps	ビット／秒
c	光速
CERN	欧州原子核研究機構
CRISPR	クラスター化され、規則的に間隔が空いた短い回文構造の繰り返し(クリスパー)
DSN	ディープスペースネットワーク
E	エネルギー
F	力
Gbps	ギガビット／秒
GCR	銀河宇宙線
GPS	全地球測位システム
ISM	星間物質
I_{sp}	比推力
JPL	ジェット推進研究所
LEO	地球低軌道
ly	光年
Mbps	メガビット／秒
MSFC	マーシャル宇宙飛行センター
NASA	アメリカ航空宇宙局
NEA	地球近傍小惑星
r	太陽からの半径方向距離
RPS	放射性同位体発電システム
RTG	放射性同位体熱電気転換器
SETI	地球外知的生命体探査
SHP	太陽および太陽圏物理学
TVIW	テネシーバレー・インターステラー・ワークショップ

図版一覧

【著者・訳者紹介】

レス・ジョンソン
Les Johnson

物理学者。*Graphene: The Superstrong, Superthin, and Superversatile Material That Will Revolutionize the World*、*Solar Sails: A Novel Approach to Interplanetary Travel*、*The Spacetime War*などの多くの著書がある。NASAの初めての惑星間ソーラー・セイル宇宙ミッションや、NEA Scout、ソーラークルーザーの主任研究者。

吉田三知世
よしだ・みちよ

翻訳者。京都大学理学部卒業後、技術系企業での勤務を経て翻訳家に。訳書にランドール・マンロー『ホワット・イフ？　Q1』『ホワット・イフ？　Q2』（ハヤカワ文庫、2019年）、ザビーネ・ホッセンフェルダー『数学に魅せられて、科学を見失う』（みすず書房、2021年）、アダム・ベッカー『実在とは何か』（筑摩書房、2021年）、ケイティ・マック『宇宙の終わりに何が起こるのか』（講談社、2021年）、ハイノー・ファルケ／イェルク・レーマー『暗闇のなかの光』（亜紀書房、2022年）、フランク・ウィルチェック『すべては量子でできている』（筑摩書房、2022年）、ライアン・ノース『科学でかなえる世界征服』（早川書房、2023年）など。訳書のジョージ・ダイソン『チューリングの大聖堂』（早川書房、2013年、ハヤカワ文庫、2017年）が第49回日本翻訳出版文化賞を受賞した。

人類は宇宙のどこまで旅できるのか
これからの「遠い恒星への旅」の科学とテクノロジー

2024年6月25日発行

著　者――レス・ジョンソン
訳　者――吉田三知世
発行者――田北浩章
発行所――東洋経済新報社
〒103-8345　東京都中央区日本橋本石町 1-2-1
電話＝東洋経済コールセンター　03(6386)1040
https://toyokeizai.net/

装　丁………木庭貴信（オクターヴ）
D T P………アイランドコレクション
印　刷………港北メディアサービス
製　本………積信堂
編集担当……九法　崇
Printed in Japan　　ISBN 978-4-492-80096-6